术语学的文化转向

法汉香氛术语案例探究

Le tournant culturel en terminologie: le cas des termes français et chinois en parfumerie

张莉莉 著

山东大学出版社
SHANDONG UNIVERSITY PRESS
·济南·

图书在版编目(CIP)数据

术语学的文化转向 ：法汉香氛术语案例探究 ：法文/
张莉莉著. -- 济南 ：山东大学出版社，2023.11
ISBN 978-7-5607-8033-7

Ⅰ. ①术… Ⅱ. ①张… Ⅲ. ①法语－香料－术语－对
比研究－汉语 Ⅳ. ①TQ65-61

中国国家版本馆 CIP 数据核字(2023)第 227815 号

责任编辑 李 璐
封面设计 王秋忆

术语学的文化转向：法汉香氛术语案例探究
Le tournant culturel en terminologie: le cas des
termes français et chinois en parfumerie

出版发行	山东大学出版社
社　　址	山东省济南市山大南路 20 号
邮政编码	250100
发行热线	(0531)88363008
经　　销	新华书店
印　　刷	济南乾丰云印刷科技有限公司
规　　格	720 毫米×1000 毫米 1/16 19.75 印张 300 千字
版　　次	2023 年 11 月第 1 版
印　　次	2023 年 11 月第 1 次印刷
定　　价	72.00 元

Listes des abréviations

• Abréviations linguistiques

ABR	abréviation
ADJ	adjectif
ART	article
N	nom
PE	propriété extrinsèque
PI	propriété intrinsèque
PRÉP	préposition
POSS	possession
SA	syntagme adjectival
SN	syntagme nominal
TRANSL	translittération
V	verbe

• Abréviations des bases de données

BTUM	Banque de terminologie de l'Université de Montréal
CNRTL	Centre national de ressources textuelles et lexicales
FIG	Fragrance ingredient glossary
GDT	Grand dictionnaire terminologique
SFP	(Glossaire de la) Société française des parfumeurs
TERMIUM	Terminologie Université de Montréal

• Abréviations des institutions

ARMIP	Association pour le rayonnement du musée international de la parfumerie
CAFFCI	China association of fragrance flavor and cosmetic industries
CEI	Commission électrotechnique internationale
CILF	Conseil international de la langue française
CNTERM	China National Committee for Terminology in Science and Technology
DGLFLF	Délégation générale *à* la langue française et aux langues de France
ESP	École supérieure du parfum
FIT	Fédération internationale des traducteurs
GIP	Grasse institute of perfumery
IFRA	The international fragrance association
INSEE	Institut national de la statistique et des études économiques

ARMIP	Association pour le rayonnement du musée international de la parfumerie
ISA	Fédération internationale des associations nationales de standardisation
ISIPCA	Institut supérieur international du parfum, de la cosmétique et de l'aromatique alimentaire
ISO	Organisation internationale de normalisation
IULA	Institut universitaire de linguistique appliqué
PRODAROM	Syndicat national des fabricants de produits aromatiques
SAO	Société des amis de l'Osmothèque
SDL	Software and documentation localization

Préface

Dès le néolithique, les humains ont brûlé des substances odorantes naturelles pour communiquer avec les divinités. Beaucoup plus tard et *à* travers l'histoire, le parfum a souvent été un luxe que seuls les aristocrates pouvaient s'offrir. L'usage du parfum était ainsi avant tout un symbole de statut. Au cours des deux derniers siècles, l'évolution des techniques et de la recherche en chimie ont contribué *à* moderniser la parfumerie, ce qui a conduit *à* une démocratisation progressive de l'usage du parfum, qui est devenu populaire et multifonctionnel. Aujourd'hui, le parfum est beaucoup plus qu'une marchandise cosmétique procurant un plaisir olfactif, car il correspond aussi *à* un besoin social manifeste: « les consommateurs le considèrent non seulement comme un objet associé *à* la culture de l'agrément et du luxe, mais aussi comme un supplément d'âme, un révélateur de leur être profond » (de Feydeau 2011: 426). Les marques sont innombrables sur le marché de la parfumerie, et de nouvelles notes olfactives apparaissent constamment, chacune espérant gagner sa part de marché.

La France est le premier producteur européen de parfums et de produits pour la toilette. Sa production représente plus d'un tiers de l'ensemble de celle de l'Europe.[1] C'est également le pays qui exporte le plus de parfums vers la

---

① Les parfums et produits pour la toilette, un atout pour la France, INSEE (Institut national de la statistique et des études économiques), https://www.insee.fr/fr/statistiques/2892821, page consultée le 13 octobre 2022.

Chine: en 2019, plus de 60% des parfums importés en Chine provenaient de France.[①] Dans le contexte de la pandémie du Covid-19, pendant laquelle l'ensemble de l'industrie cosmétique a ralenti, le marché chinois de « l'économie olfactive » s'est, lui, développé rapidement et son ampleur augmente d'année en année.

Avec le développement croissant du marché des parfums, les descriptions des divers produits parfumés se développent elles aussi. À la lecture des descriptions faites pour des produits proposés par différentes marques, nous pouvons voir que les termes français et chinois utilisés pour désigner une même catégorie de référents ne sont pas toujours équivalents, et qu'on rencontre très fréquemment des termes synonymes et quasi-synonymes. Pour explorer ce constat, nous avons mené une étude contrastive des concepts du domaine, en établissant, pour commencer, une base de données terminologiques dans les langues française et chinoise afin de disposer d'un corpus de travail pertinent. Notre étude présente un double intérêt.

Premièrement, la désignation des odeurs est un sujet difficile *à* traiter. La caractéristique principale des odeurs est de « ne pas donner lieu *à* des dénominations » (Kleiber et Vuillaume 2011a: 3), parce que la complexité de l'espace psychologique olfactif conduit au fait que le lexique olfactif ne présente pas la belle systématicité du lexique des couleurs (Boisson 1997: 31). Cela incite *à* effectuer des recherches sur la catégorisation ou l'interprétation de l'ensemble du langage des odeurs, et ces recherches se déploient sur différentes dimensions: psychophysique (Boisson 1997; Cottier-Fabian 2007; Bizzozero 2015), anthropologique (Howes 1986; Candau 2000; Cobbi et Dulau 2004; Candau 2015), linguistique cognitive (Dubois 1997; David 2002; Dubois 2006; Dufour et Barkat-Defradas 2009), sémiophysique (Dubois 2007); sémantique (Kleiber et Vuillaume 2011b; Theissen 2011), etc.

Un nombre limité d'études portent sur la dimension langagière de l'expertise olfactive. Ces études sont principalement basées sur le traitement et l'analyse d'un corpus établi soit *à* partir du discours des spécialistes olfactifs (parfumeurs, aromaticiens ou œnologues), afin d'en ressortir leurs modalités

---

① 《2020年中国香水行业进出口市场趋势分析 香水出口额不断下降》, https://www.qianzhan.com/analyst/detail/220/201021-566047b6.html, page consultée le 13 octobre 2022.

de caractérisation des odeurs et le métalangage propre au domaine concerné (Vassiliadou 2016; Petit et Rinck 2014; Rinck 2018; Dufour et Rinck 2020); soit *à* partir d'une comparaison entre le discours des spécialistes et celui des non-spécialistes, afin de déterminer les différentes modalités utilisées pour décrire les odeurs (Chollet et Valentin 2000).

Il n'existe quasiment pas d'études portant précisément sur le langage de la parfumerie. Une recherche ciblée dans ce domaine précis est donc profitable, dans la mesure où elle favorisera la compréhension de la catégorisation (au niveau langagier) des odeurs en parfumerie ainsi que des stratégies permettant de caractériser ces odeurs.

Deuxièmement, la parfumerie est un domaine spécialisé, dont le langage possède lui aussi ses propres spécificités. Celles-ci se manifestent particulièrement dans les termes en usage. Strictement parlant, les termes en parfumerie se divisent en deux catégories: les termes techniques qui concernent la formulation et la fabrication des produits parfumés, et les termes descriptifs qui désignent les produits finis et leurs odeurs. Nous nous intéressons ici *à* la deuxième catégorie de termes.

Les sources fiables pour délimiter les concepts des termes du domaine de la parfumerie ne manquent pas en français, mais elles ne sont pas systématiques dans l'ensemble. La plupart des sources ne couvrent qu'un nombre restreint de termes et de concepts correspondants. En revanche, les sources relativement systématiques, comme le *Dictionnaire du langage parfumé* (Maurin et al. 1992) et *Les parfums: histoire, anthologie, dictionnaire* (de Feydeau 2011) par exemple, sont des glossaires qui présentent seulement des termes et leur définition, mais sans contextes d'utilisation. Les sources fiables en chinois, quant *à* elles, sont *à* la fois peu nombreuses et dispersées, *à* tel point que les concepts de beaucoup de termes en usage ne sont pas nettement déterminés.

À cela s'ajoute le fait qu'entre les langues française et chinoise, il existe une grande divergence morphosyntaxique. Donc, sans une étude approfondie réalisée *à* partir d'une base de données terminologiques français-chinois, construite sur la base d'un corpus, il serait difficile d'apparier les termes français et les termes chinois qui désignent les mêmes concepts, sans parler de comparer ces termes correspondants *à* une dimension déterminée.

Dans ce contexte, notre premier objectif est d'établir un corpus comparable① contenant des textes français et chinois qui désignent les produits parfumés et leurs traits olfactifs. Ces textes sont synchroniques et de même nature, et ont la même fonction de communication. Ce corpus permet d'identifier les termes français et chinois qui désignent les mêmes catégories de produits parfumés, donc des termes correspondants. Cette démarche permet également d'identifier les termes français et chinois désignant les senteurs et les traits olfactifs des produits parfumés. Face *à* des odeurs et des termes le plus souvent abstraits et moins définis, il est nécessaire d'établir un corpus parallèle② constitué de textes français accompagnés de leurs traductions chinoises (ou inversement: textes chinois accompagnés de leurs traductions françaises), pour pouvoir repérer les termes correspondants.

Ce sont ces deux motivations qui nourrissent la présente recherche, dont la construction des corpus et de la base de données terminologiques ne constitue que le premier pas. La consultation des descriptions des produits parfumés permettra de découvrir que l'absence d'équivalence totale entre les termes correspondants se manifeste aux niveaux extralinguistique et linguistique. Les facteurs conduisant *à* cette absence d'équivalence seront explorés dans les mécanismes de conceptualisation et de désignation, ainsi que dans le contexte culturel de la création et de l'usage des termes.

Nous en arrivons *à* constater que les termes correspondants peuvent être considérés comme une reconceptualisation dans chaque langue caractérisée par un contexte culturel donné. Ce constat inscrit notre réflexion dans la perspective du tournant culturel, dont le concept est développé en traductologie. Le paradigme du tournant culturel oriente les études de traduction vers la recherche de réponses aux questions suivantes: qui traduit quoi, pourquoi et pour qui? Les réponses mettent l'accent sur les facteurs culturels déterminant les activités de traduction, ce qui nous conduit *à*

---

① Le corpus comparable est un corpus multilingue qui ne contient pas des traductions mais des textes écrits en langue source qui ont tous le même sujet, la même fonction de communication, qui sont de même nature (manuel d'instruction, rapport technique, etc.) et ont des dates de publication proches.

② Le corpus parallèle est un corpus multilingue constitué de textes en langue source accompagnés de leur traduction en langue cible.

transposer ce paradigme dans la présente recherche comme cadre théorique, en postulant que la création et l'usage de termes sont également affectés par des éléments culturels.

Notre problématique concerne la désignation des produits parfumés et de leurs odeurs dans les langues française et chinoise. Nous nous interrogerons dans ce cadre sur l'équivalence relative des termes correspondants, sur les manifestations de la non-équivalence et sur les facteurs qui l'expliquent.

Nous formulons l'hypothèse que les produits parfumés et leurs odeurs sont désignés, dans les deux langues, par des termes spécifiques du domaine, et que la non-équivalence des termes correspondants peut être expliquée essentiellement aux niveaux fonctionnel, conceptuel et sémantique, en prenant en compte le contexte culturel et socio-historique dans lequel sont créés et circulent les termes.

Notre progression est construite en cinq chapitres.

Le premier chapitre est consacré *à* un exposé théorique concernant le tournant culturel en traductologie. Il rappelle le contexte de l'émergence du tournant culturel, qui considère la traduction comme une réécriture du texte original sous l'influence du contexte culturel et socio-historique. L'activité de traduction et le « produit » de la traduction sont influencés par des facteurs tels que l'idéologie, la poétique dominante, le patronage, le pouvoir, le discours social. Une brève évaluation du paradigme en traductologie est proposée *à* la fin de ce chapitre.

Le deuxième chapitre est consacré au tournant culturel en terminologie. Nous présenterons dans un premier temps l'évolution historique de la terminologie, en soulignant l'évolution de la terminologie moderne datant de la première moitié du 20e siècle, période pendant laquelle les avancées technologiques au niveau mondial ont entraîné une profusion de néologismes, rendant ainsi nécessaire la normalisation terminologique et favorisant également le développement de la théorie et de la pratique terminologiques. Les concepts élémentaires en terminologie moderne seront d'ailleurs présentés. Dans un deuxième temps, le chapitre mettra en évidence le lien étroit entre la terminologie et la traduction, de manière *à* justifier l'emprunt du concept du tournant culturel dans le contexte de la terminologie. Sera également étudié le processus de la création terminologique dans différentes langues, en formulant l'hypothèse que les termes correspondants peuvent être non-équivalents. Cette hypothèse est rendue plausible par le fait que la catégorisation de référents, la démarche de conceptualisation et la matérialisation linguistique① de la conceptualisation sont déterminées par un contexte culturel et socio-historique donné. En outre, la langue elle-même étant un reflet de la culture, les divergences inhérentes aux différences linguistiques se répercutent sur la terminologie et cette idée sera également explorée dans ce chapitre.

Le troisième chapitre développe la méthodologie de la constitution des corpus comparable et parallèle, ainsi que la méthodologie de la création de la base de données terminologiques français-chinois en parfumerie. Pour contextualiser le terrain de recherche, ce chapitre clarifie le concept du terme *parfumerie* qui renvoie *à* tous les produits parfumés finis, rappelle l'histoire de la parfumerie en France et en Chine, et établit un état des lieux du travail terminologique chez les francophones et les sinophones. Enfin, ce chapitre présente brièvement les étapes qui seront franchies pour analyser les données recueillies dans la base de données terminologiques.

Le quatrième chapitre rend compte de l'exploration globale de la base de données terminologiques. Il présente les différents types de termes, leur répartition dans la base de données, les termes français et chinois qui manquent de correspondants. La question de la synonymie, largement présente dans la base de données, est également explorée. En outre, ce chapitre est aussi consacré *à* une observation de la situation de correspondance et d'équivalence entre les termes français et chinois. L'ensemble de ces éléments constituera le socle pour l'analyse faite dans le chapitre suivant.

Le cinquième chapitre analyse d'une façon détaillée les non-équivalences aux niveaux sémantico-référentiel et sémantico-conceptuel entre les termes correspondants. Pour systématiser cette analyse, les termes de la base de données sont répartis en différentes catégories que nous étudierons séparément. La première partie de l'analyse concerne les termes désignant les

---

① Dans la présente recherche, nous entendons par matérialisation linguistique le processus de représenter un concept par sa désignation (terme) et sa définition.

produits parfumés eux-mêmes. Les mécanismes de conceptualisation et de désignation des catégories de ces derniers montreront que les termes correspondants peuvent être sémantiquement et fonctionnellement non-équivalents. D'autres facteurs explicatifs de ces non-équivalences seront également mentionnés. La seconde partie de l'analyse concerne les termes désignant les odeurs des produits parfumés. L'analyse montrera divers mécanismes de désignation et divers éléments attachés *à* la culture contextuelle de chaque langue, nous poussant ainsi *à* penser que les termes correspondants désignant un même concept pourraient être non-équivalents aux niveaux sémantique et conceptuel.

Cette argumentation en cinq chapitres nous permettra de vérifier l'hypothèse d'une étude terminologique *à* dimension culturelle et d'un tournant culturel en terminologie qui constituerait un paradigme prometteur pour les études dans ce domaine.

Sommaire

Chapitre 1 Tournant culturel en traductologie

Le tournant culturel est un courant de recherche très important en traductologie. En étudiant la traduction sous diverses perspectives dites « culturelles », ce courant est censé faire preuve de la logique des activités et des produits de traduction à facettes, ce qui symbolise l'entrée dans une nouvelle ère de la traductologie.

1.1 Contexte de l'émergence du tournant culturel

Courant de recherche d'origine anglophone à la croisée des disciplines en sciences humaines et sociales et approche transversale des cultures populaires, minoritaires et contestataires, le tournant culturel fait partie intégrante des études culturelles et est un courant théorique en traductologie: il analyse la traduction en prenant en compte son environnement culturel. Il a émergé vers la fin du 20e siècle, dans un contexte où les discussions sur la traduction, limitées à ce qui concerne uniquement les contraintes de la langue, ne parviennent pas à rendre justice à la complexité du problème.

1.1.1 La traduction avant le 20e siècle

Les activités de traduction connaissent une longue histoire. Au sens large, la traduction est considérée comme « synonyme de l'interprétation de tout ensemble signifiant à l'intérieur de la même communauté linguistique » (Ricœur 1999: 8). Comme le note George Steiner (1998): « Comprendre, c'est traduire» (17). La traduction est « implicite dans tout acte de communication, dans l'émission et la réception de tous les modes de sens, que ce soit dans le sens sémiotique le plus large ou dans des échanges plus spécifiquement verbaux » (Steiner 1998 : 17). Dans cette perspective, l'histoire de la traduction est aussi longue que celle de la communication humaine, puisque toute communication implique la réinterprétation permanente du sens.

Nous considérons plus souvent la traduction au sens strict : il s'agit d'un « transfert d'un message verbal d'une langue dans une autre » (Ricœur 1999 : 8). Cette traduction interlinguistique est attestée en Chine depuis le 11e siècle av. J.-C.① et en Europe depuis le 3e siècle av. J.-C.②. La prévalence pendant des siècles de la traduction religieuse (de la *Bible* dans l'ancien Occident et de la traduction des soutras bouddhiques en Chine ancienne) en est aussi un exemple. Mais, dès la fin du Moyen Âge, s'est développée la traduction profane, encouragée par la Renaissance, l'invention de l'imprimerie, la découverte de nouveaux continents et de nouvelles cultures, etc.

L'histoire a retenu les noms des premiers traducteurs dont les réflexions sur la traduction sont issues de leur propre pratique traductive. Nous rappelons l'injonction de Cicéron qu'il ne faut pas traduire « verbum pro verbo » (« mot *à* mot ») (Oustinoff 2015 : 26), ainsi que la distinction introduite par saint Jérôme entre textes religieux et textes profanes au regard de la traduction : il faut une traduction « un mot par un mot » pour les textes religieux, mais une traduction « une idée par une idée » pour les textes profanes③ (Larbaud 1946 :

① Le Royaume de Yueshang (le Vietnam et certaines régions du Cambodge d'aujourd'hui) a envoyé des ambassadeurs en Chine ancienne pour présenter le paon blanc comme cadeau au roi Zhou Gong sous la dynastie des Zhou de l'Ouest (environ 1046 *à* 771 av. J.-C.). Le pays se trouvait loin de la Chine et leurs langues étaient très différentes, de sorte qu'ils ne pouvaient communiquer que par le biais de multiples interprétations. Il s'agit de la première interprétation par relais. Texte original : « 周公居摄六年，制礼作乐，天下和平。交趾之南有越裳国以三象胥重译而献白雉，曰：'路途遥远，山川阻深，音使不通，故重译而朝。'» (texte dans *Shangshu dazhuan*《尚书大传》, cité dans Xie et al. 2009 : 3).

② Vers le 3e siècle avant J.-C, 72 érudits juifs ont traduit de l'hébreu vers le grec l'*Ancien Testament* (*la Septante*) *à* Alexandrie, en Égypte. Au milieu du 3e siècle avant J.-C., Livius Andronicus a traduit en latin l'épopée grecque d'Homère l'*Odyssée* (Tan 2004 : 3).

③ Texte original de saint Jérôme : « Oui, quant *à* moi, non seulement je le confesse, mais je le professe sans gêne tout haut : quand je traduis les Grecs-sauf dans les Saintes Écritures où l'ordre des mots est aussi un mystère-, ce n'est pas un mot par un mot, mais une idée par une idée que j'exprime » (Larbaud 1946 : 15).

15). Quintilien souligne la différence interlinguistique entre le texte traduit et le texte original: « pour traduire ces modèles excellents, il faut choisir les meilleurs termes de sa propre langue tout en imaginant des figures nombreuses et variées, (car les langues sont) profondément différentes » (Ballard 2019: 62). Dante Alighieri propose le concept d'intraduisibilité: « toute traduction commence et finit par un échec » (Hollander 2000: XIII). Pendant la Renaissance, les traducteurs théologiques importants comme Érasme et Martin Luther ont mis l'humanisme au centre de leur travail. En soulignant l'interprétation pertinente du traducteur dans la traduction de la *Bible*, mais aussi en traduisant la *Bible* en langue vernaculaire[①], ils n'ont pas succombé *à* l'autorité théologique.

Au cours de la même période, dans l'histoire chinoise, la traduction des soutras bouddhiques était populaire et constituait le courant principal des activités de traduction. Un premier groupe de traducteurs, dont la plupart étaient des moines, est ainsi apparu. Certains d'entre eux ont établi des principes et des méthodes pour l'art de la traduction des soutras, portés souvent sur un choix entre la translittération, la traduction du sens ou la traduction littérale. Le moine Xuanzang (602-664) sous la dynastie Tang (618-907) est incontestablement le parangon des traducteurs de textes bouddhiques indiens en chinois. Il est allé en Inde pour approfondir sa connaissance du bouddhisme et en est revenu avec 657 ouvrages, dont il a, *à* la tête d'une équipe de traducteurs, traduit un grand nombre.[②] Xuanzang présidait l'atelier de traduction le plus important et le mieux organisé de l'histoire de la Chine ancienne: il comprenait jusqu'*à* onze niveaux de postes, parmi lesquels traducteurs, assistants, enregistreurs, réviseurs, éditeurs, etc. Il a mis en avant la nécessité d'harmoniser la fidélité et la fluidité. Les techniques de traduction qu'il a utilisées dans son activité traductive jouent encore un rôle important *à* ce jour (Xie et al. 2009).

Les traducteurs mentionnés ci-dessus n'ont pas traité des problèmes de

① Érasme a fait imprimer le *Nouveau Testament* grec qu'il avait traduit de la *Vulgate* latine, dont certaines parties selon lui n'avaient pas été correctement traduites. La traduction de la *Bible* en allemand, langue vernaculaire, qu'a effectuée Luther, rapproche le peuple des *Saintes Écritures*.

② https://heritage.bnf.fr/france-chine/fr/xuanzang-article, page consultée le 22 avril 2020.

traduction dans le but d'établir desthéories traductologiques. Leur méthodologie de traduction découle de leur propre pratique. Ces méthodes, bien qu'elles ne soient pas systématiques, ont jeté les bases pour les études des traducteurs et des traductologues qui ont suivi.

Du 17e au 19e siècle, les traducteurs et les penseurs en Occident ont proposé des approches de traduction plus variées. L'art de bien traduire, le rôle du traducteur, la classification des types de traduction et l'évaluation de traduction se trouvaient au cœur de leur préoccupation.

John Dryden a distingué trois formes de traduction en 1680: métaphrase, paraphrase, imitation① (Oustinoff 2015: 40), et a souligné la prédominance du texte original et s'est opposé *à* la réécriture par le traducteur, puisque « son métier consiste *à* faire ressembler *à* l'original » (Dryden 2017). Ce point de vue a été partagé par Charles Batteux, selon lequel « le traducteur n'est maître de rien; il est obligé de suivre partout son auteur et de se plier *à* toutes ses variations avec une souplesse infinie. » (Anon. 1782: 539). Ensuite, Schleiermacher a distingué pour la première fois l'interprétation de la traduction en rattachant chacune des deux *à* un domaine particulier: l'interprétation, qui est orale, est utilisé dans le domaine des affaires, car la négociation verbale est le mode originel dans ce domaine, et tout écrit n'est que le procès-verbal d'un échange parlé; la traduction, qui est écrite, s'exerce plutôt dans les domaines scientifique et artistique, puisque l'écrit peut faire perdurer des œuvres. Il a aussi introduit deux techniques de traduction: la paraphrase et la recréation (Schleiermacher 2012). Les réflexions de Wilhelm von Humboldt, quant *à* elles, portent sur la fidélité et l'infidélité, la traduisibilité et l'intraduisibilité. Il convient d'évoquer également ici la divergence entre Matthew Arnold et Francis William Newman sur l'évaluation des traductions: Arnold a proposé de « s'en tenir au jugement d'un public cultivé pour évaluer la réussite d'une traduction » (Guidère 2016: 27), alors que selon Newman, « l'appréciation du grand public est le seul critère pour juger la réussite d'une traduction » (Guidère 2016: 27). Cette

① La première est la traduction littérale (qu'il nomme « métaphrase »); la deuxième est la traduction proprement dite (appelée d'abord « paraphrase » mais rebaptisée simplement « traduction » dans la préface de 1697 *à* ses traductions de *Virgile*); la troisième, l' « imitation » (ensuite appelée « paraphrase ») (Oustinoff 2015: 40).

divergence concernant les destinataires de la traduction (un public cultivé ou le grand public) peut renvoyer aux différentes stratégies que les traducteurs pourraient employer dans leur traduction selon *à* qui elle est destinée.

À la même époque, en Chine, les activités de traduction étaient en déclin, et dans le développement théorique en traduction, l'écart entre la Chine et l'Occident était devenu remarquable: il y avait non seulement les pensées herméneutiques de Schleiermacher, les pensées philosophiques de Humboldt sur le langage, mais aussi d'autres nouveaux paradigmes de recherche apparus au 20e siècle en Occident. À l'opposé, les Chinois ont, pendant longtemps, prêté attention au travail empirique, sans mettre l'accent sur le développement théorique. Wang Guowei (1877-1927), penseur de la fin de la dynastie Qing (1616-1911), a attribué cet écart entre l'Occident et la Chine *à* leurs différents modes de pensée:

> Les Occidentaux sont forts en spéculation et en recherche scientifique. Ils excellent *à* abstraire et classer les choses. Pour tout ce qui est tangible ou intangible dans le monde, ils arrivent *à* découvrir par généralisation et spécification... Nous, les Chinois, privilégions la pratique. Tant que nous acquérons des connaissances nécessaires pour la pratique, nous sommes satisfaits. Quant au classement des choses, nous n'irons pas au fond *à* moins que nous ne soyons contraints par des besoins réels① (Gong 2009: 153).

1.1.2 La traduction au 20e siècle et après

« Le développement et la prospérité de la traduction occidentale au 20e siècle ont dépassé toutes les périodes de l'histoire »② (Xie 2003: 110). Notamment après la Seconde Guerre mondiale, avec la mondialisation économique et les progrès

---

① Notre traduction. Le texte original: « 西洋人之特质,思辨的也,科学的也,长于抽象而精于分类,对世界一切有形无形之事物,无往而不用综括及分析之二法……吾国人之所长,宁在于实践之方面,而于理论之方面,则以具体的知识为满足,至分类之事,则除迫于实际之需要外,殆不欲穷究之也 » (Gong 2009: 153).

② Notre traduction. Le texte original: « 20 世纪西方翻译的发展和繁荣,超过了历史上任何一个时期 » (Xie 2003: 110).

scientifiques et technologiques, les théories et les pratiques traductologiques se sont développées remarquablement, proposant des approches de plus en plus variées. Tan Zaixi (2004) en a distingué trois directions principales — la traductologie linguistique, la traductologie littéraire et artistique, la traductologie herméneutique — dans lesquelles on identifie de nombreuses divisions: traductologie linguistique théorique / appliquée / communicationnelle / sémiotique / textuelle, science de la traduction, traductologique sociolinguistique, les approches poétologiques / idéologiques, l'approche herméneutique, la théorie interprétative, la théorie du jeu, la théorie de l'action, la théorie du skopos et les approches fonctionnalistes, les « études de traduction » (Translation Studies) et la théorie du polysystème, les théories / perspectives sociologiques, féministes, postcoloniales.① Chacune de ces théories et approches possède ses propres arguments différents les uns des autres, mais aussi étroitement liés les uns avec les autres. Le foisonnement théorique a ainsi conduit à l'établissement de la traduction comme discipline indépendante dans la seconde moitié du 20e siècle.

The translation studies reader, ouvrage édité par Lawrence Venuti et Mona Baker, rassemble trente écrits classiques des plus grands traductologues représentatifs du 20e siècle② (Venuti et Baker 2000). Il s'agit de travaux qui ont acquis un statut incontestable dans l'avancée de la traduction, parmi lesquels: *Die Aufgabe des Übersetzers* (*La tâche du traducteur*, 1923) de Walter Benjamin, *On linguistic aspects of translation* (*Aspects linguistiques de la traduction*, 1959) de Roman Jakobson, *Principles of correspondence* (*Les principes de la correspondance*, 1964) d'Eugene Nida, *Translation shifts* (*Les écarts dans la traduction*, 1965) de J. C. Catford, *The name and nature of translation studies* (*Le nom et la nature des études sur la traduction*, 1972) de James S. Holmes, *The position of translated literature within the literary polysystem* (*La littérature traduite et sa place dans le polysystème littéraire*, 1978) d'Itamar Even-Zohar, *Text*, *system and*

① Zuzana Raková (2014) a présenté en détail ces théories et approches de traduction dans son livre *Les théories de la traduction* (Brno: Masaryk University, p. 259).

② L'évolution de la traduction au 20e siècle a été divisée en cinq périodes dans cette œuvre: les années 1900-1930, 1940-1950, 1960-1970, 1980, 1990. Chaque période est marquée par les recherches représentatives de traductologues reconnus.

refraction in a theory of literature (*Texte*, *système et réfraction dans une théorie de la littérature*, 1982) d'André Lefevere, *L'identité culturelle de la traduction* (1998) d'Annie Brisset, *Translation*, *community*, *utopia* (*Traduction*, *communauté*, *utopie* 2000) de Lawrence Venuti.

1.1.3 Les études culturelles: une tendance importante

Les recherches linguistiques ont depuis longtemps influencé les recherches en traductologie, mais « limiter les discussions sur la traduction *à* ce qui concerne uniquement les contraintes de la langue ne parvient pas *à* rendre justice *à* la complexité du problème » (Bassnett et Lefevere 1992: xiv). Les recherches traductologiques devraient concerner non seulement les manifestations linguistiques durant le processus de transformation d'une langue *à* une autre, mais aussi d'autres aspects hors des contraintes de la langue.

Par conséquent, dans la seconde moitié du 20e siècle, les études sur la traduction ont connu une évolution importante: elles ne se limitent plus *à* la recherche de caractéristiques linguistiques, au style des textes littéraires ou aux principes de traduction. La traduction est étudiée sous différentes perspectives: celles de la philosophie, de la sociologie, de la psychologie et de l'informatique, ainsi que des théories culturelles.

En fait, même les études traductologiques de l'école linguistique ne peuvent se limiter *à* un niveau purement linguistique sans jamais aborder un niveau culturel. La théorie d'équivalence dynamique d'Eugene Nida, par exemple, a abordé l'impact des contextes culturels sur la traduction:

> L'équivalence dynamique doit donc être définie en fonction du degré auquel les récepteurs du message dans la langue cible y répondent substantiellement de la même manière que les récepteurs de la langue source. Cette réponse ne peut jamais être identique, car les contextes culturels et historiques sont trop différents, mais il doit y avoir un degré élevé d'équivalence de la réponse, sinon la traduction

n'aura pas atteint son objectif[①] (Nida et Taber 1982: 24).

Ainsi, de plus en plus de chercheurs ont commencé à envisager la traduction dans sa dimension culturelle. Comme l'ont dit Susan Bassnett et André Lefevere dans la préface de *Traduction, histoire et culture*:

> La connaissance de la tradition, de la généalogie de notre pensée, nous aide à nous concentrer non seulement sur les problèmes concernant la traduction en tant que telle, mais également sur les façons dontles études traductologiques peuvent être plus utiles aux études culturelles en général. Nous commençons finalement à comprendre que la traduction mérite d'occuper une place beaucoup plus centrale dans l'histoire culturelle que celle à laquelle elle est actuellement reléguée[②] (Bassnett et Lefevere 1992: xiv).

Dans un sens, les études traductologiques évoluent même vers les études culturelles.

1.2 Tournant culturel: un paradigme en traductologie

Inspiré par des recherches antérieures en traductologie, le paradigme du tournant culturel en traductologie est fondé sur l'idée que la traduction est non seulement une activité interlinguistique, mais aussi et surtout une activité

---

① Notre traduction. Le texte original: « Dynamic equivalence is therefore to be defined in terms of the degree to which the receptors of the message in the receptor language respond to it in substantially the same manner as the receptors in the source language. This response can never be identical, for the cultural and historical settings are too different, but there should be a high degree of equivalence of response, or the translation will have failed to accomplish its purpose. »

② Notre traduction. Le texte original: «... relatively recent attempts to limit discussions of translation to what pertains to constraints of language only, signally fail to do justice to the complexity of the problem. Furthermore, knowledge of the tradition, the genealogy of our thinking, helps us to focus not just on problems concerning translation as such, but also on ways in which the study of translation can be made productive for cultural studies in general. We are finally beginning to realize that translation deserves to occupy a much more central position in cultural history than the one to which it is currently relegated » (Bassnett & Lefevere 1992: xiv).

interculturelle: il s'agit d'une réécriture du texte original sous l'impact de différents facteurs culturels. Ce paradigme de recherche envisage la traduction dans des perspectives plus englobantes, élargissant ainsi considérablement le champ des études de la traduction.

1.2.1 Concept du tournant culturel en traductologie

Nées dans les années soixante, les études culturelles (*cultural studies* en anglais, appelées également *sciences de la culture* en français) constituent un courant de recherche d'origine anglophone *a* la croisée des disciplines des sciences humaines et sociales. Rejetant les hiérarchies culturelles académiques, les études culturelles introduisent une approche transversale des cultures populaires, minoritaires et contestataires. Elles travaillent sur la déconstruction des savoirs et le décentrage du regard en ne partant plus seulement de l'objet culturel (tel qu'il a été construit) mais aussi de la manière avec laquelle il a influencé les personnes qui l'ont reçu et éventuellement intégré. La traductologie cherche *à* résoudre les mêmes problèmes que les études culturelles,

> [...] étant donné que la traduction concerne non seulement un texte et un système linguistique, mais aussi le contexte culturel entier dans lequel le texte *à* traduire a été écrit. Les traducteurs se trouvent *à* la frontière entre les systèmes culturels différents et leur œuvre représente un instrument d'échange réciproque (Rakov*á* 2014: 229).

En traductologie, le tournant culturel (nommé également « approche culturelle », « cultural turn » ou « cultural approach » en anglais) est réellement devenu un courant théorique et méthodologique *à* la fin des années 1980 et au début des années 1990. Il s'agit d'une approche inspirée par des recherches antérieures en traductologie:

> Tout en s'inspirant de la traductologie descriptive (descriptive translation studies), en particulier des travaux de la dénommée « école de la manipulation », et tout en partageant l'orientation cibliste de la théorie

du polysystème (polysystem theory and translation) et la notion de normes de traduction (norms of translation) de Gideon Toury, l'approche culturelle reflète également un changement épistémologique en sciences humaines et au-delà — avec le passage du « positivisme » au « relativisme » et aussi le passage de la croyance selon laquelle il est possible de trouver des normes universelles aux phénomènes à la croyance que les phénomènes sont influencés (sinon déterminés) par l'observateur (Marinetti 2011: 26).

Le paradigme du tournant culturel est fondé sur l'idée que la traductologie est bien plus que de simples règles normatives conçues pour assurer la production des « meilleures » traductions, et que toutes les traductions sont faites pour influencer le développement de la culture. Il réoriente la question de recherche traditionnelle sur comment traduire, vers la recherche sur pourquoi traduire, qui traduit, traduire quoi et traduire pour qui. Des concepts comme ceux de réécriture, de manipulation, de pouvoir et d'éthique sont introduits pour répondre à ces questions. L'accent est mis sur les facteurs socio-culturels limitant les activités de traduction: patronage, pouvoir, idéologie, poétique dominante, discours social, etc.

La réécriture, la manipulation et le pouvoir se trouvent au cœur de la discussion du tournant culturel et leurs concepts sont étroitement liés. La traduction est considérée comme une réécriture du texte original. Cependant, toute réécriture reflète une certaine idéologie et une poétique, et en tant que telle, elle manipule la littérature pour que celle-ci fonctionne dans une société donnée. La réécriture est une manipulation, entreprise au service d'un pouvoir qui se cache derrière une activité de traduction (Bassnett et Lefevere 1992: xi). Dans l'Europe médiévale, par exemple, l'église seule avait le droit plein et entier d'interpréter la *Bible*. La traduction de l'œuvre divine par des non-religieux était inconcevable voire interdite. Il s'agissait d'un modèle de manipulation idéologique par le pouvoir religieux.

En conséquence, la traduction se révèle être un puissant mode de construction culturelle, un moyen à travers lequel des nations peuvent établir leur identité par rapport aux autres, mais aussi un moyen de construire des représentations d'auteurs, de textes et de cultures. Un exemple: Lin Shu (1852-1924), « traducteur » légendaire chinois sous la dynastie Qing, a « traduit », ou plus précisément, a adapté près de deux cents romans occidentaux en chinois classique.① Sans connaître aucune langue étrangère, Lin Shu se faisait d'abord lire les textes originaux par un assistant qui maîtrisait la langue d'origine, puis les réécrivait en chinois. Les Chinois de l'époque ne connaissaient pas le monde extérieur. C'est en lisant les romans réécrits par Lin Shu qu'ils ont découvert l'histoire et la culture étrangères, et les littéraires avaient ainsi l'occasion d'apprendre d'autres démarches poétiques et discours sociaux. Les romans de Lin Shu ont fourni un grand nombre de modèles littéraires et artistiques, et ont, *à* l'époque, joué un rôle important dans le Mouvement pour la nouvelle culture② en Chine.

Mais la réécriture entraîne des répercussions *à* double tranchant: en introduisant de nouveaux concepts, genres et dispositifs littéraires, elle peut certes contribuer *à* l'évolution d'une littérature et d'une société, mais si son processus est contrôlé par un pouvoir, la réécriture risque de contraindre et de déformer la perception que nous avons du monde dans lequel nous vivons. En ce sens, la réécriture pourrait changer le rapport de pouvoir d'une culture par rapport *à* l'autre. Elle « peut faire pénétrer des influences étrangères dans la culture indigène, la défier et même contribuer *à* la subvertir »③ (Bassnett et Lefevere 1992: 2). Les études sur la traduction au service du colonialisme en offrent des exemples.

Le tournant culturel s'intéresse également *à* l'éthique du traducteur. La confiance accordée au traducteur est privilégiée avant tout. Cette confiance ne se rapporte pas *à* la qualité de sa traduction, mais plutôt au traducteur lui-même, surtout quand il s'agit de traduire les textes centraux d'une culture,

---

① Lin Shu adapta les travaux de Balzac, Shakespeare, Dumas père et fils, Tolstoï, Dickens, Goethe, Ibsen, Montesquieu, Hugo, Tchekhov, etc. *La Dame aux camélias* d'Alexandre Dumas fils a été sa première adaptation et l'un de ses plus grands succès.

② Mouvement entre 1915 et 1919 qui a été initié par de jeunes intellectuels. Ces derniers ont remis en question l'héritage culturel chinois confronté *à* la civilisation occidentale et rejeté le confucianisme, symbole de la culture traditionnelle et du passé chinois.

③ Notre traduction. Le texte original: « foreign influences can penetrate the native culture, challenge it, and even contribute to subverting it » (Bassnett et Lefevere 1992: 2).

étant donné que ceux-ci sont « invoqués pour légitimer le pouvoir de ceux qui l'exercent dans cette culture »[①] (Bassnett et Lefevere 1992: 3). Comme le préconise Schleiermacher, « chaque homme, pour une part, est dominé par la langue qu'il parle; lui et sa pensée sont un produit de celle-ci »[②]. La traduction n'est donc pas un simple processus mécanique et purement interlinguistique réalisé par le traducteur, mais un processus complexe reflétant implicitement la pensée du traducteur, la poétique et le discours social de son époque.

Le concept de patronage est aussi important pour les études culturelles. Le patronage est un élément essentiel qui détermine le processus de traduction. Il renvoie généralement aux sponsors, personnes ou institutions qui commandent ou publient la traduction. Le patronage est « le lien entre la traduction et le public que le traducteur souhaite atteindre »[③] (Bassnett et Lefevere 1992: 7). Il définit des limites idéologiques dans la traduction en fonction de son intérêt. En cas de non-respect de ces limites, « il est probable que la traduction n'atteindra pas le public que le traducteur souhaite atteindre ou qu'il atteindra, au mieux, ce public de manière détournée »[④] (Bassnett et Lefevere 1992: 7). Le patronage détermine donc directement la diffusion des caractéristiques du texte original (donc de la culture originale) dans la culture d'accueil. La censure des livres traduits avant leur publication dans certains pays peut servir de témoignage illustrant le fait que le patronage pèse réellement sur le processus de traduction.

Par ailleurs, le tournant culturel prend souvent en compte la poétique et le discours social. Pour rendre une œuvre littéraire étrangère acceptable, le traducteur l'adaptera souvent *à* la poétique et au discours social de la culture d'accueil. Il « tente souvent de remanier l'original en termes de poétique de sa

---

① Notre traduction. Le texte original: « invoked to legitimize the power of those who wield it in that culture » (Bassnett et Lefevere 1992: 3).

② « Tout homme forme la langue », http://www.philo5.com/Les%20philosophes%20Textes/Schleiermacher_MethodesDuTraduire.htm#_ftn1, page consultée le 10 mai 2020.

③ Notre traduction. Le texte original: « the link between the translator's text and the audience the translator wants to reach » (Bassnett et Lefevere 1992: 7).

④ Notre traduction. Le texte original: « the chances are that their translation will either not reach the audience they want it to reach or that it will, at best, reach that audience in a circuitous manner » (Bassnett et Lefevere 1992: 7).

propre culture, pour le rendre agréable au public nouveau et, ce faisant, pour assurer que la traduction sera effectivement lue »[①] (Bassnett et Lefevere 1992: 26). Le discours social indique l'ensemble complexe de concepts, d'idéologies, de personnes et d'objets appartenant *à* une culture particulière. Le traducteur doit « trouver un équilibre entre le discours social acceptable pour l'auteur de l'original et celui qui est acceptable et familier au traducteur lui-même et *à* son public »[②] (Bassnett et Lefevere 1992: 35). Cela ne signifie pas que le traducteur n'a pas de liberté dans la traduction. Il en a dans les périmètres marqués par les contraintes et il y prend ses décisions en fonction de l'idéologie, de la poétique et du discours social. Pour ceux qui sont conscients de cette situation et qui contestent les contraintes en essayant de les contourner, le rôle de la traduction s'est largement étendu pour devenir une stratégie culturelle: « stratégie qui appartient finalement au domaine du changement et de la survie, et non aux dictionnaires et aux grammaires »[③] (Bassnett et Lefevere 1992: 10). En conclusion, « la traduction n'étant jamais une opération neutre, il convient de mettre en évidence les interventions du traducteur réalisées dans le cadre de son appartenance *à* telle ou telle culture » (Cordonnier 2002: 38).

Avec les concepts de patronage et de manipulation, l'approche du tournant culturel commence *à* retracer les racines des phénomènes de traduction *à* travers le rôle joué par les institutions et les individus, provoquant ainsi plus de réflexions sur les questions concernant le statut du traducteur et l'éthique dans la traduction. Lawrence Venuti (1995) parle d'un statut invisible du traducteur et selon lui, les différences linguistiques et culturelles sont toujours présentes. Par la traduction, le pouvoir d'une culture forte peut naturaliser et même domestiquer les textes originaux d'une culture

---

① Notre traduction. Le texte original: « translators often try to recast the original in terms of the poetics of their own culture, simply to make it pleasing to the new audience and, in doing so, to ensure that the translation will actually be read » (Bassnett et Lefevere 1992: 26).

② Notre traduction. Le texte original: « Translators have to strike a balance between the Universe of Discourse (i. e. the whole complex of concepts, ideologies, persons, and objects belonging to a particular culture) as acceptable to the author of the original, and that other Universe of Discourse which is acceptable and familiar to the translator and his or her audience » (Bassnett et Lefevere 1992: 35).

③ Notre traduction. Le texte original: « the kind of strategy that ultimately belongs in the realm of change and survival, not in dictionaries and grammars » (Bassnett et Lefevere 1992: 10).

faible, alors que les textes d'une culture forte traduits vers une culture faible peuvent pourtant garder des caractéristiques linguistiques et culturelles originales. Sur le plan éthique, le traducteur doit sortir de son invisibilité et incorporer sa présence dans la traduction, puisqu'il joue un rôle essentiel dans la circulation mondiale de la culture. Il s'agit d'une « éthique de la différence... qui reconnaît et cherche *à* remédier aux asymétries de la traduction, une théorie des bonnes et des mauvaises méthodes pour pratiquer et étudier la traduction »① (Venuti 1998: iii).

Par la suite, dans le contexte de la censure politique, de l'approbation ou de la résistance *à* un pouvoir colonial et *à* une politique de genre, les études sur l'éthique dans la traduction ont été développées sous de multiples perspectives, *à* savoir, le « tournant sociologique » qui « prend conscience de la complexité agentive de la traduction » (Brisset 2008: 15), la théorie de l' « acteur-réseau » qui va plus loin en examinant « les modes d'interaction (humains / non humains) qui entrent dans la production des objets circulant dans la société » (Brisset 2008: 18), la censure (sur le plan politique, religieux, moral, militaire ou esthétique), le genre (selon que la traduction a été réalisée par un homme ou une femme), les études traductologiques dans la littérature postcoloniale ou la politique de traduction, entre autres. Toutes ces problématiques ont été étudiées.

Au vu des points mentionnés ci-dessus, on constate que les activités de traduction concernent des phénomènes complexes qui méritent une recherche approfondie sous la perspective culturelle. Développé *à* partir des études sur la traduction littéraire, le paradigme du tournant culturel a été perçu comme ayant transcendé la barrière entre la littérature et la non-littérature puisqu'il « englobe implicitement toutes sortes de traductions » (Snell-Hornby 1990: 84).

---

① Notre traduction. Le texte original: « ethics of difference...that recognizes and seeks to remedy the asymmetries in translating, a theory of good and bad methods for practising and studying translation » (Venuti 1998: iii).

1.2.2 Apports du tournant culturel à la traductologie

Les études culturelles considèrent la traduction non seulement comme une activité interlinguistique, mais aussi et surtout comme une activité interculturelle. Le texte à traduire est porteur de culture dans la mesure où il est créé dans un contexte culturel composé d'un système de valeurs, de pratiques et de normes sociales, et de représentations collectives. L'acte de traduire et la réception de son produit sont influencés par des éléments comme les contextes culturels des langues source et cible, les identités nationales, les rapports de pouvoir, le patronage, le statut et l'éthique de traducteur, etc. De ce fait, il est important d'envisager la traduction dans des perspectives plus englobantes, au-delà des questions de langue souvent restreintes aux aspects lexico-syntaxiques, ce qui ouvre le champ de la traductologie à l'interdisciplinarité.

Cependant, les études de la traduction sous la perspective du tournant culturel ont soulevé un certain nombre de critiques. Certains considèrent que le culturalisme accentue trop la portée des facteurs culturels sur la traduction, ce qui fait qu' « il est impossible de découvrir les lois qui prédisent les phénomènes et les processus de traduction »[1] (Zhao 2004 : 104). Selon d'autres, l'approche culturelle est trop étendue pour poser les bornes de la discipline traductologique : être très interdisciplinaire est en réalité être sans-disciplinaire, ce qui brouille les frontières disciplinaires de la traductologie. « L'amplification infinie du rôle des facteurs externes dans le processus de traduction poussera sans aucun doute la traductologie dans une situation dangereuse »[2] (Zhang 2017 : 48).

Ces critiques sont justifiées dans une certaine mesure. L'approche culturelle offre une nouvelle voie de développement pour les études de traduction. Cependant, il n'est pas souhaitable de placer la recherche au niveau linguistique dans une position secondaire ni même de la négliger. La traduction se fait au niveau langagier, et la dimension linguistique était, est et sera toujours importante dans les études de

---

① Notre traduction. Le texte original : « 不可能总结出预测翻译现象和过程的规律 » (Zhao 2004 : 104).

② Notre traduction. Le texte original : « 无限放大外部因素在翻译过程中所起到的作用无疑会将翻译研究推向危险的境地 » (Zhang 2017 : 48).

traduction, et elle est toujours d'actualité mais ne doit pas être considérée de façon isolée.[①]

Le tournant culturel est en fait un

> [...] virage vers des préoccupations plus globales en matière de traduction, au-delà de concepts techniques de différences linguistiques, d'équivalence, de fidélité, etc.... En partie, ces travaux relèvent d'un discours idéologique. En partie, ils sont accompagnés d'études empiriques de nature interdisciplinaire au croisement de la littérature comparée, de la sociologie et de la linguistique, empruntant à celle-ci des concepts de la linguistique textuelle et de la pragmatique (Gile 2005 : 250).

Le caractère global, empirique et très interdisciplinaire semble rendre le concept de l'approche culturelle hétérogène. Mais l'hétérogénéité en soi est une caractéristique de la culture. L'importance de l'approche culturelle dans la recherche traductologique estévidente. Elle a changé la perspective de la traductologie. « Les recherches antérieures, voire celles qui s'intéressent au comportement traductif, sont loin d'en étudier les effets sociaux. » (Brisset 2008 : 11). Dorénavant, le champ des études de la traduction s'est considérablement élargi, et l'on admet communément que « le traducteur ne pourra jamais s'éloigner de la culture et sera toujours influencé par les facteurs culturels. Une étude en traductologie exonérée des recherches culturelles ne peut jamais être une étude complète et fiable »[②] (Sun et Zheng 2000 : 11).

---

① En introduisant le tournant culturel, Bassnett a conclu que « Ce que nous pouvons voir à la fois dans les études culturelles et les études de traduction aujourd'hui, c'est que le temps de l'isolement académique dans une tour d'ivoire est révolu, et qu'en effet dans ces interdisciplines multiformes, l'isolement est contre-productif. » Notre traduction, texte original : « What we can see from both cultural studies and translation studies today is that the moment of the isolated academic sitting in an ivory tower is over, and indeed in these multifaceted interdisciplines, isolation is counterproductive » (Bassnett 1998 : 138).

② Notre traduction. Le texte original : « 译者永远与文化脱不了干系，永远受到文化因素的制约和影响，而脱离文化研究的翻译理论研究不可能是全面可靠的翻译理论研究 ». (Sun et Zheng 2000 : 11)

Conclusion

Le but de la traductologie, établi lors du colloque international de Louvain en 1976, est de « produire une théorie globale qui peut être utilisée comme ligne directrice pour la production de traductions. La théorie [...] devrait être constamment testée par des études de cas. En un mot, elle serait dynamique et non statique, car elle serait dans un état d'évolution continue »① (Bassnett 1998: 124).

En présentant une ample perspective et de nouvelles méthodes de recherche, le tournant culturel ouvre une voie très importante pour l'évolution traductologique. Son impact va bien au-delà: ce paradigme en traductologie nous incite à examiner la terminologie sous une dimension culturelle. La traduction et le travail terminologique fonctionnent selon des modalités similaires: la traduction concerne une réécriture du texte original dans la langue cible; le travail terminologique concerne une reconceptualisation des référents dans différentes langues. Les deux constituent un processus de transformation: la traduction est la transformation d'un texte d'une langue à une autre, tandis que le travail terminologique est un processus où un concept ou un référent est transformé en forme linguistique dans différentes langues. Ces similitudes conduisent à penser que, si la traduction peut être influencée par le contexte culturel, il est probable que le travail terminologique peut aussi être influencé par son contexte culturel. Ainsi, dans le chapitre suivant, nous allons étudier au niveau théorique la possibilité de mettre en forme l'application du paradigme du tournant culturel à la recherche terminologique.

---

① Notre traduction. Le texte original: « The goal of the discipline was to 'produce a comprehensive theory which can be used as a guideline for the production of translations'. The theory was to be neither neopositivistic, nor hermeneutic in inspiration and should be constantly tested against case-studies. Instead, it would be dynamic, not static because it would be in a state of continuous evolution » (Bassnett 1998: 124).

Chapitre 2 Tournant culturel en terminologie

Malgré leur autonomie l'une par rapport *à* l'autre, les points d'intersection entre la terminologie et la traduction (notamment la traduction spécialisée) sont nombreux et procurent la possibilité d'appréhender le travail terminologique avec un paradigme traductologique, ce qui nous encourage *à* considérer la conceptualisation des termes du point de vue cultuel.

2.1 Aperçu de la terminologie

La terminologie est une science qui étudie les termes spécifiques propres *à* des domaines spécialisés. Le développement de la terminologie moderne a favorisé l'établissement de cette dernière comme une discipline indépendante possédant son propre système théorique. Nous proposons ci-après un aperçu historique de la terminologie qui nous permettra de comprendre la trajectoire de son développement ainsi que les concepts clés dans la recherche terminologique.

2.1.1 Évolution de la terminologie

À l'instar de la traduction, les origines de la terminologie concordent avec celles du langage. « Dès que se manifeste le langage, on se trouve en présence de langues de spécialité » (Rondeau 1984: 1). D'après le philosophe Confucius[①]: « Quand les noms ne sont pas corrects, le langage est sans objet. Quand le

① Confucius (551-479 avant J.-C.), philosophe chinois.

langage est sans objet, les affaires ne peuvent être menées *à* bien » (Confucius 1987: 13.3). Les « noms » dans le propos de Confucius et les « langues de spécialité » de Rondeau renvoient aux « termes » en terminologie moderne.

Les définitions de *terme* et de *terminologie* ne sont pas totalement identiques. Dans un article publié en 1977, le terminologue russe Danilenko a énuméré dix-neuf définitions de *terme* (Zheng 2010: 144), qui correspondent *à* des définitions encore plus variées de *terminologie*. Cependant, il est convenu que les deux sont indissociables, que la discipline terminologique est une science de termes, et que le travail de la terminologie porte sur tout ce qui est relatif théoriquement ou pratiquement *à* la création et *à* la circulation des termes. Depuis les tous premiers concepts créés par l'homme jusqu'*à* aujourd'hui, les connaissances sont exprimées et transmises *à* l'aide de termes. « La connaissance des choses périt par l'ignorance des noms »① (Lorrain 2019: 42).

Dans la Chine ancienne, les premières discussions terminologiques ont surgi vers la fin de la période des Royaumes combattants (5e siècle-221 avant J.-C). Xun Zi② a proposé dans le *Mo jing* (《墨经》, mò.jīng) le premier concept d'atome, appelé *duan* (端, duān), ainsi que les concepts de temps et d'espace, appelés respectivement *zhou* (宙, zhòu) et *yu* (宇, yǔ) (Feng 2011: 16). Il s'agit de termes très anciens, dont les deux derniers sont encore en usage aujourd'hui. Dans son œuvre *Rectification des dénominations* (《正名篇》, zhèng.míng.piān)③, Xun Zi a grandement insisté sur « l'importance du respect que l'on doit avoir *à* l'égard de la convention sociale qui lie dénominations et réalités » (Djamouri 1993: 60). En préconisant d'« associer *à* chaque réalité une dénomination qui lui est propre » (Djamouri 1993: 67), il a proposé l'*hypéronymie* et l'*hyponymie* correspondant *à* deux orientations d'une même relation hiérarchique, pour montrer les relations genres-espèces des choses. Il s'agit d'un système hiérarchique, « la double relation paradigmatique dans laquelle toute dénomination se trouve prise » (Djamouri 1993: 69). Les pensées de Xun Zi concernaient déj*à* le principe de la création de termes et l'importance de la

---

① Phrase d'Edward Coke (1552-1634), initialement dite en latin: Nomina si nescis, perit cognitio rerum (Lorrain 2019: 42).

② Xun Zi (vers 313-238 avant J.-C), philosophe confucianiste.

③ L'œuvre a été traduite par les chercheurs français sous le titre *Rectification des dénominations*.

systématisation en terminologie, problématiques importantes en terminologie moderne.

De la dynastie Han (206 avant J.-C-220) *à* la fin de la dynastie Qing, un grand nombre d'ouvrages terminologiques variés sont apparus en Chine. Parmi les plus représentatifs — l'encyclopédie *Erya* (尔雅, ěr.yǎ), apparue au début de la dynastie Han, qui contient un total de 19 chapitres et rassemble plus de 1400 entrées de termes de différents domaines; plus tard, sous les dynasties Han et Tang (618-907), de nombreux termes bouddhistes en sanskrit ont été empruntés dans la traduction des soutras; nous pouvons aussi citer Shen Kuo (1031-1095) qui, sous la dynastie Song (960-1279), a créé un grand nombre de termes en mathématiques, physique, géologie et médecine dans son œuvre *Discussions de pinceau depuis un petit ruisseau de rêve* (《梦溪笔谈》, mèng. xī. bǐ. tán); sous la dynastie Ming (1368-1644), le *Traité général d'agriculture* (《农政全书》, nóng. zhèng. quán. shū) de Xu Guangqi (1562-1633) a rassemblé des termes dans les projets d'agriculture, de génie des sols et d'hydraulique, et le *L'ouvrage Œuvres du ciel et exploitation des choses* (《天工开物》, tiān. gōng. kāi. wù) de Song Yingxing (1587-1666) a été désigné *Encyclopédie scientifique et technologique chinoise* par les savants occidentaux①.

Depuis le 18e siècle, la science et la technologie se sont développées très rapidement en Occident. De nouveaux concepts scientifiques et techniques sont apparus. Des termes correspondant *à* ces concepts ont émergé, dont l'unification a constitué un enjeu majeur. La grande majorité des discussions de nature terminologique étaient menées par des spécialistes en sciences naturelles. Le naturaliste suédois Carl von Linné (1707-1778) a posé les bases du système moderne de la nomenclature binominale (genre et espèce). Il a répertorié, nommé et classé de manière systématique l'essentiel des espèces vivantes connues *à* son époque. Cette nomenclature et cette classification se sont imposées *à* l'époque comme les standards du domaine. Le travail de Linné a ainsi créé un précédent pour la recherche terminologique en Occident.

L'*Encyclopédie ou Dictionnaire raisonné des sciences, des arts et des métiers*, éditée de 1751 *à* 1772 sous la direction de Denis Diderot et de Jean le

① *L'ouvrage Œuvres du ciel et exploitation des choses* a été traduit en français au 19e siècle.

Rond d'Alembert, est une encyclopédie française contenant un vaste système de classement, de hiérarchisation et d'appréhension des connaissances humaines.① C'est la première œuvre française majeure rédigée en langue de spécialité. Auparavant, les termes avaient été longtemps ignorés des encyclopédistes, mais l'encyclopédie de Diderot et d'Alembert « est très terminologique par le contenu technique très riche qu'elle apporte » (Bădulescu 2005: 455).

Le chimiste français Antoine Laurent Lavoisier (1743-1794), quant *à* lui, a élaboré avec ses homologues② une nomenclature chimique: un système de termes qui est toujours en grande partie en usage aujourd'hui. Lavoisier a souligné l'importance des bons « mots » dans la *Méthode de nomenclature chimique*:

> Le mot doit faire naître l'idée; l'idée doit peindre le fait: ce sont trois empreintes d'un même cachet, et comme ce sont les mots qui conservent les idées et qui les transmettent, il en résulte qu'il serait impossible de perfectionner la science, si on n'en perfectionnait le langage, et que quelque vrais que fussent les faits, quelque justes que fussent les idées qu'ils auraient fait naître, ils ne transmettraient encore que des impressions fausses, si on n'avait pas des expressions exactes pour les rendre (Lavoisier et al. 1787: 14).

Avant le 19e siècle, le rôle des « langues de spécialité » ou des « noms » était déj*à* très important, pourtant la terminologie n'était pas une discipline indépendante. Les réalisations terminologiques étaient principalement des travaux individuels.

---

① Bibliothèque Nationale de France, https://gallica. bnf. fr/conseils/content/lencyclop% C3% A9die-de-diderot-et-d%E2%80%99alembert, page consultée le 4 juillet 2020.

② Guyton de Morveau (1737-1816), Claude-Louis Berthollet (1748-1822), Antoine-François Fourcroy (1755-1809).

2.1.2 La terminologie moderne

La terminologie modernedate de la première moitié du 20e siècle, dans un contexte où les sciences, les technologies et les commerces transnationaux ont connu des développements spectaculaires, et ont entraîné une avalanche de néologismes. Certains pays ont fondé une institution normalisatrice① qui intervient dans les questions d'ordre terminologique, pour d'un côté unifier l'usage des termes et s'adapter aux échanges internationaux, et de l'autre côté défendre la langue nationale face *à* l'envahissement des langues étrangères.

Dans un même temps, des organismes internationaux ont été créés pour promouvoir la coopération internationale dans les domaines politique, économique et culturel. Les échanges et les coopérations ont fait ressortir l'importance de la normalisation terminologique, car les dossiers élaborés par les partenaires au sein d'un même organisme « doivent exprimer dans des langues différentes des notions qui ne peuvent être que rigoureusement identiques d'une langue *à* l'autre » (Rondeau 1984: 3). Par conséquent, des organismes internationaux ont été spécialement créés pour se charger de la normalisation terminologique *à* l'échelle internationale.

Le premier organisme international de la normalisation terminologique est la Commission électrotechnique internationale (CEI)②. Dès sa fondation en 1906, celle-ci s'est lancée dans la rédaction du *Vocabulaire électrotechnique*

① Exemples: Fondé en 1917, l'Institut allemand de normalisation a mis en place des comités de normalisation dans de nombreux domaines, ainsi qu'un comité spécial de terminologie, qui était responsable du travail terminologique (Tong 2017: 57); en 1920, l'Autriche a créé son Comité des normes artisanales et industrielles pour normaliser les termes dans les deux domaines concernés (Tong 2017: 58); en 1920, l'Association technologique de la langue française d'Ottawa a publié son glossaire terminologique (Xu 2017: 10); en 1946, le ministère japonais de l'Éducation, de la Culture, des Sports et du Tourisme a commencé *à* publier des terminologies standards pour normaliser les termes dans divers domaines (Wu et Wen 2017: 28); etc.

② La Commission électrotechnique internationale (CEI) est chargée des domaines de l'électricité, de l'électronique, de la compatibilité électromagnétique, de la nanotechnologie et des techniques connexes. Elle est complémentaire de l'Organisation internationale de normalisation (ISO), qui est chargée d'autres domaines. https://fr.wikipedia.org/wiki/Commission_%C3%A9lectrotechnique_internationale, page consultée le 2 juin 2020.

international (VEI)[①], de façon *à* unifier la terminologie dans le domaine électrotechnique. En 1936, la Fédération internationale des associations nationales de standardisation (ISA[②]) a créé le Comité technique 37, nommé également Comité de terminologie, chargé d'élaborer des principes méthodologiques pour harmoniser les terminologies, leur mode de préparation et de présentation. Puis en 1951, le Comité technique 37 a été complètement réformé par l'Organisation internationale de normalisation (ISO[③]), qui l'a renommé Comité technique ISO / TC 37, Terminologie (principes et coordination). Ce comité officiel, en coopération avec la CEI, coordonne et organise aujourd'hui des travaux internationaux sur la terminologie, ce qui favorise la normalisation terminologique *à* l'international.

Depuis les années 1960, un accroissement intense des activités terminologiques a été constaté: colloques internationaux, nationaux et régionaux sur des thèmes divers; mise en pratique de travaux systématiques de collecte, classement, normalisation et diffusion de terminologies; formation systématisée en terminologie dans différents organismes privés et publics; apparition des premiers cours de terminologie; création de nouvelles bases de données terminologiques, etc. (Rondeau 1984: 9).

À la même époque, les théories et les méthodes fondamentales de la terminologie moderne ont pris forme. Ayant posé les méthodes et principes essentiels pour le travail terminologique, Eugen Wüster (1898-1977) a permis des avancements considérables dans la terminologie moderne et conduit *à* son établissement. Présentée en 1931, sa thèse *Internationale Sprachnormung in der technik, besonders in Elektrotechnik* (*Normalisation linguistique internationale en technique, en particulier en électrotechnique*) a jeté les bases de ce qui pourrait être une discipline consacrée *à* l'analyse des termes employés en sciences et techniques.[④] Il a publié par la suite une série d'ouvrages fondamentaux en terminologie: *Grundbegriffe der Terminologielehre, systematisches Definitions worterbuch* (*Termes de base de la terminologie, dictionnaire de définitions systématiques*, 1955), *Die allgemeine Terninologielehre-ein Grenzgebiet zwischen Sprachwissenschaft*,

① La première édition de cet ouvrage a été publiée en 1938.

② Fédération de standardisation fondée en 1926.

③ Organisation de normalisation fondée en 1947.

④ Dans le prolongement de ces recherches a été créé en 1936, *à* l'ISA le Comité technique 37.

Logik, Ontologie, Informatik und den Sachwissenschaften (*La théorie de la terminologie générale-une intersection de la linguistique, de la logique, de l'ontologie, des sciences de l'information et des sciences techniques*, 1972), et *Einführung in die allgemeine Terminologielehre und terminologische Lexikographie* (*Introduction à la terminologie générale et à la lexicographie terminologique*, 1979).

Après Wüster, Ingetraut Dahlberg, Gernot Wersig, Lothar Hoffmann et Helmut Felber ont poursuivi son travail. Leur recherche ont mis l'accent sur la délimitation de concept, puisque celui-ci est défini selon celle-ci. Le système conceptuel, structuré d'une façon hiérarchique, est fondamental pour la terminologie, et cette dernière est en fait un outil de transfert conceptuel entre les langues.

Les terminologues russes ont aussi consacré un travail conséquent *à* l'établissement de la discipline et au développement des théories terminologiques. En 1931, Dmitrij Semënovič Lotte (1898-1950), responsable du Comité de normalisation terminologique de l'Institut de normalisation du Conseil des ministres de l'URSS, a publiéun article en terminologie intitulé *Problèmes pressants dans le domaine de la terminologie scientifique et technique*[①]. Ensuite, il a publié une série d'ouvrages dont *Основы построения научно-технической терминологии* (*Fondements de la construction de la terminologie scientifique et technique*) qui pose les bases de la théorie fondamentale en terminologie. Sergey Alexeyevich Chaplygin (1869-1942), avec lequel Lotte a créé en 1933 le Comité de terminologie scientifique et technique a, quant *à* lui, présenté *Задачи и методы работы по упорядочению технической терминологии* (*Tâches et méthodes du travail de systématisation de la terminologie technique*) en 1937. Ces travaux ont servi de guide pour les recherches terminologiques qui ont suivi.

La terminologie russe est conçue comme une science appliquée. Le travail se fait principalement autour de la classification de termes, des principes de classification; des caractéristiques de termes, de concepts et de définitions; de

① Notre traduction du titre anglais: *Pressing problems in the field of scientific and technical terminology* (Hoffmann, Kalverkämper, et Wiegand 2008: 344).

l'usage et du statut terminologiques dans diverses disciplines.

La terminologie en Tchécoslovaquie a également débuté dans les années 1930. Sa formation et son développement sont étroitement liés à la protection des langues et des cultures tchèques et slovaques. Les recherches terminologiques tchécoslovaques sont influencées par les arguments de l'école linguistique de Prague et attachent de l'importance à la fonction de communication sociale de la terminologie, tout en s'intéressant à la normalisation terminologique. Les chercheurs « développent des recherches sur les langues de spécialité, conçues comme des langues fonctionnelles dont la plus petite unité fonctionnelle est le terme » (Auroux et al. 2008: 2760). L'article *Termin a jeho definice* (*Le Terme et sa définition*, 1965) de Rostislav Kocourek en est un travail représentatif.

Les recherches menées dans ces trois pays sont fondamentales et servent de guide pour les recherches terminologiques suivantes:

> À partir de ces noyaux d'origine, l'étude et la pratique de la terminologie s'étendent, dans un premier temps, à l'ouest (France, Canada, Québec) et au nord de l'Europe (Belgique, Danemark et pays nordiques). Dans un second temps, plus récemment, les études terminologiques se développent dans les pays de l'Europe du Sud, de l'Afrique du Nord et de l'Afrique sub-saharienne, en Amérique centrale et méridionale, et en Orient, Chine et Japon (Auroux et al. 2008: 2760).

Le travail terminologique au Canada (surtout au Québec) est tout aussi important. Commencé relativement tard, au début des années 1970, il a été très actif dès ses débuts et l'est toujours aujourd'hui. En soulignant l'importance de concept, les chercheurs canadiens ont remarqué que les concepts constituaient le point de départ de la classification, de la définition et de la désignation des référents. La terminologie est considérée comme un outil sociolinguistique et doit être intégrée à la planification linguistique. De plus, une grande importance est attachée à la traduction terminologique et à l'étude des néologismes. L'*Introduction à la terminologie* (1984) de Guy Rondeau est, par exemple, un manuel incontournable.

En réservant ici une place particulière aux travaux autrichiens, tchèques, russes et québécois, nous n'entendons pas réduire l'étendue de la terminologie moderne. Plus récemment, des travaux terminologiques également importants ont vu le jour en France avec la socioterminologie fondée par l'école de Rouen dans les années 1980, dont Louis Guespin, Yves Gambier et François Gaudin sont les représentants. Ils ont remis en cause l'approche terminologique traditionnelle, préconisant que l'environnement sociologique a un impact important sur la terminologie. En outre, l'ontoterminologie, proposée par Christophe Roche et Loïc Depecker au début des années 2000, qui prête attention *à* la relation entre la terminologie et l'ontologie, est aussi une nouvelle orientation de la recherche terminologique. De plus, de nouvelles approches, qu'elles soient cognitive, ethnique ou texto-discursive de la linguistique de corpus, ont été développées par des études terminologiques.

Depuis Wüster jusqu'*à* ce jour, les études terminologiques passent par des approches normatives *à* des approches descriptives puis *à* une approche relativement mixte.

Les approches normatives, issues de la terminologie classique, se fondent sur « une démarche onomasiologique selon laquelle le terme est une entité monosémique, définie *à* partir des caractéristiques conceptuelles » (Raus 2013: 11). En opposant le terme au mot, les approches normatives semblent ignorer le fonctionnement habituel du langage et concevoir les termes comme des étiquettes de concept, mais pas « resitués dans le cadre des échanges langagiers au sein desquels ils apparaissent et se maintiennent » (Gaudin 2005: 87), ce qui ne fonctionne pas toujours en réalité, pas même dans les travaux de normalisation terminologique.

C'est pourquoi les approches descriptives conseillent d'étudier les termes dans différents contextes de communication, considèrent le contexte comme « fondamental, bien au-del*à* de la triade traditionnelle concept-terme-objet » (Raus 2013: 13), et essaient d'estomper l'opposition entre mot et terme. Dans ce cadre, les éléments culturels sont pris en compte comme contexte dans des études terminologiques, notamment dans des études terminologiques bi-plurilingues et interculturelles, dans des domaines fortement caractérisés par le contexte culturel (le domaine juridique, par exemple). Des études vont jusqu'*à* affirmer que les motivations culturelles sont des « matières premières qui alimentent et conditionnent la production des termes » (Diki-Kidiri 2008 : 11).

L'approche mixte, elle, est toute récente. C'est une approche qui met l'accent sur la complémentarité de l'approche de la linguistique de corpus (quantitative) et l'approche d'analyse qualitative pour étudier l'usage de termes dans une perspective texto-discursive (Raus 2013 : 26). Il s'agit d'une approche favorable *à* la traduction de termes, sans se détourner du contexte texto-discursif.

L'évolution des différentes approches en terminologie reflète un processus où le contexte de la création et de la circulation des termes devient de plus en plus important pour les études terminologiques.

2.1.3 Quelques clarifications en terminologie

En rappelant l'évolution de la terminologie, il nous semble nécessaire de répondre *à* deux questions importantes. La première question concerne la distinction entre *notion* et *concept*, deux termes élémentaires en terminologie mais longtemps confondus l'un avec l'autre. La deuxième question porte sur les aspects linguistiques de la terminologie. Point n'est besoin de souligner que les termes spécifiques sont majoritairement des signes linguistiques, mais quelles sont leurs différences?

2.1.3.1 *Concept* versus *notion*

« La délimitation de la terminologie comme discipline se trouve souvent justifiée, directement ou indirectement, par le recours au concept (ou *à* la notion) » (Gaudin 1996 : 204) : en terminologie, qu'entend-on par *concept* et par *notion*, deux termes qui renvoient au même terme chinois : 概念 (gài. niàn)? En fait, la distinction entre *concept* et *notion* en terminologie demeure une problématique même *à* l'intérieur de la communauté française. Le choix entre ces deux termes est un dilemme auquel est confrontée la terminologie.

En regardant l'évolution des deux termes *à* l'intérieur de l'ISO, nous pouvons expliquer leurs usages dans l'optique normative. L'organisme international de normalisation a adopté dans un premier temps le terme *notion* pour désigner la « construction mentale utilisée pour classer les objets individuels du monde extérieur ou intérieur par une 'abstraction' plus ou moins arbitraire »[①](Rey 1992: 30). La science de la terminologie a été définie comme l' « étude scientifique des notions et des termes en usage dans les langues de spécialité » (ISO: 1990) et le travail terminologique indiquait une « activité relative *à* la systématisation et *à* la représentation des notions, de même qu'*à* la présentation des terminologies selon les principes et les méthodes établies » (ISO: 1990).

Plus tard, l'ISO a introduit une relation de synonymie entre *notion* et *concept* pour désigner une « unité de connaissance créée par une combinaison unique de caractères » (ISO: 2000). Pendant une période, dans les dossiers officiels, les deux termes ont donc été employés parallèlement: *concept* (*notion*). Mais cet emploi parallèle a été annulé plus tard, avec l'abandon de *notion* et la conservation de *concept* dont la définition a été modifiée comme suit: « unité de connaissance créée par une combinaison unique de caractéristiques » (ISO: 2019). Dans ces conditions, le travail terminologique a été reformulé comme une « activité portant sur la systématisation de la collecte, de la description, du traitement et de la présentation des concepts et de leurs désignations » (ISO: 2019). Les changements fréquents ont provoqué certaines critiques: « si la terminologie vise *à* continuer d'exister en tant que discipline scientifique indépendante, il vaut mieux réexaminer ses *Principes de Terminologie* »[②](Roche 2012: 17).

Face aux changements d'usage et finalement l'abandon de *notion* et la conservation de *concept* de la part de l'ISO, les terminologues ont fait leur choix soit en utilisant les deux termes comme des parasynonymes, soit en insistant pour qu'une distinction soit opérée entre les deux. Guy Rondeau, selon qui « la terminologie a son vocabulaire propre » (Rondeau 1984: 17), a choisi *notion* et la définition qu'il a attribuée *à* la *notion* en terminologie est la suivante:

> La notion denotion en terminologie est analogue *à* celle du concept en philosophie, et peut se décrire de façon générale comme

① Définition au terme *notion* dans *ISO/R* 704: *1968 Principes de dénomination* (état actuel: annulée), citée par Alain Rey.

② Notre traduction. Le texte original: « If terminology is to continue to exist as an independent scientific discipline, it needs to re-examine its *Terminology Principles* » (Roche 2012: 17).

> une représentation abstraite composée de l'ensemble des traits communs essentiels *à* un groupe d'entités (objets ou idées) et obtenue par soustraction des caractéristiques individuelles de ces entités (Rondeau 1984: 22).

Malgré l'analogie entre la notion en terminologie et le concept en philosophie, « cette conception de la notion est simpliste et concorde mal avec les théories philosophiques » (Rondeau 1984: 23), car « la philosophie établit, en effet, une distinction entre concept et notion » (Rondeau 1984: 23).

Selon Alain Rey, pour satisfaire aux décisions de la normalisation internationale (dans les années où *notion* et *concept* étaient considérés comme synonymes par l'ISO), « l'idée générale doit recevoir comme désignation *concept* en anglais, *notion* en français et *poniatje* en russe, *Begriff* en allemand » (Rey 1992: 29). Pourtant « il nous serait difficile de respecter cette règle, dans la mesure où parler de *théorie de la notion* chez Kant ou chez Frege et de *notion de fonction* pour traduire *Funktion-Begriff* constituerait une agression contre la norme philosophique » (Rey 1992: 29). Le *concept* chez Rey est nettement rattaché *à* la philosophie kantienne. Il s'agit d'une idée abstraite et générale, une existence antérieure *à* priori indépendante des signes linguistiques, une conception mentale dépassant la description phénoménale du concret, distincte de la *notion* dont les définitions dans la doctrine terminologique classique « sont commodes et utilisables surtout en ce qui concerne les techniques, mais leur caractère psychologique, 'réaliste' — au sens médiéval du mot — les condamne *à* une faiblesse opératoire évidente » (Rey 1992: 31). Sans doute pour harmoniser la nature « réaliste » de *notion* et la nature mentale de *concept*, Rey a-t-il montré une forme de liberté par rapport *à* l'usage des deux termes en les employant en même temps sous la forme suivante: notion (concept), tout en faisant remarquer: « employer *notion* chaque fois qu'il s'agit de terminologie descriptive ou appliquée, mais conserver *concept* et *notion* en matière de théorie » (Rey 1992: 29).

Ce qui précède montre qu'il est nécessaire de faire une distinction entre*notion* et *concept* dans la présente recherche, dans laquelle nous essaierons de déterminer les frontières de deux champs:

Le premier champ est totalement extralinguistique et peut être envisagé « indépendamment de la dénomination ou du terme qui le désigne » (Cabré 1998: 72). Il s'agit de ce que le référent est en soi, non pas de ce que l'on en a appris, ni de ce que l'on en pense. Il contient toutes les caractéristiques inhérentes qui sont les plus générales, les plus stables et qui justifient l'existence du référent. En même temps, il contient aussi tous les rapports engendrés dans le contact entre le référent et le monde. Nous appelons ce premier champ *notion*.

Le deuxième champ revêt une double dimension: dans la dimension extralinguistique, il s'agit de la perception cognitive du référent, de ses caractéristiques et de ses rapports avec le monde; dans la dimension linguistique, ce qui est perçu peut être décrit dans une langue, avec des signes linguistiques — une sémiologie qui « comprend trois parties: la logique critique, la rhétorique spéculative et la grammaire spéculaire »① (Bourdin 2005: 742). C'est dans les langues que l'on note tout ce qu'on a appris par rapport *à* un référent et *à* la notion correspondante. En d'autres termes, c'est le reflet dans le langage de l'image cognitive que l'on conçoit de la notion. Nous dénommons ce deuxième champ *concept*. Figure 2.1 montre la relation entre *notion* et *concept*.

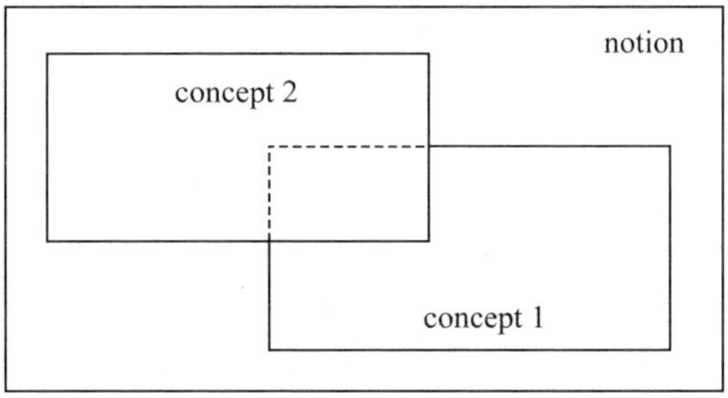

Figure 2.1 Relation entre *notion* et *concept*

① La logique critique concerne les conditions formelles nécessaires *à* la possibilité d'une vérité; la grammaire spéculaire est la sémiologie proprement dite, inventaire et étude du fonctionnement des signes; entre les deux, la rhétorique spéculative indique la méthode de détermination de la signification des signes (Bourdin 2005: 742).

La notion est de nature extralinguistique, mais on peut créer ou supposer des rapports entre différentes notions, entre les notions et le monde, ce qui fait que chaque notion possède des propriétés extrinsèques (PE) qui sont fonctionnelles, causales, relatives précisément *à* ces rapports; et des propriétés intrinsèques (PI), considérées comme « nég-anthropiques », physiques, stables et indépendantes (Cadiot et Nemo 1997: 128).

Voici un exemple pour distinguer les PE des PI d'une notion: pourune eau de toilette, ses PI (être sous forme liquide, avoir une concentration alcoolique, avoir une odeur, etc.) qui sont physiques et stables, sont des conditions nécessaires pour déterminer qu'elle relève de la catégorie de parfum *eau de toilette*, mais ces conditions ne sont pas suffisantes: ce qui est liquide et mis dans un contenant, qui a une concentration alcoolique et une odeur pourrait être un vin. Ce sont ses PE (être appliquée sur la peau, avoir pour fonction de parfumer, avoir une concentration moins forte par rapport *à* l'extrait mais plus forte que l'eau fraîche de la même ligne de produits, etc.) qui sont fonctionnelles et marquent ses rapports avec le monde extérieur, qui définissent qu'il s'agit d'une eau de toilette. Les PE sont « le seul objet légitime de la sémantique lexicale » (Cadiot et Nemo 1997: 144). C'est grâce *à* l'étude des PE que peuvent être déterminés les rapports entre la notion d'*eau de toilette* et d'autres notions approchantes (la notion d'*extrait* et d'*eau fraîche*), entre une eau de toilette et le monde (parfumer le corps, par exemple), et que la valeur de la notion *eau de toilette* se réalise ainsi.

C'est par la perception des propriétés de la notion que l'on en fait connaissance. Le concept concerne la partie perçue de la notion. Il démontre les propriétés intrinsèques et extrinsèques de cette dernière, ce qui rend possible de définir et de désigner la notion, soit, désigner le référent concerné. Le processus de définition et de désignation est un processus sémiologique, qui s'attache *à* énoncer, *à* désigner le concept « et *à* le caractériser par rapport *à* d'autres concepts *à* l'intérieur d'un système organisé (appelé système conceptuel) »(Vézina et al. 2009: 6). Les concepts d'un domaine donné sont organisés par la logique humaine qui cherche *à* en établir un réseau. Cet établissement constitue le travail essentiel de la terminologie. Figure 2. 2 illustre le lien entre référent, concept, notion, définition et désignation (à l'issue du processus de désignation, on obtient le terme).

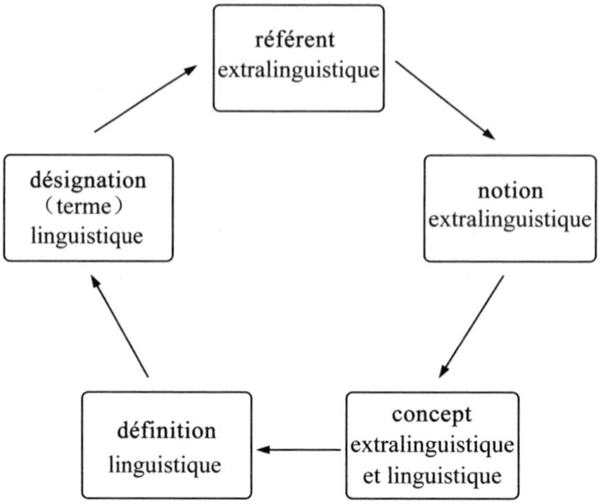

Figure 2.2 Lien entre référent, notion, concept, définition et désignation (terme)

En terminologie, la notion peut être reflétée sous divers angles par des concepts variés: vu que la notion englobe des PI et des PE, le concept pourrait l'expliciter dans ses différents aspects ou rapports, en fonction des différents domaines concernés. Pour un même produit parfumé, par exemple, les magasins parfumeurs s'intéresseraient plus à sa fonction, sa ténacité ou ses traits olfactifs, alors que les administrations en charge de la surveillance du marché s'intéresseront probablement plus aux ingrédients qui composent le produit. Même dans un domaine unique, le concept déterminé par un groupe social pourrait être différent de celui qui est déterminé par un autre groupe social, en raison des angles différents sous lesquels ils appréhendent la notion. Par exemple, dans le domaine de la parfumerie, le terme français *parfum* est défini comme « extrait odoriférant de forte concentration (plus de 20%) fabriqué à partir d'une composition de substances odorantes naturelles et synthétiques diluée dans de l'alcool de 90% à 96% » par le Grand dictionnaire terminologique (désormais GDT[1]), et « produit le plus concentré et généralement le plus riche

① Base de données terminologiques de l'Office québécois de la langue française.

d'une ligne définie » par la Société française des parfumeurs (désormais SFP[①]). Évidemment, pour le même terme *parfum*, la définition du GDT insiste sur les caractères et le processus de fabrication, tandis que la définition de la SFP met l'accent sur le classement de sa concentration dans la même ligne de produits.

Compte tenu de ce qui précède, nous pouvons conclure que la notion est la représentation abstraite du référent. Elle peut appartenir *à* différents systèmes conceptuels *à* travers divers découpages de ses propriétés: généralement, ce sont des fragments de l'ensemble de ses propriétés (mais pas toutes ses propriétés) qui sont représentés dans un certain système conceptuel. C'est en percevant les fragments de l'ensemble des propriétés de notions que l'homme connaît et prend contact avec le monde de référents.

Le choix de propriétés conduit *à* une certaine contingence dans la procédure de conceptualisation, d'où les divergences conceptuelles par rapport *à* une même notion. La conceptualisation et la construction des systèmes conceptuels fondent la connaissance, qui est *à* son tour enregistrée par la langue.

Par ailleurs, « la description des concepts au niveau sémiologique est toujours un peu différente de celle au niveau conceptuel, puisque les phrases décrivant les concepts peuvent être composées d'une manière légèrement différente tant au niveau sémiologique qu'au niveau conceptuel »[②] (Felber 2011: 13). De ce fait, *à* différentes PI et PE prises en considération par divers groupes sociaux pour observer les notions, s'ajoutent les différentes manières dont ces divers groupes sociaux matérialisent les concepts au niveau linguistique. C'est donc dans les dimensions extralinguistique et linguistique que les problèmes de correspondance[③] en terminologie peuvent se révéler. Les

---

① Association fondée en 1942 par un groupe de parfumeurs, qui a pour but de favoriser l'étude de toute question en parfumerie.

② Notre traduction du texte chinois: « 符号概念在符号层次上的理解总是与在概念层次上的理解有点不一样。由符号概念组成的句子,可以在符号层次上一直以与在概念层次上有点不一样的方式描述出来 » (Felber 2011: 13).

③ La correspondance entre le concept et sa désignation. En terminologie, la correspondance biunivoque entre concept et terme (un concept pour un terme, et vice versa) est un état idéal du point de vue normatif. Mais en réalité, le problème de « sens » existe toujours.

raisons qui causent les différences dans ces deux dimensions parmi divers groupes sociaux sont multiples. Il serait intéressant de les rechercher sous la perspective culturelle, ce qui se trouvera au cœur de notre discussion dans la suite du chapitre.

En résumé, la distinction entre *notion* et *concept* faite ci-dessus confirme que *notion* est une représentation d'une même catégorie de référents. Elle couvre toutes les PE et PI des référents. De ce fait, *notion* relève du niveau extralinguistique. La nature de *concept*, elle, est double: le processus de conceptualisation touche le niveau cognitif, extralinguistique, mais la définition et la désignation de concept dans une langue est un processus sémiologique, qui relève du niveau linguistique. Un exemple pour illustrer ce résumé: pour les arbres de notre planète, on considère que leur notion couvre toutes leurs PE et PI perceptibles, telles qu'avoir une forme, avoir un tronc, des branches et des feuilles, être immobiles, être utilisés pour fabriquer des meubles, etc. Pour connaître les arbres, on les conceptualise en prenant une partie de ces PE et PI en considération. À l'issue du processus de conceptualisation, un concept est formé. La définition et la désignation dans une langue du concept accorde ensuite *à* ce dernier une identité communicative dans cette langue. C'est ainsi que la définition comme « végétal ligneux, de taille variable, dont le tronc se garnit de branches *à* partir d'une certaine hauteur » (Centre national de ressources textuelles et lexicales, désormais CNRTL) et la désignation *arbre* sont accordées au concept.

2.1.3.2 La terminologie et ses aspects linguistiques

La terminologie est une science de termes. En tant qu'unités linguistiques, les termes sont des signes au sens saussurien. Sans aucun doute, la terminologie est liée *à* la linguistique. Parfois, la terminologie n'est pas considérée comme une discipline *à* part entière, mais est considérée comme une branche de la linguistique appliquée. Comme le *Dictionnaire de didactique du français langue étrangère et seconde* l'évoque dans sa définition de *linguistique appliquée*: « La linguistique appliquée est le secteur des sciences du langage qui traite des relations entre ces dernières et différents domaines d'activité sociale: enseignement et apprentissage des langues, traduction, politique linguistique, terminologie et ingénierie des langues » (Cuq 2003:

156). Donc des explications restent nécessaires pour clarifier les aspects linguistiques de la terminologie, mais en même temps il faut signaler les caractéristiques de la terminologie qui la distinguent évidemment de la linguistique, ce qui sera utile *à* nos futures analyses.

Notre réflexion portera dans un premier temps sur le terme et son statut de signe linguistique. Les termes sont des signes linguistiques dans des domaines spécialisés, différents des signes linguistiques associés au langage courant — les mots. Nous distinguerons *terme* et *mot* en affirmant que « la signification d'un mot dépend toujours du contexte dans lequel il est utilisé alors qu'un terme est affecté *à* une signification déterminée, c'est-*à*-dire un concept défini » (Gaudin 1996: 614). Certes, un terme est un mot (ou une expression) lié *à* un concept dans un certain domaine de connaissances ou d'activités. Il trouve sa place dans le système conceptuel du domaine.

Pourtant, il serait discutable de conclure que *mot* et *terme* sont absolument opposés (Gaudin 1996: 614): beaucoup de formes linguistiques sont utilisées *à* la fois dans le langage courant et dans le langage de spécialité. Des noms aussi courants que *père*, *mère*, *fils* ou *fille* peuvent être incorporés dans la terminologie en tant que termes de parenté (Moiseev 1970: 131). Sur ce point, des terminologues avancent que chaque mot était un terme lorsqu'il est initialement apparu, et que c'est au cours de l'évolution du langage que certains termes sont progressivement devenus des mots. De ce point de vue, les mots sont des termes qui ont perdu leur originalité terminologique. Un exemple: *Nez* est un terme initialement apparu pour désigner l'organe du sens de l'odorat et de la respiration, situé entre les yeux et la bouche. Au fil du temps, ce terme est devenu de plus en plus commun, et aujourd'hui, c'est un mot habituel très utilisé dans le langage courant. En même temps, c'est un terme spécifique *à* plusieurs domaines: dans le domaine de la parfumerie, par exemple, *nez* est le synonyme de *parfumeur-créateur* indiquant les « spécialistes des produits parfumés dont l'acuité olfactive particulièrement développée permet de percevoir et de distinguer de fines fragrances ou des parfums perçus indifféremment par le commun des mortels » (GDT).

Ainsi, la frontière entre terme et mot est inconstante. Les deux ne sont pas absolument opposés et leur rôle est interchangeable. Donc, il est crucial de cerner ce que l'on désigne par *terme* : c'est une forme linguistique visant *à* désigner le concept. Ceci montre la fonction la plus importante du terme : désigner le concept. Cette fonction assigne un terme *à* un domaine spécifique, vu que le terme peut impliquer la définition exclusive et explicite d'un concept, composant d'un système conceptuel. C'est *là* où se trouve la différence principale entre *terme* et *mot*. Plus précisément, comme Sergey Viktorovich Glinov le note,

> La divergence entre terme et mot reflète la différence entre concept et apparence. [...] La signification des mots renvoie aux caractéristiques de l'apparence : au lieu d'indiquer les connexions internes, elle indique plutôt les caractéristiques non essentielles. Les termes et les mots reflètent respectivement les activités des différents niveaux de pensée — la pensée scientifique, et la pensée concernant la description quotidienne des phénomènes superficiels. Donc, lorsque les termes (ou leurs homonymes) sont employés dans la vie quotidienne, nous ne pensons jamais *à* la connotation scientifique du concept correspondant. Ce *à* quoi nous pouvons penser ne sont que les attributs quotidiens les plus superficiels du signifiant (ou du référent) correspondant[①] (Glinov 2011 : 2930).

Cette remarque coïncide partiellement avec le structuralisme, où la dénomination des signes est une opération compliquée qui « exige que l'on fasse apparaître en même temps le système[②] qui leur confère leur valeur » (Ducrot 1972 : 32). Glinov va plus loin pour préciser d'une manière sous-jacente qu'en terminologie, les « systèmes » des termes (les domaines spécifiques et les

---

① Notre traduction du texte chinois : « 术语和词之间，反映着概念和表象之间存在的差别。……通用词的释义所反映的正是表象的特点：不揭示内在联系，指出非本质特征。如此说来，词和术语的区别是因为：它们反映思维不同活动层级的现象——科学思维和表象的日常运用。的确，甚至当术语(或者说是它的同音异义形式)用于日常生活中时，我们也从不考虑相应概念的科学内涵，所能想到的正是相应所指(客体)的最表面的日常属性 » (Glinov 2011 : 2930).

② Saussure montre que le langage, *à* tout moment de son existence, doit se présenter comme une organisation. Cette organisation inhérente *à* toute langue, Saussure l'appelle système (ses successeurs parlent souvent de structure) (Ducrot 1972 : 31).

systèmes conceptuels) sont visiblement bien fixés, tandis que les systèmes des autres signes sont difficiles à déterminer. Pour ces derniers, « même leur simple repérage fait déjà difficulté, dans la mesure où ils n'ont pas toujours de manifestation matérielle nettement délimitée » (Ducrot 1972: 32-33).

Il ne faut pas pour autant restreindre le concept de *mot* à un niveau superficiel. La relation entre les mots et les référents mérite également des recherches approfondies, seulement cela ne constitue pas la mission de la terminologie. Nous entendons ici par référents les entités matérielles ou conceptuelles qui relèvent de l'univers extralinguistique réel ou fictif (Lehmann et Martin-Berthet 2018: 28). Deux genres de référents se distinguent: référent général et référent particulier. Le premier recouvre des entités de types différents ayant les mêmes caractéristiques, alors que le second recouvre une entité particulière. Le processus langagier par lequel le référent est pris en charge par le signe nous aide à distinguer l'emploi référentiel du signe de son emploi autonymique:

> Lorsque le signe ne renvoie pas à un référent (externe) mais à lui-même①, il est dit autonyme (il se désigne lui-même comme signe). Dans l'exemple: Chat rime avec rat, chat est autonyme (on dit que le locuteur fait mention du signe). En revanche, dans l'exemple: Le chat miaule sur le balcon, le chat renvoie au référent② (on dit que le locuteur fait usage du signe) (Lehmann et Martin-Berthet 2018: 28).

En conclusion, les termes sont des signes de spécialité. Si, de façon générale, le signe est une entité à deux faces, signifié et signifiant, pour le terme, celles-ci se traduisent en concept et désignation. La différence est que, en terminologie, la correspondance entre un concept et sa désignation dans un certain domaine est plus ou moins de rigueur, alors que dans le langage

---

① Autrement dit, le signe renvoie à un référent général. Dans l'exemple Chat rime avec rat, chat est un référent général qui indique une généralisation.

② Autrement dit, le signe chat ici renvoie à un référent particulier qui indique une particularité.

courant, la combinaison entre un signifié et un signifiant est souvent arbitraire, dépendante du contexte de chaque mention du signe. D'ailleurs, le concept d'un terme est toujours lié au système conceptuel du domaine concerné. C'est une caractéristique spécifique qui distingue le concept du signifié.

Nous avons discuté de la relation entre le terme, la désignation et le concept. Quant *à* la définition, elle sert d'intermédiaire entre le terme et le concept. En terminologie, la définition rend explicite le déploiement d'un terme donné, du reflet au niveau linguistique des « traits sémantiques distinctifs d'un concept » (Pavel et Nolet 2001: 22). La définition fait le lien entre une désignation et un concept en cernant le mieux possible leurs délimitations au niveau linguistique. De ce fait, elle constitue un élément essentiel *à* l'égard de l'enregistrement et de la diffusion de connaissances.

Différente de la définition lexicographique qui cherche *à* décrire le sens (signifié) d'une unité lexicale et qui possède une portée plus générale en couvrant un ensemble de domaines différents, la définition en terminologie, dont la portée est plus restreinte, s'attache *à* énoncer un concept désigné par un terme et *à* le caractériser au sein d'un système conceptuel (Vézina et al. 2009: 6). Autrement dit, dans le travail lexicographique, nous avons une démarche sémasiologique, nous partons des signes linguistiques pour décrire leur(s) sens. Mais le travail terminologique, *à* l'inverse, est onomasiologique: nous commençons par les concepts pour finalement leur accorder des termes comme désignations.

Comme nous l'avons mentionné plus haut, la définition sert d'intermédiaire entre le concept et le terme: c'est *à* travers la définition que les propriétés du concept sont décrites, et c'est conformément *à* la définition que le concept est désigné par un terme. Cela marque l'importance de la convenance d'un terme pour désigner son concept correspondant et pour refléter la définition du concept, en d'autres termes: le sens lexical du terme en tant que mot commun et le sens du terme en tant que désignation conceptuelle ne doivent pas être contradictoires (Glinov 2011: 33).

2.2 Complémentarité entre traduction et terminologie

La traduction et la terminologie sont indissociables: « Toute traduction étant nécessairement traitement de termes » (Gouadec 2005: 14). Nous avons discuté du tournant culturel en traductologie au premier chapitre, et avons envisagé la possibilité d'appliquer ce paradigme aux études terminologiques. Les questions se posant dans un premier temps sont: le tournant culturel se manifeste — il au niveau des termes dans la traduction? Si oui, à quel moment le tournant culturel des termes se forme-t-il: durant le processus de traduction, ou avant la traduction, lorsque les termes sont créés? Puis, comment les aspects culturels se manifestent-ils dans les termes? Avant d'essayer de répondre à ces questions, il nous faut clarifier la relation entre la traduction et la terminologie.

2.2.1 Termes dans la traduction

Il existe un consensus sur le fait que la terminologie et la traduction spécialisée sont très étroitement liées, puisque toutes les deux travaillent sur le savoir spécialisé et ont affaire à beaucoup d'éléments constitutifs de ce dernier. Cependant, il existe d'autres types de traductions que la traduction spécialisée, et la terminologie est plus ou moins importante pour chacun d'entre eux.

2.2.1.1 Trois types de traduction en relation avec la terminologie

> En entendant le discours j'ai l'impression de faire une brioche aux raisins: je triture, je malaxe, j'amalgame les ingrédients du discours comme je ferais des ingrédients de la pâte; mais les raisins secs que j'ajoute à la pâte résistent au malaxage comme à la cuisson et se retrouvent sous une forme identifiable dans le produit fini: de même se retrouvent dans l'autre langue les mots dont le discours ne modifie pas l'identité significative qui est la leur hors contexte (Seleskovitch 1975: 30).

Voilà une comparaison du processus d'interprétation avec celui de la fabrication d'une brioche aux raisins. Les « raisins secs » indiquent les éléments souvent mono-référentiels dans le discours interprété, en dépit du nouveau contexte d'utilisation, à savoir, les noms propres, les chiffres et les termes spécifiques. Si les noms propres et les chiffres sont identifiables dans le produit fini grâce à leur statut de référent particulier, les termes spécifiques sont identifiables plutôt au moyen de leurs concepts équivalents dans la langue cible.

Bien que la comparaison ci-dessus concerne l'interprétation et qu'il existe des différences entre cette dernière et la traduction écrite, elle s'applique à toute la traduction, qu'elle soit orale ou écrite, car les formes d'expression, malgré leurs styles et tournures souvent variés, ne changent pas le contenu, notamment les éléments mono-référentiels à traduire. Parmi ces éléments, ce sont les termes spécifiques qui nous intéressent pour la présente recherche.

Quand on parle de la terminologie dans la traduction, on entend souvent par « traduction » la traduction spécialisée. Celle-ci se distingue de la traduction générale et de la traduction littéraire. Ce qui suit délimite les concepts de ces trois genres de traduction dans le but de cerner une traduction du point de vue de la terminologie.

D'un point de vue pédagogique professionnel, la traduction générale « regroupe un éventail de sujets avec pour communs dénominateurs le grand public comme destinataire, la langue écrite contemporaine comme source et l'apprentissage de la traduction professionnelle comme objectif » (Mareschal 1988: 258). C'est le cas par exemple des articles d'actualité généraux, des guides touristiques, des livres de cuisine, des communications professionnelles en tout genre, etc., donc une traduction pour laquelle le traducteur n'est pas obligé de disposer d'une expérience ou de connaissances pointues dans le domaine concerné. Bien que moins spécifiques au niveau technique et scientifique, les textes traduits peuvent appartenir à un certain domaine et contenir plus ou moins de termes spécifiques dont les concepts sont généralement accessibles.

Contrairement à la traduction générale, la traduction technique et la traduction scientifique abordent des textes appartenant à des domaines portant respectivement sur la pratique et l'acquisition (les théories) des connaissances, tels que les modes d'emploi, les documents de pharmacovigilance, les cahiers de logiciels, les articles d'experts, etc. Une des caractéristiques communes *à* ce type de textes est « qu'ils sont produits par des experts. Ce sont certes des spécialistes de leur domaine, mais ils ne sont pas nécessairement formés pour la rédaction » (Thomas 2016: 8).

Le lien entre la pratique et l'acquisition des connaissances est très étroit, *à* tel point que le terme *technique* va fréquemment de pair avec le terme *scientifique* et que naturellement nous ne pouvons pas parler de l'un sans parler de l'autre. Donc, dans le cadre traduction-terminologie, nous parlons souvent de traduction / terminologie technique et scientifique ou simplement traduction / terminologie technique qui inclut en réalité les deux aspects technique et scientifique. En chinois, le lien étroit entre technique et scientifique est corroboré par le terme *à* deux sinogrammes *科技* (kē.jì), qui concerne toujours les deux aspects scientifique (科) et technique (技).

En fin de compte, la locution « scientifique et technique » s'applique aux domaines dans lesquels une terminologie est spécifiquement établie et strictement employée. Il est indispensable que les traducteurs possèdent des connaissances suffisantes dans les domaines concernés, *à* commencer par la maîtrise de la terminologie, qui démontre bien la technicité et la scientificité des textes, pour minimiser les risques d'ambiguïté et d'erreurs dans les textes traduits.

La traduction littéraire concerne généralement des textes créatifs spécifiques *à* la littérature. À l'inverse des textes techniques et scientifiques qui sont objectifs et qui exigent le bon usage de la terminologie et une attitude neutre, les textes littéraires se remarquent en revanche par leur caractère subjectif, avec une richesse de styles et une variété de tournures *à* disposition. « Plus nous nous rapprochons de la technique et du scientifique, plus les difficultés stylistiques disparaissent pour être remplacées par des difficultés terminologiques touchant le vocabulaire précis et objectif employé » (Nakos-Aupetit 1981: 159), et réciproquement. Entre ces deux extrêmes — objectif et subjectif — se trouvent les textes généraux qui « peuvent présenter des difficultés *à* la fois stylistiques et terminologiques » (Nakos-Aupetit 1981: 159). Figure 2.3 permet de positionner les trois genres de traduction dans l'optique subjective-objective.

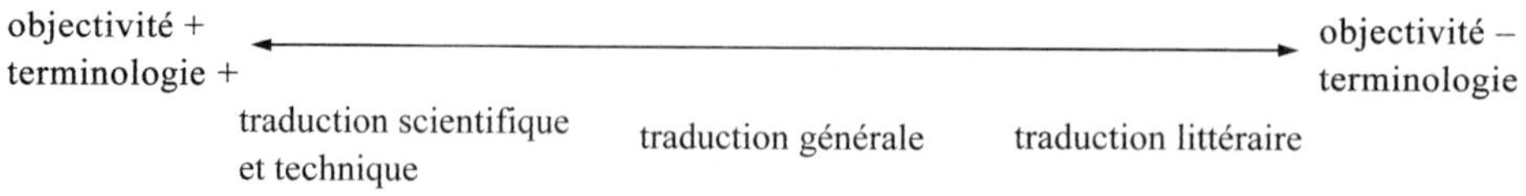

Figure 2.3 Positionnement des trois genres de traduction sur l'axe subjectif-objectif

Il est *à* noter que ce positionnement a pour but d'éclaircir le degré de corrélation entre les trois genres de traduction et la terminologie, mais pas d'imposer une rupture totale entre eux qui sont dans un continuum. La rupture totale n'existe pas, puisque « les communications spécialisées ne sont pas dépourvues de style et elles ne renoncent donc pas entièrement *à* la fonction poétique de la langue » (Cabré 1998: 140), et que les textes littéraires ne sont pas dénués de toute terminologie. À titre d'illustration: les ouvrages scientifiques vulgarisés destinés au grand public ne manquent pas de traits littéraires; les articles de critique littéraire qui n'ont pas moins recours aux terminologies professionnelles; les littératures de science-fiction, quant *à* elles, sont riches en termes scientifiques, souvent inventés.

2.2.1.2 Délimitation de la traduction spécialisée

Les brèves présentations *supra* nous permettent de différencier, grosso modo, trois genres de traduction: la traduction générale, la traduction scientifique et technique, la traduction littéraire. Si nous arrivons *à* positionner les trois genres de traduction sur l'axe subjectif-objectif, où mettrons-nous la traduction spécialisée? Il arrive que certains l'identifient *à* la traduction scientifique et technique, mais en fait, il s'agit d'un concept plus large recouvrant de très amples secteurs, puisqu'elle porte sur tous les textes traduits en langues de spécialité. Cette affirmation incite *à* investiguer avant tout l'acception du terme *langue de spécialité*:

> Par langue de spécialité, on entend une variété fonctionnelle d'une langue naturelle, dépendant d'un secteur de connaissances ou d'une sphère d'activité spécialisée, utilisée, dans sa totalité, par un groupe de locuteurs plus restreint que la totalité des locuteurs dont la

langue de spécialité est une variété, pour répondre aux besoins de communication (de prime abord *à* leurs besoins de référence) du domaine de spécialité en question (Cortelazzo 1994: 8).

Pour être plus précis, Scarpa (2010) attribue trois significations au terme:

Au sens strict, une langue de spécialité est caractérisée par « un lexique particulier et par des traits morpho-syntaxiques et textuels singuliers » (Scarpa 2010: 3). C'est l' « outil d'expression et de communication le plus efficace et le plus fonctionnel possible dans des cadres bien précis » (Scarpa 2010: 3). Cette caractéristique détermine le rôle primordial joué par la terminologie dans la traduction des langues de spécialité. Dans cette optique, la traduction scientifique et technique, en raison de son haut niveau de spécialisation, fait évidemment partie de la traduction en langues de spécialité.

Au sens large, une langue de spécialité, selon l'acception visant les langues de domaine, peut indiquer une langue propre *à* certains sujets et certains milieux. Il ne s'agit néanmoins pas des « variétés linguistiques caractérisées par des traits distinctifs homogènes (surtout *à* l'égard de lexique) » (Scarpa 2010: 3). En comparaison aux langues de spécialité au sens strict, les langues de spécialité au sens large possèdent un niveau de spécialisation moins élevé mais un niveau de vulgarisation plus élevé. Cela se manifeste par une occurrence terminologique moins fréquente et plus accessible au grand public. Dans les descriptions des produits cosmétiques, par exemple, les termes cosmétiques sont souvent présents, et la plupart du temps, ils sont faciles *à* comprendre par la clientèle.

Le troisième sens de langue de spécialité concerne les jargons « plus orientés vers certains groupes de locuteurs que certains types de sujets » (Scarpa 2010: 3). Les jargons ont un effet cryptique qui les rend peu accessibles aux locuteurs extérieurs au domaine concerné. Nous pensons par exemple aux parlers des médecins ou des jeunes. Le parler d'entreprise, « la cristallisation linguistique de tout moyen de communication mis *à* la disposition d'une entreprise » (de Vecchi 1999: 316), en est également un exemple, puisqu'il s'agit d'un sociolecte qui identifie l'entreprise en tant que communauté linguistique.

Pour distinguer les textes spécialisés des textes non spécialisés d'une façon plus directe, au niveau grammatical, l'équipe de recherche IULA (Institut universitaire de linguistique appliquée) a démarré un projet dont la mission est de constituer un corpus double, un premier corpus de textes spécialisés et un second de textes de caractère général, de manière *à* réaliser une comparaison grammaticale entre textes spécialisés et textes non spécialisés. Le résultat de la recherche montre que « seuls certains traits apparaissent assez souvent dans les textes de spécialité tandis que d'autres ne peuvent pas être considérés comme représentatifs, car d'occurrences trop peu fréquentes » (Cabré 2010 : 54). Parmi tous les traits observés, ceux qui sont significatifs dans les textes de spécialité sont les suivants :

> La prédominance des substantifs (par rapport *à* d'autres catégories; pas plus qu'en langue générale); emploi particulier de catégories grammaticales, surtout en relation avec les verbes (surtout des pronoms personnels); absence de la 2e personne du singulier comme du pluriel; emploi rare de la 1ère personne du singulier en faveur du nous; emploi considérable de la 3e personne du singulier; prédominance du présent de l'indicatif (par rapport aux temps passés); expansion adjectivale des substantifs; nominalisation des formes verbales; nous; une (Cabré 2010 : 54).

Cette recherche permet d'appréhender plus facilement le concept de *langue de spécialité* et de la *traduction spécialisée* (la traduction réalisée en langue de spécialité), avec les paramètres grammaticaux mentionnés ci-dessus.

La subdivision des langues de spécialité proposée par Scarpa permet de comprendre que le concept de traduction spécialisée est beaucoup plus large que celle de traduction technique et scientifique. « La seule dichotomie qui s'applique est celle qui distingue traduction spécialisée et traduction littéraire, nonobstant le volume assez réduit de cette dernière » (Scarpa 2010 : 86). Malgré cela, comme nous l'avons constaté plus haut, les textes littéraires ne sont pas dépourvus de toute terminologie, en conséquence de quoi il serait déraisonnable de déduire une rupture totale entre la terminologie et la traduction littéraire en affirmant que cette dernière serait un champ isolé qui n'a rien *à* voir avec les termes spécifiques.

En résumé, sont spécialisés les textes qui sont dotés d'une terminologie reposant sur un système conceptuel et ayant pour but de transmettre les connaissances d'un domaine donné; sont non spécialisés ceux qui ne sont pas dotés de termes ou ceux qui en sont dotés, mais au lieu d'être les composants qui forment un système conceptuel pour transmettre les connaissances du domaine, les termes sont plutôt employés au hasard (mais pas indispensablement) pour justifier les opinions du texte en question.

La raison pour laquelle nous insistons sur la systématisation terminologique pour déterminer la nature d'une traduction spécialisée, c'est que, seuls, les concepts individuels employés par hasard ne constituent pas les connaissances. Celles-ci sont liées *à* l'état des choses (c'est-*à*-dire la relation entre les référents), et cet état ne peut être décrit que par des phrases (Felber 2011: 10). Par exemple, une critique cinématographique serait spécialisée si l'analyse prend en compte les angles techniques et fait appel *à* une terminologie propre au cinéma. Cependant, une critique cinématographique peut également être non spécialisée si elle met l'accent sur des aspects émotionnels ou personnels, ce qui est le cas lors d'une analyse subjective. Il est fort probable alors que des termes spécifiques soient utilisés pour justifier les avis du critique. Or dans ce cas-l*à*, les termes sont pris comme des facteurs persuasifs et leur utilisation n'est pas obligatoire.

En conclusion, les termes spécifiques existent dans tous les types de traduction, mais dans le cadre professionnel, on ne parle de la terminologie que dans la traduction spécialisée. La corrélation entre une terminologie et une traduction spécialisée dépend de la fonction et du degré de spécialisation du texte *à* traduire, étant donné que « tout texte appartient *à* un genre et *à* un domaine et le degré de spécialité varie d'un texte *à* un autre » (Heiseldal 2017: 45). Plus la traduction est spécialisée, plus la terminologie y occupe une place prépondérante. Cela peut expliquer pourquoi « la plupart des terminologues semblent réserver la notion de langue de spécialité *à* des secteurs spécifiques, considérés intuitivement comme technologiques ou du moins techniques » (Charnock 1999: 283), même si cela n'est pas assez rigoureux.

2.2.2 Relation entre la terminologie et la traduction

Il ressort clairement de ce qui précède que la terminologie et la traduction sont deux disciplines en contact direct. On ne saurait trop insister sur l'importance de la terminologie pour la traduction, en particulier pour la traduction spécialisée. Inversement, la traduction est indispensable *à* la terminologie.

2.2.2.1 Importance de la terminologie pour la traduction

En 1978, dans le premier manuel de terminologie en langue française publié — *Manuel pratique de terminologie* — le traducteur Marcel Paré, qui en a rédigé la préface, a affirmé que la terminologie était la réponse aux rêves du traducteur (Dubuc 1978: 7). Effectivement, la terminologie joue un rôle très important dans la traduction, notamment dans la traduction spécialisée, où l'extraction et la confirmation de termes ainsi que l'établissement de base de données terminologiques constituent la plupart du temps la première étape du travail. C'est parce que « la plupart des problèmes de traduction pour lesquels on recherche des sources d'information se présentent initialement sous forme de questions terminologiques » (Gile 2005: 159). Et ce n'est pas étonnant que Jiri Stejskal, alors président de la FIT (Fédération Internationale des Traducteurs), ait déclaré *à* l'occasion de la *Journée mondiale de la traduction* (en 2011) que:

> Les traducteurs, interprètes et terminologues professionnels [...] ouvrent l'accès *à* l'information. Ils sont des ambassadeurs culturels. Ils sont absolument indispensables. Grâce aux traducteurs, aux interprètes et aux terminologues, les peuples du monde entier peuvent préserver leur héritage culturel tout en participant activement au 'village planétaire' (Stejskal 2011).

Le rôle des terminologues est aussi important que celui des traducteurs et des interprètes dans la communication interculturelle.

D'après une enquête réalisée par le groupe SDL[①], sur le marché de la traduction professionnelle, « le principal motif du remaniement est l'incohérence terminologique » (SDL 2016 : 7). Il est *à* remarquer qu'idéalement, les problèmes terminologiques seraient traités par les terminologues et ceux de traduction par les traducteurs. Avant de démarrer le travail de traduction, les problèmes terminologiques sont soumis aux terminologues pour la résolution, et les résultats sont fournis aux traducteurs pour l'intégration dans le produit de traduction. Si, dans les grandes organisations internationales ou certaines agences de traduction, les ressources nécessaires sont disponibles pour mettre en œuvre un tel modèle, et que cela améliore considérablement l'efficacité du travail de traduction, beaucoup d'autres agences et de traducteurs indépendants ne peuvent se permettre une telle répartition des tâches. Par conséquent, le travail terminologique n'est une priorité que pour une partie des acteurs de traduction (SDL 2016 : 7). Nombreux sont ceux qui ignorent « les connaissances théoriques et pratiques provenant de la terminologie qui devraient faire partie intégrante du bagage cognitif et des compétences du traducteur spécialisé » (Navarro 2016 : 64). C'est notamment cette ignorance de l'exigence terminologique qui conduit *à* produire des traductions insatisfaisantes.

2.2.2.2 Intégration de la terminologie dans le processus traductif : prémisses et principes

Comme nous l'avons mentionné *supra*, le lien étroit entre la terminologie et la traduction, ainsi que le rôle important de la terminologie pour la traduction, sont largement reconnus : la terminologie est « l'une des matières premières vitales des traducteurs » (Gouadec 2005 : 16).

Nous avons parlé plus tôt du rôle primordial du savoir concernant le système conceptuel dans la traduction spécialisée. Un tel savoir reflète la capacité de conceptualiser avec précision et efficacité les connaissances dans un domaine donné. En effet, la traduction est fondée sur la compréhension globale

---

① SDL (Software and Documentation Localization) est un grand fournisseur de solutions linguistiques et de gestion de contenu aux marques mondiales. Fondée en 1992, la société s'engage *à* développer des outils de TAO (traduction assistée par ordinateur) pour servir ses clients et ses partenaires.

du texte original. Sans compréhension, il sera difficile et même impossible de traduire tout en rédigeant dans un registre spécialisé. Et comme nous l'avons compris, les concepts et leurs interrelations dans un domaine donné se trouvent justement au centre des études terminologiques, donc la problématique conceptuelle sert de pont entre la terminologie et la traduction: les recherches terminologiques se concentrent sur la délimitation, la définition, la désignation de concept et sur la construction du système conceptuel①. Le travail terminologique est effectivement une procédure épistémologique durant laquelle les connaissances sont établies et enregistrées d'une façon structurée. Les termes sont des unités porteuses de connaissances. Dans la traduction, on fait référence aux connaissances des concepts et au système conceptuel pour éviter l'ambiguïté et rendre l'interprétation raisonnée, puis on traduit en langue de spécialité, garantie par le bon usage des termes et l'interprétation explicite de leurs liens logiques.

C'est ainsi que le travail terminologique s'intègre dans le processus traductif. Évidemment, il arrive souvent que le traducteur effectue une recherche terminologique ponctuelle lorsqu'il rencontre un terme inconnu. L'objectif de cette recherche est de « répondre *à* un besoin précis et parfois unique » (Lacroix 2010), dans le simple but de trouver l'équivalent du terme dans la langue cible. L'importance d'une telle recherche est de cerner le domaine du terme avant de le chercher dans des dictionnaires généralistes ou spécialisés, dans des bases de données terminologiques, ou dans d'autres ouvrages relatifs au domaine concerné. Une fois le terme équivalent trouvé, le traducteur essaiera de comprendre son concept et ses collocations *à* l'aide de sa définition et des contextes concrets dans lesquels il est employé, pour qu'il puisse enfin le traduire correctement du point de vue sémasiologique et phraséologique. La recherche ponctuelle n'impose donc pas une étude globale et systématique du domaine concerné. Elle est adoptée, la plupart du temps, pour les textes dont le degré de spécialité est minime. Plus le degré de spécialisation du texte *à* traduire est haut, plus le recours au système

① Le travail terminologique n'indique pas une simple collection de termes. Il s'agit d'un arrangement systématique (non alphabétique) de concepts.

conceptuel est incontournable, et plus l'intégration du travail terminologique est nécessaire et complexe.

Le fait que la terminologie puisse s'intégrer dans la traduction spécialisée a une autre prémisse, *à* savoir l'existence d'éléments communs entre les deux. D'abord, elles « coïncident par leur nature interdisciplinaire étant donné qu'elles ont construit des fondements théoriques et pratiques propres *à* partir d'éléments provenant de la linguistique, des sciences cognitives et des sciences de la communication » (Navarro 2016: 65). D'ailleurs, l'interdisciplinarité se révèle également dans les pratiques concrètes, ce qui signifie que, dans les cadres théorique et méthodologique, les pratiques peuvent s'orienter vers des domaines ou des disciplines variées, toutes possédant un système conceptuel avec une terminologie propre, et toutes les connaissances pouvant être traduites dans une langue étrangère. La communication interdisciplinaire entre la terminologie et la traduction est en équilibre *à* cet égard.

Ensuite, la terminologie et la traduction spécialisée visent toutes les deux *à* une communication spécialisée au niveau langagier, qui a pour but de traiter des sujets au sein d'un champ de spécialisation donné caractérisé par un lexique propre. C'est *là* où réside la valeur principale de ces deux disciplines. On distingue deux groupes d'usagers de la terminologie: les usagers directs et les intermédiaires. Les premiers sont les spécialistes du domaine, tandis que les derniers sont les professionnels de la langue ou langagiers: traducteurs, interprètes et rédacteurs (Cabré 1998: 36). Ces usagers utilisent la terminologie comme instrument, grâce aux traits non équivoques (ou du moins, moins équivoques) de celle-ci, afin de faciliter considérablement la communication spécialisée monolingue ou multilingue.

2.2.2.3 Rôle de la traduction dans l'évolution terminologique

Il s'ensuit que la relation entre la terminologie et la traduction spécialisée est asymétrique, ou plutôt doit être appréhendée comme unilatérale, étant donné que la terminologie peut s'exercer dans un cadre monolingue sans que la traduction soit prise en considération. En revanche, la traduction spécialisée ne se fait jamais si les ressources terminologiques ne sont pas disponibles. Cette position est défendue par ceux qui avancent qu'« il est devenu évident que l'on peut faire de la terminologie sans être particulièrement intéressé par la traduction »[①](Antia et al. 2005: 4). C'est peut-être en raison de cela que l'on juge que « la terminologie n'a pas intrinsèquement besoin de se rattacher à la traduction »[②](Montero Martínez et Faber 2011: 92).

De telles perspectives risqueraient de sous-estimer l'impact de la traduction sur la terminologie et son évolution, surtout dans le contexte actuel où l' « on assiste à un essor technologique et même social, et [où] les frontières entre science, technologie, production industrielle sont de plus en plus floues » (Rira 2011: 78), et où les échanges entre les cultures de toute la planète sont à la fois sans frontières et toujours beaucoup plus rapides d'un jour à l'autre. « À mesure que le monde évolue, les connaissances s'accumulent, de nouvelles catégories d'objets, d'activités, de fonctions, de produits, de pathologies, de théories sont définies, et d'autres disparaissent; les langues accompagnent ces changements, surtout sur le plan terminologique » (Gile 2005: 150). Dans le contexte de la mondialisation, les échanges sont essentiels pour tout développement. Il est indéniable qu'une grande partie de ces échanges, quels que soient leurs domaines, s'appuient sur la traduction.

La transmission des sciences et des techniques n'est pas un phénomène récent. Les historiens en font remonter les origines au 16e siècle. Mais aujourd'hui, la révolution des technologies de l'information et de la communication accroît de manière exponentielle la vitesse de circulation des idées à travers le monde entier. Renforcée par la facilité avec laquelle les chercheurs se déplacent, une véritable « mondialisation des connaissances » s'est mise en place (Centre d'analyse stratégique 2008). Cette mondialisation bouleversant l'organisation traditionnelle des communautés spécialisées se réalise grâce à la traduction, qui déstabilise les traditions monolingues (Lambert 2018). La traduction spécialisée représente environ 80% du volume total de la traduction (Wilss 1999: 9), et la traduction scientifique et technique est devenue un domaine de recherche à part entière: 80% à 90% de la demande professionnelle de traducteurs concerne la traduction technique (Franco Aixelá 2004). Il suffit de penser à tous les genres

① Notre traduction. Le texte original: « It has become obvious that one can do terminology without being primarily interested in translation » (Antia et al. 2005: 4).

② Notre traduction. Le texte original: « Terminology has no intrinsic need to recur to translation » (Montero Martínez et Faber 2011: 96).

de coopération ou aux colloques académiques pour affirmer que les spécialistes d'un domaine ne seraient pas dignes de leur spécialisation s'ils ne possédaient pas une vision internationale en se projetant dans la mondialisation des connaissances. En tant que spécialistes de termes de tous domaines, les terminologues peuvent-ils s'éloigner de ce contexte en travaillant dans un environnement monolingue, isolé de toute référence aux ressources traduites? La réponse est non.

En un mot, « le processus de communication a besoin de traduire différents langages disciplinaires » (Eid et Basalamah 2012: 1), et l'évolution de la terminologie bénéficie du travail traductif. La terminologie ne peut suivre le développement de l'époque sans celui-ci. La terminologie est indispensable *à* la traduction, et vice versa. C'est dans l'intérêt des besoins confirmés des traducteurs que la terminographie traductive (production et diffusion de ressources destinées *à* faciliter l'accomplissement des tâches de traduction) joue son rôle. On distingue donc deux types de terminologie: la terminologie orientée vers la théorie et la terminologie orientée vers la traduction. Ces deux types entretiennent un rapport bilatéral avec la traduction, et il existe une relation de coopération / interaction mutuellement bénéfique entre les trois (voir Figure 2.4).

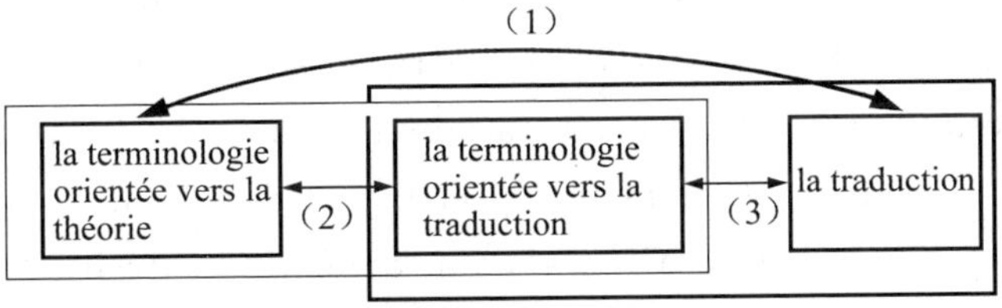

Figure 2.4 Interaction entre la terminologie orientée vers la théorie, la terminologie orientée vers la traduction et la traduction (Thelen 2015: 377)

Ce schéma synthétise la relation entre la traduction et la terminologie: cette dernière est une discipline indépendante qui possède son propre système théorique. Au même moment, les recherches terminologiques font partie intégrante de la pratique traductive, et la théorie terminologique offre une méthodologie pour faire face *à* la problématique terminologique dans la traduction. De plus, les activités de traduction sont cruciales dans l'évolution de la terminologie. C'est grâce *à* la traduction que les recherches terminologiques prospèrent. Il existe donc un équilibre dynamique entre la terminologie et la traduction. Nous insistons sur le fait que les deux sont des partenaires dont la coopération / interaction bénéficie l'une à l'autre.

2.3 Tournant culturel : de la traductologie à la terminologie

Le concept du *tournant culturel* en traductologie renvoie à un courant théorique qui met l'accent sur le contexte culturel de la traduction. Le lien étroit entre la traduction et la terminologie nous incite à transposer le paradigme du tournant culturel en traductologie aux études terminologiques. Il s'agit d'analyser des réalités terminologiques en prenant en compte des éléments culturels. Dans ce contexte, on peut étudier le rôle que jouent les facteurs culturels dans la création terminologique.

2.3.1 Nature de la terminologie bilingue : une démarche de recherche d'équivalences

Les *Repères* rédigés par la Délégation générale à la langue française et aux langues de France (DGLFLF) proposent une brève définition de la terminologie : « la terminologie est la discipline linguistique qui étudie systématiquement les concepts spécialisés et les termes qui servent à les dénommer » (DGLFLF 2011 : 2). Cette définition révèle l'enjeu du travail terminologique : il s'agit d'observer le référent dans le contexte du domaine spécialisé et de distinguer ses propriétés intrinsèques et extrinsèques. Cela a pour objectif d'extraire le concept du référent, et ensuite de lui attribuer une désignation adéquate.

Étant donné ce constat, un travail terminologique qui a pour but d'établir une terminologie bilingue se fera dans deux situations :

Il s'agit d'un terme dans la langue A dont le terme correspondant existe dans la langue B. Dans cette situation, le principe du travail terminologique se fonde sur l'idée de trouver le terme correspondant dans la langue B. Ce dernier constitue un terme équivalent qui représente un seul et même concept dans le même domaine. Idéalement, il existe une équivalence à la fois fonctionnelle et sémantique entre le terme dans la langue A et son correspondant dans la langue B.

Il s'agit d'un terme dans la langue A dont le terme correspondant n'existe pas dans la langue B. Dans cette situation, la mission du travail terminologique est de créer un terme pour désigner le concept. La création d'un néologisme est une combinaison d'intuitions et de recherches raisonnées. Elle se fait en tenant compte de tout le système conceptuel, des référents corrélatifs et de leurs catégorisations pour déterminer un terme équivalent qui représente un seul et même concept dans le même domaine dans la langue B. L'idéal étant que les termes correspondants soient fonctionnellement et sémantiquement équivalents.

En résumé, le travail terminologique bilingue est un processus de recherche des équivalences: équivalence de domaine (les termes correspondants désignent les référents appartenant *à* un même domaine), équivalence catégorielle et conceptuelle (les termes correspondants désignent la même catégorie de référents dont le concept est défini), équivalence fonctionnelle et sémantique (les termes correspondants sont fonctionnellement et sémantiquement identiques). À l'issue de ce processus, on peut finir par déterminer, dans la langue B, un terme équivalent correspondant au terme dans la langue A.

Trouver un équivalent absolu serait un cas idéal, cependant, la réalité est souvent loin d'être si simple. La biunivocité de la terminologie classique, c'est-*à*-dire « *à* une forme correspond un seul concept et un concept est exprimé par une seule forme » (L'Homme 2004: 27), ne se réalise pas tout le temps. La synonymie et la polysémie existent bel et bien. Il est possible qu'un terme puisse renvoyer *à* plusieurs concepts, et qu'un concept puisse être désigné par plus d'un terme, même si c'est toujours au sein d'un seul et unique domaine spécialisé. Les exemples sont nombreux, le terme *terminologie* lui-même est polysémique.

À cette vérité s'ajoute le fait que même au sein d'un seul et unique domaine, les propriétés et les facettes prises en considération par divers groupes sociaux pour décrire les référents sont différentes. Les moyens linguistiques des groupes sociaux pour exprimer les concepts sont également différents. Donc les différences se révèlent non seulement dans la démarche de conceptualisation des référents, mais aussi dans la démarche de matérialisation linguistique[①] du concept.

De ce fait, nous constatons que l'équivalence parfaite dans le travail terminologique bilingue ne se réalise pas toujours. Nous parlons souvent d'une équivalence partielle et / ou fonctionnelle: partielle, quand les termes correspondants manifestent des divergences conceptuel et sémantique; fonctionnelle, parce que malgré toute divergence, les deux termes jouent leur rôle de correspondant l'un avec l'autre dans les deux langues.

2.3.2 Non-équivalences entre termes correspondants

La terminologie est non seulement une activité pratique consistant *à* créer et *à* utiliser les termes dans un domaine spécialisé, mais aussi une science qui étudie tout le processus de la création et de l'usage des termes. La création de termes a pour but de désigner les référents dans un domaine donné. La désignation, quant *à* elle, est le résultat d'un processus de catégorisation et de conceptualisation des référents. Le mécanisme de la formation des non-équivalences entre les termes correspondants trouve son origine dans ce processus.

Comme nous l'avons mentionné précédemment, il existe cinq éléments fondamentaux pour chaque terme spécifique: le référent, la notion, le concept, la définition et la désignation:

> • Le référent est une entité matérielle ou conceptuelle au sein d'un domaine spécialisé. Il s'agit d'un objet, d'un concept, d'un processus ou d'un événement qui relève de l'univers réel ou fictif.
>
> • La notion constitue le noyau du référent. C'est une représentation du référent, possédant des propriétés intrinsèques qui sont ses raisons d'être et des propriétés extrinsèques qui reflètent ses rapports avec le monde extérieur.
>
> • Le concept est établi sur la base de la notion. Il s'agit d'une

① Dans la présente recherche, nous entendons par matérialisation linguistique le processus de représenter un concept par sa désignation (terme) et sa définition.

catégorisation et d'une conceptualisation du référent, d'une perception cognitive des propriétés intrinsèques et extrinsèques de la notion.

• La définition est une description visant *à* révéler les traits sémantiques distinctifs du concept. Ces traits forment les délimitations du concept par rapport aux autres concepts dans le même système conceptuel.

• La désignation indique une démarche sémiologique destinée *à* produire un signe particulier, soit le terme, pour dénommer le concept. C'est une miniature qui résume la définition, une matérialisation du référent, de la notion et du concept au niveau linguistique.

Les référents particuliers sont uniques par essence. Même les référents d'une même catégorie hiérarchiquement indivisible ne sont pas absolument identiques. Dans un but de communication, le compromis est fait. On arrive *à* un consensus qui permet de mettre des référents particuliers sous la même catégorie, malgré leurs dissemblances. Un parfum de la famille olfactive florale dont le liquide est rose et la ténacité atteint huit heures, peut très bien être placée dans la même catégorie *eau de parfum* avec un parfum de la famille olfactive fruitée dont le liquide est jaune et la ténacité atteint dix heures. Les propriétés de ces deux parfums ne sont pas identiques, mais cela n'empêche pas qu'ils appartiennent *à* la même catégorie.

Comme cet exemple le montre, pour réaliser une communication efficace, les référents sont désignés comme s'ils étaient étiquetés. Cependant, il est impossible d'inventer pour chaque référent particulier une étiquette. Donc, on recourt *à* la catégorisation pour faciliter le travail. La catégorisation indique un processus cognitif durant lequel les référents d'une même catégorie sont mis sous une même étiquette. C'est une activité fondamentale qui « nous permet de comprendre et de faire des prédictions sur les objets et les événements du monde »[①](Medin et Aguilar 1999: 104).

---

① Notre traduction. Le texte original: « Categorization...is one of the most fundamental and pervasive cognitive activities. It is fundamental because categorization permits us to understand and make predictions about objects and events in our world » (Medin et Aguilar 1999: 104).

Dans ce contexte, une série de questions surgissent: selon quels principes place-t-on des référents dans une même catégorie? Étant donné que la catégorisation est une activité cognitive, différents groupes sociaux peuvent-ils catégoriser de la même manière? Si oui, dans quelle mesure identifient-ils également le même concept? Si non, qu'est-ce qui influence leur manière de catégorisation?

Une idée largement partagée est que la similarité de propriétés[①] est le principe fondamental de catégorisation. D'après cette approche, chaque catégorie est un rassemblement effectué en raison des traits communs des référents. Un parfum et une lotion hydratante semblent plus similaires qu'un parfum et une bougie, puisque les deux premiers peuvent être considérés comme des produits cosmétiques qui s'appliquent sur le corps humain.

Cependant, l'idée de similarité est souvent considérée comme controversée, puisqu'il se peut que deux référents peu similaires partagent un grand nombre de propriétés. Thibaut (1997) propose d'observer les conceptions de la similarité de deux points de vue: réaliste et subjectif.

> Le premier présuppose que la similarité repose sur les propriétés objectives des entités qui sont comparées. Dans cette perspective, la similarité entremoineaux et mésanges est un donné de la réalité, indépendant de l'observateur. Le point de vue subjectiviste postule que la similarité est flexible, susceptible de varier avec les contextes et l'attention accordée *à* chacun des traits partagés par les entités comparées (Thibaut 1997: 702).

La controverse sur la similarité s'applique *à* ces deux dimensions. Reprenons l'exemple du parfum et de la bougie: d'un point de vue réaliste, ils sont fabriqués *à* l'usine, ils ne se déplacent pas, ils ne respirent pas, ils occupent de l'espace, etc.; sur une dimension subjective, ils sont conçus par l'homme, ils sont utiles pour l'homme, ils ont un prix attribué par l'homme, ils peuvent avoir une certaine valeur esthétique, etc.

---

① Les propriétés de référent, dans la présente recherche, égalent les propriétés de notion.

De ce fait, il est sans doute plus raisonnable de regarder *à* l'inverse la relation causale entre la similarité et la catégorisation: il est possible que l'on considère les choses comme similaires parce qu'on les met dans une même catégorie et non l'inverse. On intervient dans le processus de catégorisation en fonction de son propre intérêt ou de sa propre vision du monde. Autrement dit, « la catégorisation ne repose pas forcément sur les caractéristiques absolues des objets mais surtout sur une expérience particulière de ces objets et elle est nécessairement située » (Cristinoi 2019: 85): on peut mettre une bougie parfumée dans la catégorie de *produits parfumés* qui inclut aussi les parfums, mais on peut aussi la mettre dans la catégorie de *bien-être de maison*. Produits parfumés et bien-être de maison sont deux catégories différentes, qui n'entretiennent pas de relation hiérarchique et ne s'incluent pas l'une l'autre.

La catégorisation est hiérarchisée. Chaque catégorie est incluse dans la catégorie d'ordre supérieur. Les catégories les plus abstraites et les plus génériques correspondent aux catégories les plus englobantes. Dans l'exempleci-dessous qui montre une arborescence hiérarchique de produits cosmétiques (voir Figure 2.5), on peut très bien placer les eaux de toilette et les rouges *à* lèvres dans la même catégorie d'ordre supérieur *produits cosmétiques*; en revanche, il est impossible de les placer dans la même catégorie d'ordre inférieur *parfum*.

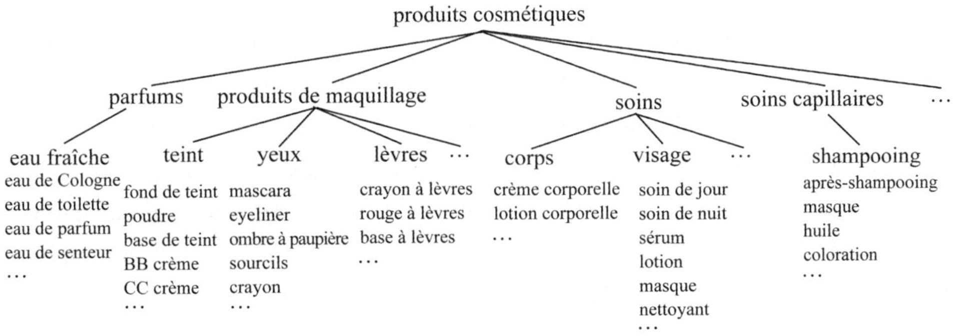

Figure 2.5 Arborescence hiérarchique des produits cosmétiques

Le processus de catégorisation est aussi un processus de conceptualisation, puisque c'est par la même occasion qu'un ensemble de propriétés d'un référent est pris en considération pour révéler la catégorie et former le concept de ce dernier.

La matérialisation de ce processus de catégorisation-conceptualisation est langagière. Cela signifie que le processus de catégorisation-conceptualisation est représenté par des signes linguistiques. Dans un domaine spécialisé, cette incarnation est illustrée par les termes. Voici un exemple: le mot français *lait* est un signe linguistique associant la forme sonore /lɛ/ au concept de lait. Ce concept renvoie au prototype généralk-le « liquide blanc, opaque, très nutritif (riche en graisses émulsionnées), sécrété par les glandes mammaires des femelles des mammifères » (Grand Robert électronique). Alors que, dans le domaine de produits cosmétiques, le terme *lait* renvoie au prototype du domaine —« émulsion cosmétique plus ou moins fluide, souvent parfumée, destinée au nettoyage, au démaquillage, *à* la protection et aux soins de la peau » (GDT).

Si le référent et la notion sont extralinguistiques, la définition et la désignation sont linguistiques, le concept est entre les deux: il est *à* la fois extralinguistique et linguistique. Extralinguistique, parce qu'il s'agit d'une démarche de conceptualisation du référent, d'une abstraction d'un ensemble de propriétés de la notion; linguistique, parce que le résultat de la conceptualisation est matérialisé linguistiquement. Si le référent et la notion sont *à* l'origine de la création de terme, la définition et la désignation assurent la circulation de terme, alors le concept sert d'intermédiaire entre la création et la circulation: d'un côté, il reflète la notion du référent; de l'autre côté, il offre un modèle pour que le référent puisse être défini et désigné.

En tant que matérialisation linguistique du processus de conceptualisation-catégorisation, la définition et la désignation représentent et reflètent celui-ci au niveau linguistique. Nous résumons tout ce processus du travail terminologique dans Figure 2.6.

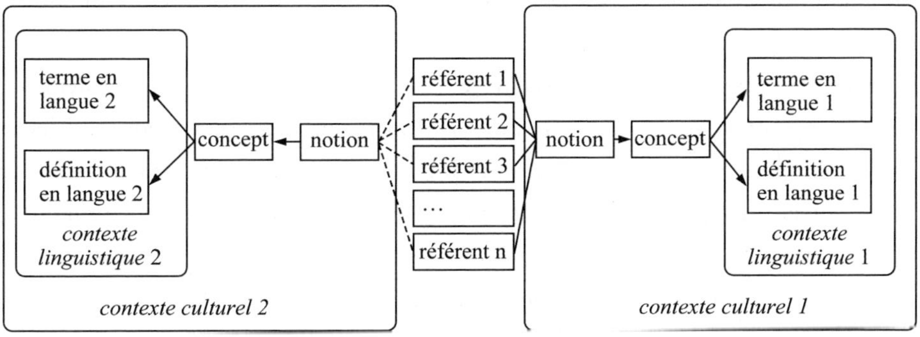

Figure 2.6 Processus du travail terminologique

En résumé, les référents *à* l'intérieur d'un domaine spécialisé sont catégorisés et conceptualisés pour acquérir une définition et une désignation. Pour différents groupes sociaux dont les contextes culturels sont également différents, les critères de catégorisation et de conceptualisation ne seraient pas absolument identiques. Par conséquent, le concept des référents dans un contexte culturel et son correspondant dans un autre contexte culturel peuvent ne pas être entièrement identiques. Les interlocuteurs *à* l'intérieur d'un groupe social acceptent le concept consensuel sur la base d'un compromis: en terminologie, les utilisateurs de termes négocient pour arriver *à* un consensus sur la manière de délimiter un concept, et aussi sur les principes de définition et désignation du concept.

De ce fait, nous constatons que la non-équivalence catégorielle et conceptuelle des termes peut trouver son origine au niveau extralinguistique, dans le processus de catégorisation-conceptualisation des référents. Corrélativement, cette non-équivalence se manifesterait au niveau linguistique, dans la définition et surtout dans la désignation du concept.

La désignation du concept est une démarche durant laquelle se matérialise la catégorisation-conceptualisation des référents au niveau linguistique. Le terme constitue le résultat de cette démarche sémiologique. En revanche, l'étude des mécanismes de désignation *à* travers les termes peut permettre d'appréhender les mécanismes de catégorisation et de conceptualisation en arrière-plan. Les termes peuvent ainsi être considérés comme « des révélateurs de l'existence des catégories qui dévoilent une certaine vision du monde »[①] (Cristinoi 2019: 89).

Par mécanismes de désignation, nous entendons des mécanismes sémantiques ainsi que les mécanismes cognitifs qui les sous-tendent. L'étude des mécanismes de désignation a pour but ultime d'observer « la capacité des langues et cultures *à* modeler ce *à* quoi il est prêté attention et comment ce quelque chose doit être vu / perçu » (Cristinoi 2019: 85). En résumé, l'étude des mécanismes de désignation des concepts constitue un objectif essentiel de la présente recherche.

En outre, nous prêtons une moindre attention *à* l'aspect formel et grammatical des termes, un aspect qui est également susceptible de façonner la pensée:

> Le système linguistique sous-jacent (en d'autres termes, la grammaire) de chaque langue n'est pas simplement un instrument reproducteur pour exprimer des idées, mais plutôt lui-même le façonneur d'idées, le programme et le guide de l'activité mentale de l'individu [...] Nous découpons la nature, l'organisons en concepts et leur attribuons des significations comme nous le faisons, en grande partie parce que nous sommes partisans d'un accord pour l'organiser de cette manière-un accord qui tient dans toute notre communauté linguistique et est codifié dans les modèles de notre langue[②] (Wardhaugh 2006: 222).

---

① La vision du monde est « une vision du monde extérieur gravée dans la langue d'une certaine nation, ou une image du monde présentée par une certaine nation *à* travers leurs mots ». — Notre traduction. Le texte original: « 铭刻在某一民族语言中对周围世界的看法,或者说,它是某一民族通过词语呈现出来的世界图像 » (Hua 2003: 410).

② Notre traduction. Le texte original: « The background linguistic system (in other words, the grammar) of each language is not merely a reproducing instrument for voicing ideas but rather is itself the shaper of ideas, the program and guide for the individual's mental activity [...] We cut nature up, organize it into concepts, and ascribe significances as we do, largely because we are parties to an agreement to organize it in this way — an agreement that holds throughout our speech community and is codified in the patterns of our language. » (Wardhaugh 2006: 222).

La question de savoir si la langue influence réellement la façon de penser et de voir le monde est un sujet souvent abordé dans les recherches linguistiques. Selon Deutscher (2010), la langue n'interdit pas *à* ses locuteurs de penser quoi que ce soit, mais elle influence dans une certaine mesure leur façon de voir le monde. « Si différentes langues influencent notre esprit de différentes manières, ce n'est pas *à* cause de ce que notre langue nous permet de penser, mais plutôt *à* cause de ce *à* quoi elle nous oblige *à* penser habituellement »[①] (Deutscher 2010).

Birner (s. d.) affirme que notre langue affecte plutôt la façon dont nous catégorisons et étiquetons les choses, mais pas nos pensées.[②] Les hommes regroupent des choses similaires sous la même catégorie et leur attribuent la même étiquette, mais celles qui sont comptées comme suffisamment similaires pour appartenir *à* la même catégorie varient d'une langue *à* l'autre (les catégories très divergentes des couleurs dans différents groupes sociaux en sont un exemple populaire). Donc, notre langue et nos pensées sont toutes les deux fortement influencées par notre culture. C'est la culture (les traditions, le mode de vie ou les habitudes que nous partageons avec ceux avec qui nous vivons et interagissons) qui façonne notre façon de penser et de parler.

Conclusion

L'aperçu historique au début de ce chapitre nous a permis d'expliciter quelques étapes majeures dans la constitution de la terminologie comme discipline. Que ce soit par une approche normative, descriptive ou mixte, l'observation des termes se fait sous de plus en plus de perspectives.

La terminologie est étroitement liée *à* la traduction. D'un côté, la plupart des traductions d'aujourd'hui sont spécialisées, ce qui signifie que le traitement

---

① Notre traduction. Le texte original: « if different languages influence our minds in different ways, this is not because of what our language allows us to think but rather because of what it habitually obliges us to think about » (Deutscher 2010).

② Cité d'un article de Betty Birner (professeur de linguistique et de sciences cognitives *à* l'Université de Northern Illinois), publié sur le site officiel de Linguistic Society of America, https://www.linguisticsociety.org/content/does-language-i-speak-influence-way-i-think, page consultée le 19 mai 2020.

des termes est primordial et que l'établissement d'un glossaire terminologique constitue le premier pas avant tout autre travail traductif; de l'autre côté, la traduction est incontournable pour le développement terminologique, car elle offre de nombreuses références traduites aux recherches terminologiques.

En conséquence, nous proposons de transposer le paradigme de recherche en traductologie — le tournant culturel — *à* la recherche terminologique bilingue. La finalité principale de cette transposition est d'observer le rôle que joue le contexte culturel dans le mécanisme de création de termes, et d'appréhender le changement qui intervient dans le processus d'établissement des équivalences de termes correspondants. Le chapitre suivant explicitera la méthodologie mise en œuvre pour une étude dans cette perspective, notamment, la construction d'une base de données terminologiques français-chinois dans le domaine de la parfumerie. L'analyse des termes français et chinois dans la base de données permettra de justifier notre hypothèse.

Chapitre 3 Construction et analyse de la base de données terminologiques

Afin de vérifier les hypothèses avancées dans les deux premiers chapitres concernant la transposition du paradigme du tournant culturel en terminologie, nous avons construit une base de données terminologiques français-chinois dans le domaine de la parfumerie, pour laquelle nous avons recueilli des termes français et leurs termes chinois correspondants. Dans le présent chapitre, nous allons présenter la méthodologie de la construction de cette base de données, ainsi que la méthodologie permettant d'analyser les données collectées. Avant cette présentation, nous ferons un état des lieux du travail terminologique en parfumerie effectué en France et en Chine.

3.1 État des lieux de la terminologie en parfumerie

La terminologie consiste en l'étude du choix et de l'usage des termes faisant partie des vocabulaires de spécialité. Tous les domaines de connaissance ou de pratique ont leur propre terminologie. Le domaine de la parfumerie ne fait pas exception. Avant de faire l'état des lieux du travail terminologique du domaine, il faut tout d'abord délimiter le concept de *parfumerie*, de manière *à* circonscrire le domaine dans lequel notre étude terminologique se déploie.

3.1.1 Délimitation du domaine de la *parfumerie*

Le terme *parfumerie* est dérivé du mot *parfum*, il « désigne *à* la fois la fabrique et le commerce des parfums et cosmétiques (1802), le magasin qui vend des parfums et cosmétiques (1811) et, par métonymie, l'ensemble de ces produits (1823) » (Rey 1998: 2575). Au 19e siècle où l'industrie était en pleine croissance, le lexicographe Maurice La Châtre redéfinit le terme comme « un lieu de fabrication et de vente de pommades, de savons de toilette, de cosmétiques, d'huiles aromatiques, etc. » (La Châtre 1858).

Cette quadruple acception continue *à* exister aujourd'hui, et se manifeste dans la polysémie du terme. Dans les bases de données terminologiques, le GDT et TERMIUM Plus ©, le terme *parfumerie* est défini comme: l'ensemble des parfumeurs (les établissements commerciaux), ou l'industrie de la fabrication des parfums et des produits de toilette et de beauté, ou l'ensemble des articles de toilette, ou l'usine ou le laboratoire où l'on fabrique des produits de parfumerie.

Vu l'ampleur conceptuelle du terme, une base de données terminologiques en parfumerie peut renvoyer *à* deux grandes catégories de termes.

La première catégorie est relative *à* la formulation et la fabrication de l'ensemble des produits parfumés et des cosmétiques, c'est-*à*-dire, un ensemble de termes relatifs *à* l'acquisition des ingrédients naturels ou synthétiques et aux techniques de fabrication des produits parfumés et des cosmétiques. Il ne s'agit pas simplement d'un ensemble de termes de l'industrie de la parfumerie, mais un ensemble qui croise plusieurs sous-domaines des sciences et techniques, dont l'industrie de la parfumerie, la chimie, la biotechnique, la biologie, la physique, etc.

La deuxième catégorie est relative aux produits parfumés et aux cosmétiques proprement dits, c'est-*à*-dire, un ensemble de termes relatifs *à* la catégorisation et *à* la description des produits parfumés et des cosmétiques finis qui se vendent sur le marché.

La présente recherche porte sur les termes décrivant tous les produits parfumés appartenant *à* la deuxième catégorie. Les produits parfumés dont on parle incluent tous les produits finis dont la fonction (ou l'une de leurs fonctions) est de parfumer. Ce sont:

• des parfums sous toute forme physique et de toute concentration, *à* savoir, les eaux de toilette, les eaux de parfum, les eaux fraîches, les extraits, les parfums solides, les parfums en gel, les huiles essentielles, les absolu(e)s, etc. ;

• d'autres produits parfumés corporels, tels que les produits déodorants, les produits capillaires parfumés (shampooing parfumé, après-shampooing parfumé, huile parfumée pour les cheveux, etc.), les autres produits de toilette parfumés (savon parfumé, gel douche parfumé), etc. ;

• des produits parfumés pour la maison et pour la voiture, ou le bien-être, comme la bougie parfumée, le sachet parfumé, la brume d'oreiller, le parfum de linge, la cire parfumée, etc.

Il faut spécifier que les produits de soin de visage ou les produits de maquillage, qui possèdent généralement une odeur agréable, ne sont pas pris en compte, puisque malgré leur odeur parfumée, ils n'ont pas pour fonction de parfumer.

Les termes collectés dans la base de données terminologiques trouvent leur origine dans les textes décrivant les produits parfumés des principales marques du secteur. Ce sont principalement des termes nominaux qui servent *à* désigner les produits parfumés, leurs senteurs et leurs performances, et des termes adjectivaux qui décrivent leurs traits olfactifs. La conception du terme *parfumerie* dans la présente recherche sera donc explicitement restreinte *à* ce champ.

La délimitation ci-dessus ne signifie pas que notre base de données exclut tout terme de la première catégorie (c'est-*à*-dire, les termes concernant la création et la fabrication des produits parfumés). Certains termes utilisés dans les descriptions de produits relèvent, techniquement, de la première catégorie, mais ils apparaissent fréquemment dans les descriptions de produits pour aider la clientèle *à* mieux connaître le processus de fabrication ou la composition des produits. Ces termes sont également pris en considération.

3.1.2 Travail terminologique en parfumerie dans le monde français

Le développement de la terminologie de la parfumerie en France est la conséquence du développement culturel et économique que cette branche a connu dans le pays depuis le 16e siècle.

3.1.2.1 Brève histoire de la parfumerie en France

La parfumerie moderne en France trouve son origine dans la lignée de l'histoire de la parfumerie européenne. Vers 1370, le premier parfum moderne a vu le jour en Hongrie. Il était principalement composé d'huile de romarin et d'alcool(Lin 2020: 72). Ce fut une étape importante dans l'histoire de la parfumerie: le parfum mélangé *à* de l'alcool peut être conservé plus longtemps et l'huile peut être diluée uniformément dans ce liquide. Après la pulvérisation, elle peut rapidement libérer des molécules parfumées, tout en diffusant ses notes olfactives. En outre, l'ajout d'alcool a démocratisé le prix du parfum. Avec le prix des aromates très élevé auparavant, les parfums n'étaient abordables que pour l'aristocratie. L'avènement du parfum alcoolisé a fait chuter les prix *à* un niveau abordable au grand public. Depuis, la première eau de Hongrie est toujours considérée comme le premier parfum moderne du monde. Notons que la première eau parfumée est l'eau obtenue après la distillation des fleurs, née beaucoup plus tôt que l'eau de Hongrie. Mais ce genre d'eau parfumée ne se gardait pas longtemps. Elle se détériorait et sentait mauvais rapidement, ce qui la rendait incomparable avec l'eau de Hongrie (Lin 2020: 72).

Plus tard, les parfumeurs ont ajouté une variété d'autres matières *à* l'eau de Hongrie et ont au fur et *à* mesure modifié la formule pour développer des parfums extrêmement raffinés et hautement artistiques, créés avec des dizaines voire des centaines de matières et toujours de l'alcool. Dès lors, comme l'Italie, l'Allemagne, le Royaume-Uni et d'autres pays européens, la France s'est mise *à* la fabrication de parfums modernes.

À partir du 16e siècle, l'admiration de la cour de France pour les parfums a poussé le statut de ces derniers au sommet. Lorsque Catherine de Médicis a épousé Henri II, elle a fait venir son parfumeur en France qui y a ouvert le premier magasin de parfums. Les Français, amateurs de vêtements et de cosmétiques, ont manifesté une passion extraordinaire pour le parfum, qu'ils ont rapidement adopté et abondamment utilisé. Le Roi-Soleil Louis XIV en était un fervent utilisateur. Pendant son règne, *à* Versailles, on en faisait une grande consommation, souvent en privilégiant les senteurs très fortes, probablement pour masquer des odeurs corporelles désagréables, en raison d'une hygiène insuffisante.[①]

À l'époque de Louis XV, les favorites du roi, Madame de Pompadour et Madame du Barry étaient aussi friandes de parfum. Toute la cour, les prenant pour modèles, embaumait de parfum, d'où le surnom « la cour parfumée » (Berthelot 1885). Marie-Antoinette, la reine du roi Louis XVI, aimait particulièrement un parfum dont les violettes et les roses étaient les principales matières premières. À l'époque, la tendance *à* prendre des bains parfumés était relancée, évoquant le luxe qui ne s'était pas vu après la période romaine. Le parfum était perçu comme ayant pour effet de soulager la fatigue, de détendre les nerfs et de guérir les maladies. Les gens l'appliquaient sur de multiples accessoires et transportaient ces derniers pour parfumer tout leur corps.

L'admiration de la cour pour le parfum a favorisé le développement de la parfumerie en région parisienne. Dès le 18e siècle, des maîtres parfumeurs se sont installés *à* Paris et y ont développé le procédé de distillation pour extraire l'odeur des ingrédients. Dans la région de Grasse en France, des huiles de fleurs et des parfums ont commencé *à* être produits *à* une grande échelle. La région est devenue une zone de production d'aromates naturels (fleurs odorantes notamment) mondialement connue. La France est ainsi devenue la référence mondiale du parfum.

Au 19e siècle, l'avancement de la technologie a permis aux parfumeurs de synthétiser chimiquement un grand nombre de matières odorantes, mettant fin *à* la nécessité de recourir *à* des matières premières naturelles. Les matières odorantes artificielles peuvent non seulement simuler l'odeur de la plupart des aromates naturels, mais aussi constituer des matières premières faciles *à* obtenir avec des coûts réduits. Elles ont donc remplacé les aromates naturels et sont devenues les principaux ingrédients dans la production des parfums modernes. La parfumerie est entrée dans une ère de la production industrielle de masse.

Au 20e siècle, l'association de la haute couture au parfum a fait de Paris *à*

---

① « Versailles et le parfum », https://www.versailles-tourisme.com/parfum-versailles.html, page consultée le 20 juillet 2022.

la fois le centre névralgique de la mode, mais aussi de la parfumerie. C'est au début du siècle que « les succès des parfums Coty, Guerlain, Houbigant, Roger & Gallet, Bourjois, Caron, Millot, confèrent *à* la parfumerie française une réputation internationale et encouragent les grands couturiers *à* se lancer dans ce domaine lucratif » (Le Guérer s. d.). Chanel est la première *à* ouvrir la voie de la parfumerie aux couturiers en lançant en 1921 le fameux N°5. Dior a ensuite développé le concept de *luxe global*① en lançant Miss Dior. Les deux ont connu et connaissent toujours un grand succès. Depuis, la plupart des grandes maisons de couture ont créé leurs propres parfums. « De 1905 *à* 1960, époque de l' apogée de la parfumerie française, les parfums sont le fait d'un petit nombre de compositeurs qui ont le temps et les moyens de créer des produits mondialement reconnus » (Le Guérer s. d.). La parfumerie française a atteint une renommée mondiale qui perdure jusqu'*à* présent. En passant en revue les siècles, les Français peuvent fièrement annoncer au monde que leur histoire de fabrication de parfums modernes remonte *à* plus de 500 ans.

De ce fait, puis du fait que la création, l'industrialisation et la commercialisation en parfumerie ne cessent de se développer, un langage spécialisé du domaine a pris forme et continue *à* évoluer au fil du temps. Les spécialistes ont hérité des premiers termes qui désignent les concepts existants, puis ont emprunté *à* la langue courante ou aux terminologies d'autres domaines un certain nombre de termes comme néologismes pour désigner les nouveaux concepts, et ont attribué une définition *à* chacun de ces couples désignations-concepts. Ces spécialistes sont les professionnels du domaine, qu'ils soient aromaticiens, créateurs de parfum, parfumeurs, ingénieurs, techniciens de production... Ils peuvent aussi être des terminologues en parfumerie, linguistes dotés de connaissances professionnelles dans ce domaine, sensibles *à* l'évolution du domaine et *à* celle de la langue, et capables de mettre les deux en résonance.

---

① Le concept de *luxe global* propose l'idée qu'une marque de luxe doit proposer *à* ses clientes non seulement des vêtements pour s'habiller mais aussi de quoi parer leur corps tout entier. « Pourquol Paris est-elle la capitale du parfum? », https://sillagesparis.com/blog/parfum-paris/, page consultée le 21 juillet 2022.

3.1.2.2 Travail terminologique en parfumerie dans le contexte français

Dans le monde francophone, c'est surtout la France, puis le Canada qui font progresser la terminologie en parfumerie. Ce travail se déploie sur l'initiative de différentes structures: gouvernements, organismes professionnels, établissements supérieurs, marques de parfum indépendantes, groupes ou individuels professionnels, etc. Les fruits du travail concernent les sources suivantes:

- bases de données officielles: GDT (Grand dictionnaire terminologique) et TERMIUM Plus ©
- organismes professionnels: SFP (Société française des parfumeurs) et The Fragrance Foundation France
- base de données terminologiques des établissements supérieurs: Terminalf
- sites internet: Olfastory, Auparfum et Fragrantica
- marque de parfum indépendante: Sylvaine Delacourte
- divers ouvrages spécialisés ou de vulgarisation

Le GDT[①] **et TERMIUM Plus ®**[②] sont deux bases de données terminologiques typiques avec une définition pour chaque terme. Le GDT est rédigé par l'Office québécois de la langue française ou/et ses partenaires. Chaque fiche renseigne sur un concept lié *à* un domaine d'emploi spécialisé et présente les termes qui le désignent en français, en anglais et parfois dans d'autres langues. Les termes qui désignent le concept sont classés par domaines d'emploi et sont généralement explicités au moyen d'une définition, de notes ou d'une illustration. Chaque fiche présente en premier lieu un terme privilégié pour désigner le concept traité. Les termes utilisés dans certains contextes et les termes déconseillés sont aussi présentés. Les termes en parfumerie sont classés dans le domaine « produits parfumés » ou dans le domaine « cosmétologie ».

---

① Site officiel de GDT, http://gdt.oqlf.gouv.qc.ca/index.aspx.

② Site officiel de TERMIUM Plus, https://www.btb.termiumplus.gc.ca/tpv2alpha/alpha-fra.html?lang=fra.

TERMIUM Plus ® est une banque de données terminologiques et linguistiques du gouvernement du Canada. Comme le GDT, elle donne accès *à* des termes plurilingues (français, anglais, espagnol et portugais) avec des fiches rédigées par des linguistes du Bureau de la traduction du gouvernement. Nous pouvons trouver les termes d'un large éventail de domaines spécialisés, leur définition et parfois leur contexte d'utilisation, y compris le domaine « parfumerie », et le domaine « cosmétologie » dans lequel se trouvent des termes du domaine de la parfumerie.

Le GDT et TERMIUM Plus ® sont d'immenses bases de données terminologiques qui servent d'outils pour décoder les acronymes, vérifier un titre officiel ou trouver rapidement un équivalent dans une autre langue. Pourtant, ce sont des bases de données générales, non spécifiques *à* la parfumerie. Les termes en parfumerie ne sont pas affichés de manière regroupée ou systématique, mais de manière séparée et non structurée. Les interfaces entre différents domaines ne sont pas clairement définies. Les grandes bases de données terminologiques générales et multilingues en Europe, telles que celle du CILF (Conseil International de la Langue Française) et l'IATE (Inter Active Terminology for Europe, base de données terminologiques multilingue et multidirectionnelle de la Commission européenne), ont le même principe d'affichage.

La SFP① **et The Fragrance Foundation France**② sont des associations loi 1901. Fondée en 1942 par un groupe de parfumeurs, la SFP regroupe aujourd'hui plus de 900 professionnels③ de l'industrie de la parfumerie, principalement basés en France. Elle a pour mission de rassembler les hommes et les femmes de l'industrie et des industries annexes, en vue de favoriser l'étude de toute question artistique, scientifique, technique, pédagogique, historique parmi d'autres questions d'intérêt général dans ces branches d'industrie. En outre, pour que la parfumerie garde sa spécialité et son propre

① Site officiel de SFP, https://www.parfumeurs-createurs.org/fr/.

② Site officiel de The Fragrance Foundation France, https://www.fragrancefoundation.fr/.

③ Tous les corps de métiers sont représentés: des parfumeurs-créateurs, des responsables marketing, des évaluateurs, des chimistes spécialistes de matières premières odorantes, des contrôleurs de qualité, des responsables de fabrication ou encore des responsables règlementaires, etc.

langage, l'organisme a travaillé sur les termes pour offrir une terminologie commune. Cette dernière contient 168 termes dont 49 concernent exclusivement la formulation ou la fabrication des produits parfumés, alors que le reste se présente avec une certaine fréquence dans les descriptions des produits.

Comme la SFP, The Fragrance Foundation France est aussi un organisme professionnel en parfumerie. Il possède pour le moment 49 sociétés adhérentes[①] qui sont d'ailleurs parmi les plus grands parfumeurs mondiaux. Il est administré par un conseil dont chaque membre est issu d'une société adhérente et est élu pour un mandat d'un an. L'organisme a pour but de valoriser le savoir-faire et les talents de l'industrie, de rapprocher les professionnels et d'éduquer le grand public. Il a affiché sur son site une présentation de sept familles de parfums[②], proposée par son adhérent Cinquième Sens. On recense environ 100 termes descriptifs dans cette présentation. Bien que ce ne soit pas une terminologie formelle, elle offre des informations de qualité.

Il est *à* noter que les organismes professionnels et les associations en parfumerie siégeant en France ne manquent pas: Prodarom (Syndicat national des fabricants de produits aromatiques), Cosmetic Valley, la SAO (Société des amis de l'Osmothèque), l'Armip (Association pour le rayonnement du musée international de la parfumerie) sont des organismes réputés. Or, la terminologie ne constitue pas leur intérêt de travail, donc ils ne proposent pas de glossaire en parfumerie au public.

La base de données terminologiques des établissements supérieurs Terminalf[③] comprend aussi des termes en parfumerie. La formation en terminologie dans les universités francophones connaît un développement croissant et nombreux sont les thèses et mémoires soutenus. Les spécialistes

---

① LVMH Fragrance Brands, Shiseido, Fragonard, L'Oréal Luxe, Diptyque, Yves Rocher, Christian Dior Parfums, Marionnaud, Hermès parfum, Chanel et Cartier, etc. sont toutes parmi les sociétés adhérentes de l'organisme.

② Voir la page suivante pour la présentation des sept familles de parfum: https://www.fragrancefoundation.fr/education/les-7-familles-de-parfum/, page consultée le 25 septembre 2021.

③ Site officiel de Terminalf, http://terminalf.scicog.fr/.

universitaires donnent des cours terminologiques, dirigent des recherches dans la discipline et travaillent souvent en tant que terminologues. Un exemple typique est la base de données TERMIUM Plus ©, qui a été originellement développée *à* l'Université de Montréal en 1970. Initialement intitulée BTUM (Banque de Terminologie de l'Université de Montréal), la base de données a été construite sous la direction de Marcel Paré, avec pour objectif de constituer un glossaire bilingue le plus flexible qui soit et accessible *à* tous. Par la suite, le Bureau de la traduction de l'État a décidé de prendre en charge la BTUM dans le but de standardiser la terminologie *à* travers la fonction publique. En 1976, l'État a acquis officiellement la BTUM, et lui a donné son nom d'aujourd'hui: TERMIUM (TERMInologie Université de Montréal).

Terminalf, quant *à* lui, est un projet terminologique qui regroupe plusieurs partenaires, dont les trois quarts sont universitaires: le département des langues étrangères appliquées de l'Université Paris III, le DESS ILTS (Diplôme d'études supérieures spécialisées pour l'industrie de la langue et traduction spécialisée)① de l'Université Paris Cité, le laboratoire MoDyCo (Modèles, Dynamiques, Corpus) du CNRS-Université Paris X et la Société française de terminologie. Site essentiellement orienté vers la recherche et l'enseignement géré par Loïc Depecker (Université Paris III) et Richard Walter (CNRS-Université Paris X), Terminalf contient un grand nombre de ressources terminologiques en français: vocabulaires techniques ou scientifiques, travaux et mémoires de terminologie française. Contrairement aux autres bases de données générales qui prennent en considération les domaines généraux, Terminalf offre des inventaires de microdomaines spécialisés. Par exemple, on y trouve les terminologies de l'anatomie du chat, des traitements de surface en bijouterie, de la cérémonie du thé, de la cathédrale gothique, de la chaussure sur mesure, de la danse africaine, etc., au total 14170 termes répartis dans 151 terminologies, dont deux en parfumerie: l'une sur la fabrication du parfum, soit sur les procédés et techniques traditionnellement utilisés pour obtenir un parfum; l'autre sur une technologie pour fabriquer des parfums de synthèse, la technologie de la fleur vivante.

① Ce diplôme n'existe plus aujourd'hui.

Il est *à* noter que les écoles et les centres de formation spécifiques *à* la parfumerie comme l'ESP (École supérieure du parfum), l'ISIPCA (Institut supérieur international du parfum, de la cosmétique et de l'aromatique alimentaire) et GIP (Grasse Institute of Perfumery), n'offrent pas ce genre de terminologies malgré leur expertise dans la formation des professionnels en parfumerie.

Les sites internet en français sur les informations en parfumerie sont très nombreux. Ce sont surtout des sites de blogs rédigés par des professionnels ou des amateurs de parfum. Olfastory①, Auparfum② et Fragrantica③ sont parmi les plus complets. Les informations publiées sur ces sites, rédigées par des connaisseurs de la parfumerie tels que les parfumeurs, les enseignants dans des écoles de parfumerie, les fondateurs de laboratoires de parfum, les chercheurs sur l'olfaction ou sur le parfum, les journalistes ou les écrivains spécialistes en parfumerie, etc., sont très complètes.

Olfastory est un site encyclopédique dédié *à* l'univers du parfum. On y trouve tous les détails sur les familles et les facettes olfactives des parfums, les techniques de fabrication, les matières naturelles et synthétiques, l'histoire du parfum, les parfumeurs, les marques de parfumerie et les descriptions des produits de chaque marque. Le site n'est pas une base de données terminologiques en parfumerie, mais il constitue une immense source d'information sur les termes du domaine, grâce aux textes *à* caractère encyclopédique qui en délimitent le concept, que ce soit pour les termes de description olfactive du parfum ou les termes sur la technique de fabrication de celui-ci. De ce fait, le site est une référence importante amplement consultée pour la construction de notre base de données terminologiques.

Contrairement *à* Olfastory qui est de nature encyclopédique et pédagogique,

---

① Site officiel de Olfastory, https://www.olfastory.com/, l'entité exploitante de ce site est domiciliée *à* Clermont-Ferrand.

② Site officiel de Auparfum, https://auparfum.bynez.com/, site fondé et rédigé par un groupe d'amateurs de parfum (parfumeurs, chercheurs en olfaction, écrivains sur la parfumerie, etc.) depuis 2007, l'entité du groupe siège *à* Paris.

③ Site officiel de Fragrantica, https://www.fragrantica.fr/, site fondé et rédigé par un groupe d'amateurs de parfum depuis 2007. L'entité du groupe siège *à* San Diego.

Auparfum se positionne comme critique des produits parfumés, les classiques comme les derniers lancements, ce qui permet aux visiteurs de s'informer, de se faire conseiller et de donner eux-mêmes leur opinion. D'ailleurs, le site informe des nouveautés dans le domaine. Il propose des ouvrages en parfumerie, des informations sur des marques et sur des parfumeurs, et aussi des informations de promotion. Il propose aussi un glossaire de 90 termes, dont chacun possède une définition, pour que les visiteurs puissent mieux comprendre le langage de la parfumerie. Ce sont des termes descriptifs qui dépeignent différentes facettes olfactives des produits parfumés, et qui sont souvent présents dans les descriptions de ces derniers.

Fragrantica est un site multilingue avec une version française. Se définissant comme une encyclopédie de parfums en ligne et une communauté d'amateurs de parfums, le site combine les caractéristiques d'Auparfum et d'Olfastory. Il informe ses lecteurs sur les lancements, tout en consacrant des articles aux parfums célèbres et moins célèbres qui font l'histoire et l'actualité de la parfumerie. En même temps, il offre une présentation complète sur toutes les familles olfactives et les matières premières des parfums.

En outre, **la marque de parfum indépendante, Sylvaine Delacourte**[①], offre également des ressources terminologiques. Pour construire notre base de données terminologiques, nous avons consulté les sites officiels d'une soixantaine de marques. Les descriptions sur les produits parfumés sont extrêmement riches sur ces sites. Pourtant, il est très rare que l'on y trouve un glossaire ou un dossier explicatif sur le langage du parfum. Celui de Sylvaine Delacourte est une exception. Lancée en 2017, Sylvaine Delacourte est une nouvelle marque sur le marché de la parfumerie. Elle a été fondée par la créatrice-parfumeuse du même nom, qui a été pendant 15 ans directrice de la création des parfums chez Guerlain.

Le site officiel de Sylvaine Delacourte fournit *à* ses visiteurs une présentation détaillée sur des matières premières, des facettes, la pyramide olfactive et les familles olfactives en parfumerie. Plus de 60 termes du domaine sont présentés avec leur définition, et une centaine sont mentionnés sans

① Site officiel de Sylvaine Delacourte, https://www.sylvaine-delacourte.com/fr.

définition. Ce sont des termes qui figurent fréquemment dans les descriptions des produits parfumés.

Certains ouvrages spécialisés ou de vulgarisation offrent également des ressources terminologiques en parfumerie. Il est *à* noter que les ouvrages dans ce domaine ne manquent pas, mais ce sont souvent des lectures de vulgarisation qui proposent des informations générales sur la parfumerie et les parfums. Il existe moins d'ouvrages dédiés spécifiquement *à* la terminologie.

Les ouvrages que nous avons consultés se divisent en trois groupes: le premier groupe rassemble ceux qui sont plus ou moins littéraires, racontant l'histoire, l'évolution ou l'univers des parfums (les produits), comme *Les 101 mots du parfum à l'usage de tous* d'Élisabeth de Feydeau (2014), *Parfums : une histoire intime* de Denyse Beaulieu (2013), *Une histoire mondiale du parfum* de Marie-Christine Grasse (2007), *Parfums rares* de Laurence Férat et de Sabine Chabbert (2007). Le deuxième groupe concerne les ouvrages plus ou moins scientifiques ou pédagogiques qui offrent un panorama de l'industrie de la parfumerie, qui abordent de multiples sujets susceptibles d'intéresser les gens. Parmi les ouvrages de ce type, on compte *Le grand livre du parfum : pour une culture olfactive*, publié par l'éditeur Nez Culture (2018), qui offre un petit glossaire de termes, et *La fabrique des parfums, naissance d'une industrie de luxe* d'Eugénie Briot (2015). Le troisième groupe rassemble les ouvrages qui sont plus scientifiques et thématiques, qui nous éclairent sur un ou plusieurs aspects de la parfumerie et qui ont un lien plus étroit avec le travail terminologique. Il y a l'œuvre d'Élisabeth de Feydeau (2011) *Les parfums: histoire, anthologie, dictionnaire*, qui contient un glossaire important, et explore les mentalités, les sciences et l'industrie de la parfumerie. Un grand nombre de termes présents dans le glossaire sont relatifs tant *à* la fabrication qu'*à* la description des parfums, ce qui est très utile pour la construction d'une base de données terminologiques. Une autre œuvre importante, le *Dictionnaire du langage parfumé* publié par les Éditions Quarante Huit Publicité en 1992, a été rédigé sous la direction de Maurice Maurin (président de la SFP, parfumeur compositeur) et de Jean-François Blayn (président d'honneur de la SFP, chargé de cours *à* l'ISIPCA). Ce dictionnaire se concentre sur la recherche d'un langage pour les parfums produits. Dans cet objectif, les auteurs essaient de rassembler pour tous, public et professionnels du secteur, tous les termes qui tentent de décrire les produits parfumés, et la plupart des termes dans le dictionnaire sont ceux qui sont présents dans les descriptions des parfums. Ce dictionnaire, en proposant plus de 2000 termes avec définition, constitue donc une référence très importante pour notre travail.

Les ouvrages spécialisés ou de vulgarisation offrent une vaste connaissance sur tout ce qui concerne le parfum, et sont très utiles *à* la construction de notre base de données terminologiques et *à* nos futures analyses. Avec les dictionnaires et les sites qui fournissent un glossaire, ce sont des références sur lesquelles nous nous sommes souvent fondées.

En résumé, le travail terminologique en parfumerie dans le monde français se développe dans différents secteurs de la société. Même s'il n'existe pas une vraie base de données terminologiques normalisée dédiée *à* la parfumerie, les sources fiables sont suffisantes. Ces sources clarifient les concepts des termes du domaine et facilitent ainsi la distinction entre différents concepts, ce qui est primordial pour la présente recherche.

3.1.3 Travail terminologique en parfumerie en Chine

Le travail terminologique en parfumerie dans le monde francophone (surtout en France) est prolifique, ce qui n'est pas le cas en Chine, où l'on a effectué beaucoup moins de travail terminologique dans ce domaine. Cette réalité est liée *à* l'histoire de l'usage du parfum et *à* la situation d'aménagement terminologique dans le pays.

3.1.3.1 Histoire de l'usage du parfum en Chine

Le parfum est utilisé en Chine depuis fort longtemps. On entend par « parfum» le parfum traditionnel — l'encens①. D'une manière générale, les usages de l'encens en Chine se divisent en deux types, usages profanes et usages sacrés, pour lesquels vous trouverez ci-dessous quelques explications.

① En 2018, *à* Paris, le Musée Cernuschi a proposé une exposition consacrée *à* la culture chinoise de l'encens au temps des empereurs. Cette exposition a abordé l'art de l'encens et du parfum en Chine depuis le 3e siècle avant notre ère jusqu'au 19e siècle, ce qui permet de parcourir l'histoire des parfums traditionnels chinois.

Usages profanes signifie principalement que l'encens peut s'utiliser en dehors du contexte du culte, par exemple:

Embellir l'apparence humaine: Parfumer le corps et les vêtements était une sorte de protocole pour rencontrer les autres (en particulier pour rencontrer ses anciens ou ses supérieurs). Pour ce faire, les anciens Chinois avaient plusieurs méthodes: porter des sachets parfumés, se baigner dans de l'eau parfumée, brûler de l'encens pour parfumer la maison et le linge, etc. D'ailleurs, des recettes pour parfumer le linge ont été retrouvées dans des livres anciens, et dans son ouvrage médical *Manuel de prescriptions pour les cas d'urgence* (《肘后备急方》, zhǒu. hòu. bèi. jí. fāng), Ge Hong[①] a noté la « recette de parfum aux six ingrédients pour parfumer les vêtements », qui est devenue la formule de référence de base pour les recettes d'après ayant la même fonction. Wang Tao[②] a, lui, enregistré dans ses *Formules secrètes et importantes de la bibliothèque impériale* (《外台秘要方》, wài. tái. mì. yào. fāng) quatre recettes réputées pour parfumer les vêtements, dont deux empruntées au grand pharmacien Sun Simiao[③] et présentées pour la première fois dans les ouvrages de ce dernier, *Prescriptions importantes valant mille pièces d'or* (《千金翼方》, qiān.jīn.yì.fāng) et *Prescriptions valant leur pesant d'or pour maladies urgentes* (《备急千金要方》, bèi.jí.qiān.jīn.yào.fāng). Dans son ouvrage *Annales des parfums* (《香乘》, xiāng. shèng), Zhou Jiazhou[④], quant *à* lui, a enregistré non seulement plusieurs recettes pour parfumer les vêtements, mais aussi des recettes de parfum *à* porter sur soi ou qui servaient de diffuseurs d'intérieur. De nombreuses recettes d'encens du genre ont été consignées dans des ouvrages largement diffusés *à* l'époque et continuent *à* être suivies encore aujourd'hui.

Un autre exemple d'usages profanes est pour **guérir des maladies**: Selon la médecine traditionnelle chinoise, les parfums et les médicaments ont la même origine. Les herbes sont utilisées comme médicaments depuis les temps anciens. En plus de prendre des décoctions par voie orale pour chasser les

---

① Ge Hong (283-363), pharmacien chinois sous la dynastie Dong Jin (317-420).

② Wang Tao (670-755), pharmacien chinois sous la dynastie Tang (618-907).

③ Sun Simiao (581-682), pharmacien chinois sous les dynasties Sui (581-618) et Tang (618-907).

④ Zhou Jiazhou (1582-1658), collectionneur chinois sous la dynastie Ming (1368-1644).

maladies, les traitements aromatiques sont également largement utilisés dans la vie quotidienne: se baigner dans une eau parfumée, porter des herbes aromatiques sur soi, brûler de l'encens médicinal, etc., ce sont toutes des méthodes ayant pour effet de guérir des maladies. Un grand nombre de prescriptions sont apparues dans des livres médicaux. Par exemple, l'ouvrage médical *Ordonnances du Bureau de la gestion et de l'administration de la pharmacie* (《太平惠民和剂局方》, tài.píng.huì.mín.hé.jì.jú.fāng) compilé par le bureau médical impérial de la dynastie Song (960-1279), en tant que première norme officielle chinoise de médecine, a spécialement consacré une section *à* différents encens ayant différents effets médicinaux. Sous la dynastie Ming (1368-1644), le grand pharmacien Li Shizhen (1518-1593) a répertorié en détail dans son ouvrage *Compendium général de la matière médicale* (《本草纲目》, běn. cǎo. gāng. mù) l'application de diverses matières dans les traitements aromatiques pour le maintien de la santé. Dans l'ouvrage édité par l'expert en médecine traditionnelle chinoise Chen Keji (1930-) — *Sélection de prescriptions médicales pour l'impératrice douairière Cixi et l'empereur Guangxu* (《慈禧光绪医方选议》, cí.xǐ.guāng.xù.yī.fāng.xuǎn.yì), il y a une variété de formules médicinales *à* base de plantes aromatiques telles que la formule pour parfumer les cheveux, celle pour fabriquer le savon parfumé, celle pour le bain parfumé ou une autre pour fabriquer des pilules parfumées (formules utilisées dans la cour impériale *à* la fin de la dynastie Qing) (1636-1912). Aujourd'hui en Chine, il existe toujours de nombreux encens médicinaux sur le marché.

Le dernier usage profane que nous pouvons mentionner est celui pour **cultiver le tempérament**: Depuis la dynastie Song jusqu'aux dynasties Yuan (1271-1368), Ming et Qing, l'encens a imprégné tous les aspects de la vie quotidienne en devenant un élément indispensable de la vie des lettrés. Ceux-ci lui accordaient une place importante dans leurs activités de lecture ou de méditation, car ils pensaient que les fragrances d'encens et la littérature étaient intimement associées. Comprendre les connaissances sur l'encens et pouvoir distinguer les fragrances d'encens constituaient un symbole d'érudition et d'élégance. Sous la dynastie Song, Wu Zimu[①] a estimé dans son livre *Registre des rêves de bonheur* (《梦粱录》, mèng.liáng.lù) que brûler de l'encens, faire du thé, accrocher des tableaux et arranger des fleurs étaient les quatre arts indispensables *à* la vie exquise de l'époque, et brûler de l'encens était en première place. Le goût très prononcé pour son usage se voit aussi dans les poèmes des lettrés. L'ouvrage *Annales des parfums* de Zhou Jiazhou, mentionné plus haut, rassemble divers documents historiques liés *à* l'encens, que ce soit *à* propos des médicaments, des ustensiles, des prescriptions ou de simples anecdotes. Dans le roman *Le Rêve dans le pavillon rouge* (《红楼梦》, hóng.lóu.mèng), les auteurs Cao Xueqin (1715-1763) et Gao E (1758-1815) ont mentionné bien des encens, des médicaments *à* base d'encens, des ustensiles, des objets aromatisés, des fleurs et des herbes aromatiques, etc., ce qui révèle bien le lien profond de la culture chinoise avec l'encens. Nous pensons aussi *à* une phrase célèbre dans un poème de Xi Peilan[②]: « Le serveur en vêtement vert qui tient une pierre *à* encre m'exhorte *à* rédiger des compositions, tandis que la beauté *à* manches rouges qui m'accompagne ajoute de l'encens dans le brûle-parfum »[③]. « Les manches rouges qui ajoutent de l'encens dans le brûle-parfum » sont dès lors devenues une métaphore pour une jolie jeune femme qui tient compagnie au poète. Cette métaphore est toujours très utilisée aujourd'hui. À travers ces exemples, on peut voir que pour les lettrés, l'encens est devenu une chose merveilleuse pour cultiver le tempérament et éclairer l'âme. Il a joué un rôle de catalyseur dans la formation et le développement de l'esprit humaniste et de la pensée philosophique des lettrés chinois. Il a donc une valeur esthétique très élevée.

Les usages sacrés, eux, indiquent que l'encens peut s'utiliser pour des pratiques rituelles ou sacrées. L'encens sacrificiel connaît une longue histoire, puisqu'il était utilisé pour des activités d'offrande dans l'Antiquité. Des archéologues ont découvert des traces d'offrandes brûlées dans des fosses *à* offrande datant de la fin de l'époque néolithique. Il s'agissait d'offrir des

① Wu Zimu (dates de naissance et de décès inconnues), lettré chinois sous la dynastie Song.

② Xi Peilan (1760-date de décès inconnue), poétesse sous la dynastie Qing.

③ Notre traduction. Le texte original: « 绿衣捧砚催题卷,红袖添香伴读书 ».

offrandes au ciel et *à* la terre ou aux ancêtres décédés en brûlant des plantes parfumées, afin de leur demander la pluie et la récolte. Selon les anciens Chinois, les fumées jouaient un rôle d'intercesseur entre les humains et les divinités (Xu 2008: 143). D'après le *Livre des Rites*[①](《礼记》, lǐ.jì), « la meilleure offrande n'est pas les plats délicieux, mais de faire sentir le parfum »[②]. Le texte *Légende de l'encens céleste*[③](《天香传》, tiān.xiāng.zhuàn) rappelle aussi que « l'usage des matières parfumées remonte *à* l'Antiquité. L'usage de l'encens pour invoquer les dieux peut chasser les influences maléfiques. L'offrande la plus importante sous les dynasties Xia, Shang et Zhou[④] était le parfum[⑤]». Depuis les temps anciens, la combustion de l'encens est devenue une étape essentielle dans diverses activités sacrificielles. À ce jour, on conserve toujours la tradition de brûler de l'encens pour rendre hommage aux ancêtres et aux défunts.

Sous les dynasties Wei, Jin, du Sud et du Nord[⑥], le taoïsme et le bouddhisme ont été vigoureusement promus et ont donc prospéré. Dans son poème *Printemps au Jiangnan* (《江南春》, jiāng.nán.chūn), le poète Du Mu[⑦] a rédigé le vers suivant: « Il y avait plus de 480 temples antiques sous la dynastie du Sud, aujourd'hui encore leurs innombrables pavillons se tiennent sous la pluie brumeuse »[⑧], ce qui reflète la prospérité du bouddhisme *à* l'époque. Le bouddhisme et le taoïsme préconisent l'usage de l'encens dans leurs activités religieuses, mais les recettes d'encens ainsi que les précautions

---

① *Livre des Rites* est un des classiques confucéens qui recueille des textes décrivant les formes sociales, l'administration et les rites cérémoniels. Il a été compilé par Dai Sheng, un spécialiste des rituels de la dynastie Han (206 av. J-C-220).

② Notre traduction. Le texte original: «至敬不飨味,而贵气臭也».

③ *Légende de l'encens céleste* est un texte célèbre représentant le bois d'aloès rédigé par Ding Wei (966-1037), lettré et fonctionnaire de la cour impériale de la dynastie Song.

④ Les dynasties Xia (vers 2070-1600 av. J-C), Shang (1600-1046 av. J-C) et Zhou (1046-256 av. J-C) furent les trois premières dynasties dans la Chine ancienne.

⑤ Notre traduction. Le texte original: « 香之为用从上古矣,可以奉神明,可以达蠲洁。三代禋祀,首惟馨之荐 ».

⑥ Les dynasties Wei, Jin, du Sud et du Nord sont principalement divisées en trois périodes, la période des Trois Royaumes (220-280), les Deux Jins (265-420) et les dynasties du Sud et du Nord (420-589).

⑦ Du Mu (803-852), poète sous la dynastie Tang.

⑧ Notre traduction. Le texte original: « 南朝四百八十寺,多少楼台烟雨中 ».

d'usage sont différentes selon les religions. Aujourd'hui, la coutume de brûler de l'encens est toujours préservée dans les temples bouddhistes et taoïstes. Les représentations des bouddhas et des dieux qui y sont exposées attirent les croyants qui viennent alors les encenser.

Les usages profanes et sacrés de l'encens ont coexisté pendant une longue période. Depuis la fin de la dynastie Qing, la culture traditionnelle chinoise de l'encens a rapidement décliné. Les raisons en sont les suivantes:

Premièrement, la prospérité de la culture traditionnelle de l'encens nécessite un environnement social stable, ce qui n'était pas le cas puisque de la fin de la dynastie Qing *à* la veille de la fondation de la République Populaire de Chine (désormais RPC), la nation entière a été confrontée *à* une crise sans précédent. Dans cette situation, les gens ont perdu le loisir de brûler de l'encens.

Deuxièmement, dans la seconde moitié du 19ème siècle, après l'invasion militaire de la Chine par les Occidentaux, les pensées sociales occidentales ont commencé *à* se répandre dans le pays. L'ancien système philosophique et l'art de vivre de l'ancienne société ont été fortement affectés. La société civile de l'époque a commencé *à* remettre en question, *à* critiquer et même *à* nier entièrement la culture traditionnelle. La culture de l'encens, ayant des caractéristiques traditionnelles distinctives, a été très affectée.

Troisièmement, le mode de vie ainsi que les valeurs de la classe des lettrés ont changé. La classe des lettrés, qui a longtemps soutenu le développement de la culture de l'encens, s'est de plus en plus affaiblie, ce qui a conduit *à* éloigner peu *à* peu la culture de l'encens de la vie quotidienne.

Après la réforme et l'ouverture chinoises en 1978①, les marques de luxe internationales sont entrées les unes après les autres sur le marché chinois. La parfumerie étant un secteur des marques de luxe, les produits parfumés ont aussi fait leur entrée et sont devenus des biens de consommations accessibles. Selon le 2017-2022 *China Internet + Perfume Industry Competition Pattern and Investment Prospect Evaluation Research Report* publié par Zhiyan

① Réforme pour abandonner la ligne maoïste de « commandement politique et idéologique avant tout » et pour donner la priorité *à* la construction économique (Roux et Xiao-Planes 2018: 201).

Consulting, les parfums internationaux représentent plus de 70% de la part du marché chinois, et les marques européennes sont les premiers choix des consommateurs pour leur première expérience avec le parfum.①

Les parfums occidentaux ont l'avantage sur le marché chinois pour cinq raisons principales:

Premièrement, l'Europe était à la tête de la technologie en parfumerie en découvrant plus tôt des matières chimiques synthétiques. Ces dernières peuvent non seulement simuler la fragrance de la plupart des matières naturelles, mais sont aussi faciles à obtenir à coût réduit. Par conséquent, elles ont remplacé les matières naturelles en parfumerie moderne. Ainsi, la parfumerie occidentale est entrée la première dans l'ère de la production industrielle de masse, ouvrant la voie à la mondialisation de l'industrie.

Deuxièmement, le mode de vie des gens a évolué. Les rythmes de travail et de vie s'accélèrent de plus en plus. Les gens ne sont pas toujours d'humeur à mettre du parfum et ne prennent plus le temps d'apprécier les parfums comme le faisaient les Anciens avec l'encens. Ils se parfument principalement pour porter une fragrance, mais ils ne font que rarement le lien entre le parfum et la culture. Dans ce contexte, les parfums occidentaux faciles à obtenir et à appliquer satisfont plus leurs besoins.

Troisièmement, l'industrie moderne de la parfumerie a émergé tardivement en Chine. Manquant d'héritage culturel, nombreuses sont les marques davantage liées à la culture occidentale, en allant jusqu'à imiter le design de l'emballage et le style des marques étrangères.

Quatrièmement, les marques chinoises sont généralement destinées aux consommateurs à faible ou moyen revenu, ce qui limite considérablement l'investissement dans les matières premières ainsi que dans la recherche scientifique et technique, de sorte qu'elles ne peuvent répondre aux exigences de qualité. De plus, l'utilisation des matières synthétiques et de la technologie chimique en parfumerie a en effet abaissé le seuil technique de fabrication. La qualité des produits est inégale selon qui les fabrique. Bien des marques

---

① 《国产香水打开年轻人的嗅觉》, https://www.iyiou.com/analysis/202108241021231, page consultée le 20 août 2022.

accordent plus d'attention à la publicité qu'à la qualité, de sorte que les consommateurs n'obtiennent pas une bonne expérience de consommation.

Cinquièmement, les Chinois n'ont pas encore atteint un seuil raisonnable et éclairé de consommation, ce qui se reflète dans le fait que dans l'ensemble, les consommateurs manquent non seulement d'une capacité d'appréciation suffisante mais aussi de confiance dans les marques locales, de sorte qu'ils préfèrent payer pour les marques internationales jouissant déjà d'une certaine réputation.

3.1.3.2 Situation du travail terminologique en Chine

La recherche de la terminologie moderne a commencé relativement tard en Chine. À l'échelle internationale, le travail théorique et pratique de la terminologie moderne a commencé dans les années 1930: en 1936, l'Association internationale de normalisation a créé un comité technique (TC 37) pour expliquer les principes et les méthodes de création des termes. Puis après la Seconde Guerre mondiale, le comité a organisé une série de conférences internationales pour discuter des théories terminologiques, des principes et des normes du travail terminologique. Le travail, la recherche et la formation de la terminologie moderne avaient commencé à se développer depuis déjà très longtemps dans des pays du monde, et ce avant même que la Chine n'ait franchi le premier pas dans ce domaine.

La Chine n'a établi qu'en 1985 le China National Committee for Terminology in Science and Technology (désormais CNTERM), organisme gouvernemental d'aménagement terminologique qui vérifie et publie les termes scientifiques et techniques. L'objectif du comité est de formuler des lignes directrices, des principes et des plans pour la normalisation des termes; d'organiser la vérification et la publication, puis d'encourager l'application de la terminologie dans diverses disciplines scientifiques et techniques; et de promouvoir le développement et les échanges universitaires en terminologie au pays et à l'étranger.

Soutenu par le gouvernement, le travail terminologique en Chine s'est développé rapidement, mais particulièrement au sein des disciplines classiques en science dure ou en science molle, telles que physique, chimie, mathématiques, sciences de la vie, psychologie, linguistique, économie, etc. Le CNTERM renouvelle régulièrement sa base de données terminologiques Termonline[①], comme la Commission d'enrichissement de la langue française avec le renouvellement de sa base de données France Terme.[②]

Cependant, le travail terminologique pour les domaines de pratique spécialisée n'est pas assez développé. En parfumerie par exemple, dans la base de données Termonline, aucun terme n'existe sous un domaine nommé « parfumerie » ou « produits parfumés » ou une étiquette similaire. On y trouve des termes qui appartiennent au domaine de la parfumerie[③], mais qui néanmoins sont répartis dans divers domaines telles que cosmétologie, technologie médico-esthétique, agronomie, médecine traditionnelle chinoise, foresterie, etc.

En conclusion, la pratique dans le domaine de la parfumerie n'est pas profondément ancrée en Chine. De ce fait, le travail terminologique du domaine n'y est pas aussi productif que celui qui est effectué en France. Cela conduit au fait que par rapport au français, nous ne trouvons pas autant de ressources terminologiques du domaine en chinois. Ci-après nous listons les renseignements que nous pouvons trouver.

3.1.3.3 Ressources terminologiques en parfumerie en chinois

Dans le glossaire *Chinese terms in medical aesthetics and aesthetic medicine* publié par le Comité de la terminologie de l'esthétique médicale et de la médecine esthétique (2015), et dans le glossaire *GB/T 27578—2011 Terminology of cosmetics* conjointement publié par l'Administration générale du contrôle de la qualité, de l'inspection et de la quarantaine de la RPC et l'Administration de normalisation de la RPC, se trouvent au total 6 termes en parfumerie qui sont listés et définis. Nous allons analyser ces termes et leurs concepts dans le cinquième chapitre.

Nous avons trouvé aussi des termes proposés par quelques marques.

---

① Plateforme publique de services de connaissances terminologiques, lancée en mai 2016. Site: https://www.termonline.cn/index.

② Base de données terminologiques en science et technique consacrée aux termes recommandés par la Commission d'enrichissement de la langue française et publiés au Journal officiel de la République française. Site: http://www.culture.fr/franceterme.

③ Termes de produits parfumés comme *parfum*, *eau de Cologne*, *huile essentielle*, ou terme de matières premières comme *musc*, *résine*, *rose*, *jasmin*, etc.

Aesop liste sur son site officiel 14 termes en parfumerie avec leur définition: *note*, *note de tête*, *note de cœur*, *note de fond*, *parfum*, *eau de parfum*, *eau de toilette*, *sillage*, *longévité*, *ténacité*, *frais*, *boisé*, *floral*, *aromatique*.[①] *Estée Lauder* liste sur son site officiel 5 termes en parfumerie avec leur définition: *note*, *accord*, *note de tête*, *chypre*, *parfum*.[②] Ce sont des termes récurrents dans la description des parfums. Puis il y a des marques qui donnent sur leur site officiel une brève présentation des principales catégories de parfum, comme eau de parfum, eau de toilette, eau de Cologne. Ce genre de présentation permet *à* la clientèle de comprendre, de façon sommaire, les différences entre les produits.

Ensuite, il existe deux sites internet créés et rédigés par des connaisseurs du domaine de la parfumerie: Fragrantica[③] et NoseTime[④]. Nous avons déj*à* présenté Fragrantica, qui est un site multilingue et qui offre le même contenu en français et en chinois. NoseTime est un site chinois similaire *à* Fragrantica. Il offre des informations tous azimuts sur des parfums *à* ses lecteurs et offre une présentation détaillée sur les familles olfactives et certaines matières premières de chaque famille.

Un autre type de ressource concerne les ouvrages écrits ou traduits en chinois. Les ouvrages incontournables sont *La parfumerie* de Zhang Chengceng et de Wang Qingru (1989), *Huiles de fleurs et composés floraux en parfumerie* de Nanute Pajaujis Anonis, traduit par Wang Jianxin (Anonis 1999), *Dictionary of Flavor & Fragrance* (2006) et *La parfumerie* (2013) de Lin Xiangyun. Dans *La parfumerie*, Zhang et Wang (1989) présentent en détail les classifications des notes de parfum. Ils présentent près de 400 ingrédients naturels et synthétiques couramment utilisés en parfumerie, en précisant leurs qualifications physico-chimiques et les modalités d'application. De nombreuses formules de parfums sont également révélées. Puis ils offrent

---

① « Aesop 年度季节礼盒 », https://www.aesop.com/hk/zh_cn/r/the-athenaeum/a-guide-to-fragrance/#fragrance-notes, page consultée le 18 octobre 2021.

② https://www.esteelauder.com.cn/estee-stories-article-language-scent, page consultée le 18 octobre 2021.

③ Site officiel de Fragrantica, https://www.fragrantica.asia/.

④ Site officiel de Nose Time, https://www.nosetime.com/.

un glossaire de 42 termes, dont 25 pour désigner différentes huiles ou résines et 17 pour désigner différentes odeurs ou caractères de parfums. Le livre *Huiles de fleurs et composés floraux en parfumerie* d'Anonis constitue un dictionnaire encyclopédique des fleurs utilisées comme matières premières en parfumerie. Il présente les fleurs par ordre alphabétique, avec l'étymologie du nom de chaque fleur, la méthode de fabrication du parfum, sa composition chimique et son application. *Dictionary of Flavor & Fragrance* de Lin Xiangyun est un dictionnaire des matières premières en parfumerie. *La parfumerie* du même auteur détaille la théorie et la pratique de la parfumerie contemporaine. Cette « parfumerie » indique non seulement l'industrie des parfums, mais aussi celles des arômes alimentaires, deux domaines étroitement associés. L'ouvrage présente d'abord l'histoire des parfums et des aromates chinois et étrangers, puis les théories et les méthodes pour formuler et évaluer les parfums et les aromates. L'ouvrage expose également les qualifications physico-chimiques et sensorielles de plus de 4000 matières en parfumerie. Les informations offertes par ces ouvrages portent plutôt sur la création et la fabrication des parfums, ainsi que sur les matières premières naturelles ou synthétiques utilisées. Un certain nombre de termes concernant les traits olfactifs des produits parfumés sont aussi présentés.

D'autres livres de parfum écrits ou traduits en chinois ne manquent pas dans les librairies, mais ce sont généralement des guides qui s'apparentent *à* une liste récapitulative des parfums les plus célèbres, et qui sont donc moins utiles pour notre travail terminologique.

3.1.4 Travail terminologique en parfumerie de l'organisme international: IFRA①

IFRA (The International Fragrance Association) est un organisme international fondé en 1973, ayant pour mission de représenter les intérêts collectifs de l'industrie de la parfumerie et de promouvoir l'utilisation en toute sécurité des parfums dans le monde entier. C'est l'organisme international le plus grand et le plus représentatif du domaine de la parfumerie. Il rassemble

① Site officiel de IFRA, https://ifrafragrance.org/home.

7 sociétés multinationales et 21 associations nationales dans 23 pays sur quatre continents, parmi lesquelles Prodarom (Syndicat national des fabricants de produits aromatiques) de France et CAFFCI (China association of fragrance flavor and cosmetic industries) de Chine.

L'IFRA a organisé une équipe de travail multi-pays pour construire une base de données en anglais, nommée FIG (Fragrance Ingredient Glossary). C'est un glossaire de descripteurs olfactifs d'ingrédients en parfumerie. Le but est de décrire les notes olfactives des ingrédients avec des descripteurs, c'est-à-dire avec des termes descriptifs. Le glossaire a pour objectif principal de renforcer la compréhension et la sensibilisation au parfum. L'équipe de travail a fixé 27 termes usuels pour décrire les facettes olfactives les plus marquées d'à peu près 3000 ingrédients naturels ou synthétiques. Chaque terme possède une définition qui clarifie son concept.

Les chercheurs de l'équipe de travail sontdotés d'une vaste expertise et viennent des grandes, moyennes et petites maisons de parfums du monde entier. C'est aussi la raison pour laquelle nous avons jugé convenable de présenter l'IFRA ici.

D'après cet état des lieux du travail terminologique en parfumerie dans le monde francophone et en Chine, nous remarquons que les ressources de référence sont abondantes. Dans le monde francophone, c'est surtout la France, puis le Canada qui font le plus de travail terminologique dans le domaine. Il y a des termes dans les bases de données officielles et universitaires, des glossaires plus ou moins importants offerts par différents groupes ou organismes professionnels, et aussi d'importants renseignements sur des sites internet de nature encyclopédique ou dans des œuvres spécialisées. Pour ce qui est de la Chine, étant donné l'environnement dans lequel évoluent la discipline terminologique et l'industrie de la parfumerie, le travail terminologique du domaine en chinois n'obtient pas autant de résultats qu'en français. Les ressources chinoises dont nous pouvons profiter sont: une petite quantité de termes proposés par les comités nationaux de terminologie, quelques marques de parfum, deux sites internet et les quelques ouvrages du domaine. C'est en faisant référence à ces ressources que nous arrivons malgré tout à construire une base de données terminologiques pour la présente recherche.

3.2 Construction de la base de données terminologiques

Les analyses sur les mécanismes de désignation et sur les divergences entre les termes français et chinois correspondants se fondent sur la construction d'une base de données terminologiques français-chinois en parfumerie. Dans ce qui suit, nous allons faire une présentation précise sur la base de données et la méthodologie de sa construction.

3.2.1 Ressources textuelles destinées à l'identification des termes

Les termes français et chinois dans la base de données terminologiques sont repérés dans deux corpus. Même si le sensd'un terme se définit d'abord en fonction d'un point de repère extérieur *à* la langue, *à* savoir un domaine de spécialité, sa réalisation concrète a lieu dans un environnement linguistique, *à* savoir le texte (L'Homme 2004: 66). Pour construire la base de données terminologiques d'un domaine spécialisé, on commence toujours le travail par la documentation. C'est dans la documentation que l'on identifie les termes, délimite leur concept et repère toutes les variations formelles ou sémantiques①.

Les sources documentaires sont diverses. Elles incluent tous les supports d'information imprimés ou numérisés permettant le repérage de données terminologiques. Le critère dominant pour sélectionner les sources est qu'elles doivent être fiables et relatives au domaine spécialisé concerné. En ce sens, il est recommandé de « créer un répertoire des sources *à* dépouiller en commençant par les documents officiels et les publications en circulation, les bases de données et les fichiers existants, les dictionnaires, les ouvrages terminologiques et les bibliographies traitant du même domaine » (Pavel et Nolet 2001: 33).

Comme la présente recherche étudie les termes qui décrivent les produits parfumés, et que les documents officiels ainsi que les bases de données et les

① La documentation n'est pas le seul moyen d'exploration, mais est celui qui est préliminaire dans le travail terminologique. Les terminologues recourent également aux enquêtes sur le terrain ou aux informateurs pour se renseigner, notamment au cas où la documentation ne pourrait pas satisfaire le besoin de renseignement.

ouvrages spécifiquement conçus pour la terminologie en parfumerie sont peu nombreux (notamment en chinois), nous avons décidé de construire deux corpus basés sur la pratique langagière, c'est-à-dire, dépouiller les descriptions des produits parfumés réellement existants sur les sites officiels de différentes marques, afin d'obtenir des termes et des données en pleine circulation.

Le premier corpus est un corpus comparable qui regroupe les descriptions des produits parfumés sur les sites officiels français ou chinois de 69 marques, listées dans le Tableau 3.1.

Tableau 3.1 Les 69 marques consultées

sites français	sites chinois
Adopt'	Adopt' 阿多普特
Atelier Cologne	Atelier Cologne 欧珑
Chanel	Chanel 香奈儿
Dior	Dior 迪奥
Dyptique Paris	Dyptique Paris
Gucci	Gucci 古驰
Guerlain	Guerlain 娇兰
Hermès	Hermès 爱马仕
Jo Marlon London	Jo Marlon London 祖玛珑
Lancôme	Lancôme 兰蔻
L'Artisan Parfumeur	L'Artisan Parfumeur 阿蒂仙之香
L'Occitane en Provence	L'Occitane en Provence 欧舒丹
Serge Luten	Serge Luten 芦丹氏
Yves Saint Laurent	Yves Saint Laurent 圣罗兰
Le labo	Adidas 阿迪达斯
Bulgari	ANNASUI 安娜苏
Collines de Provence	Armani 阿玛尼
Comptoir Sud Pacifique	Avon 雅芳
EL Nabil	BARRIO 巴莉奥

Continué

sites français	sites chinois
Esteban Paris Parfums	Boitown 冰希黎
Fragonard	Bubbery 博柏利
Goutal Paris	Calvin Klein 凯文克莱
Jacomo	Cocovel 蔻露薇
Les Senteurs Gourmandes	Elizaberth Arden 伊丽莎白雅顿
Maison Berger	Estée Lauder 雅诗兰黛
Maison du monde	FENSHINE 法颂
Mancera	Givenchy 纪梵希
Mathilde M	ISSEY MIYAKE 三宅一生
Mugler	Marc Jacobs
Nocibé	MINGLAN 名蓝
Nolença	MYOSOTIS 美奥迪菲
Paco rabanne	PENHALIGON'S 潘海利根
Parfum de la Bastide	Perfect Diary 完美日记
Première Avenue	Perfume Box 香水盒子
Puressentiel	RE 调香室
Rituals	Scent Library 气味图书馆
Roger & Gallet	SOLEHE 和风雨
Sephora	Specialx 诗柏轩
Sisley	THEBEAST 野兽派
Yves Rocher	Victoria's Secret 维多利亚的秘密
Louis Vuitton	VOLUSPA
	未知香

Note: Parmi ces 69 marques, 14 (Adopt', Atelier Cologne, Chanel, Dior, Dyptique Paris, Gucci, Guerlain, Hermès, Jo Marlon London, Lancôme, L'Artisan Parfumeur, L'Occitane en Provence, Serge Luten, Yves Saint Laurent) possèdent un site français et un site chinois. Donc, il y a au total 83 sites français et chinois.

Ce sont des marques indépendantes ou affiliées *à* une entreprise.[①] Chacune maintient un site officiel qui lui est propre et sur lequel se vendent un large choix de produits parfumés tels que parfums (eau de Cologne, eau fraîche, eau de toilette, eau de parfum, extrait), déodorants, bougies parfumées, parfums de linge, savons parfumés, huiles essentielles, etc. Chaque produit possède une description plus ou moins longue, ce qui fournit une immense ressource documentaire dans laquelle nous identifierons des termes.

Parmi les 69 marques consultées, 14 possèdent non seulement un site officiel français, mais aussi un site officiel chinois (les 14 premières marques dans le Tableau 3.1), dont 13 (marques 2-14 dans le Tableau 3.1) publient des descriptions plus ou moins correspondantes. Cela signifie que ce sont des descriptions françaises et chinoises des mêmes produits parfumés et que leurs contenus sont les mêmes: la version française est la traduction de la version chinoise et réciproquement. Cette correspondance permet de construire un corpus parallèle, dans lequel on repère principalement des termes français et chinois correspondants abstraits, désignant les senteurs et les traits olfactifs des produits parfumés, qui sont également abstraits et dont les concepts sont relativement flous.[②]

En résumé, le corpus comparable et le corpus parallèle constituent la documentation la plus importante dans laquelle les termes français et chinois correspondants sont identifiés. En plus de cette documentation, les ressources listées dans les sous-sections 3.1.2.2 et 3.1.3.3 servent de références pour la construction de la base de données terminologiques.

3.2.2 Critères pour l'identification des termes

Le terme est la matérialisation linguistique du concept et son identification se fait *à* partir de l'ensemble des descriptions (textes destinés *à* décrire les produits parfumés). Pour accomplir ce travail d'identification, il faut tenir

---

① Par exemple, les marques Dior, Givenchy, Guerlain, Kenzo, Marc Jacobs et Sephora sont affiliées au groupe LVMH; Jo Malone et Le labo sont affiliées au groupe Estée Lauder; Armani, Lancôme, Roger & Gallet et Yves Saint Laurent sont affiliées au groupe L'Oréal Paris.

② Les termes désignant les senteurs et les traits olfactifs largement repérés de ce corpus parallèle seront analysés dans la section 5.2.1.

compte des critères suivants:

- le concept du domaine concerné comme repère central;
- la fréquence et la répartition comme paramètres manifestes;
- la variabilité des termes comme indicateur important;
- les matrices terminogéniques comme modèles de choix;
- les autres ressources documentaires comme référence complémentaire.

Le concept du domaine concerné comme repère central. Dans la base de données terminologiques, chaque entrée réunit et expose de façon synthétique les données relatives *à* un concept et *à* sa désignation. Autrement dit, chaque entrée vise *à* justifier l'existence et les caractéristiques d'un concept dans un domaine spécialisé. Donc, vérifier pour savoir si une unité lexicale possède un concept spécifique en parfumerie est un repère primordial dans le processus d'identification. En même temps, la délimitation du domaine de la parfumerie sert toujours de repère pour identifier les unités lexicales susceptibles d'être un terme et pour en circonscrire le concept. Ceci est particulièrement important pour déterminer les vrais termes de parfumerie qui peuvent être mis dans la base de données. Voici un exemple: dans la phrase « Ce liquide vert est du parfum », *vert* est un terme de couleur qui est intermédiaire entre le bleu et le jaune. Mais dans la phrase « Les notes vertes rafraîchissent la composition », *vert* est un terme en parfumerie qui renvoie *à* un concept spécifique: les notes olfactives évoquant la fraîcheur végétale. Il est clair que les deux « vert » dans les deux énoncés n'appartiennent pas *à* un même domaine et ne possèdent pas le même concept. Nous allons donc laisser de côté celui qui figure dans le premier énoncé et retenir celui du deuxième énoncé comme terme, en notant qu'il s'agit d'un descripteur de trait olfactif.

La fréquence et la répartition comme paramètres manifestes. Ces deux paramètres vont de pair: généralement, pour identifier les termes, il convient d'observer *à* la fois les occurrences et la répartition des unités lexicales dans l'ensemble des descriptions textuelles. Ceux qui sont peu fréquents et ceux qui ne sont fréquents que chez une certaine marque ne seront pas consignés. En outre, si, le plus souvent, les formes linguistiques figurant généralement dans l'ensemble des descriptions sont effectivement des termes, ce n'est pas toujours le cas. Nous prendrons donc en compte seulement celles qui ont un sens spécifique dans le domaine de la parfumerie. Par exemple, le mot *flacon* est très présent dans l'ensemble des descriptions, pour désigner le récipient de petite taille contenant le liquide de parfum. Mais nous ne le considérons pas comme un terme, puisqu'il possède le même sens-un récipient de petite taille — dans d'autres domaines que la parfumerie. Cet exemple montre qu'il faut toujours prendre en considération l'ensemble des critères pour prendre la décision finale.

La variabilité des termes comme indicateur important. Il s'agit de deux types de variabilité: flexionnelle et morphosyntaxique. La plupart des termes en parfumerie sont nominaux ou adjectivaux. Il existe aussi quelques termes verbaux. Il est possible qu'un terme possède différentes formes auxquelles nous devons rester sensibles. Voici un exemple de variabilité dérivationnelle: créer, création, créateur, trois termes pour décrire respectivement chaque entité de la relation prédicative: action (l'action d'inventer), agent (le produit parfumé inventé) et patient (l'homme qui invente). Voici d'autres exemples de variabilité morphosyntaxique: note de bois → note boisée, tête → note de tête, parfum féminin → parfum pour femme, etc.

Les matrices terminogéniques comme modèles de choix. Une matrice terminogénique est une configuration syntagmatique d'une classe de termes. En français par exemple[①], les termes simples se distinguent des termes complexes durant le processus d'identification. Les termes simples servent *à* désigner les unités lexicales composées d'une seule entité graphique (exemples: cuir, parfum, parfumeur). Les termes complexes servent *à* désigner les termes constitués de plusieurs entités graphiques séparées par des blancs ou par des diacritiques comme le trait d'union ou l'apostrophe (exemples: note de tête, après-shampooing, parfum d'intérieur). Le premier dépouillement de la documentation permet de découvrir qu'en français, les termes simples sont des unités lexicales nominales, adjectives ou verbales; alors que les termes complexes peuvent correspondre *à* plusieurs matrices

---

① Nous prenons ici pour exemple les termes français. Les combinaisons des sinogrammes, qui sont plus complexes, seront discutées dans la sous-section 5.2.1.2.3.

terminogéniques, comme celles montrées dans le Tableau 3.2.

Tableau 3.2 Exemples de matrices terminogéniques

Matrices terminogéniques	Exemples
N+ADJ	savon parfumé, note principale, pyramide olfactive
N+N	parfum femme, parfum homme
N+PREP+N	note de synthèse, parfum en gel
N+PREP+ART+N	parfum pour les cheveux
N+ADJ+PREP+ART+N	brume parfumée pour le corps

Note: N: nom, ADJ: adjectif, PREP: préposition, ART: article

Les matrices terminogéniques de base pour les termes simples et pour les termes complexes admettent des expansions pour former des composés complexes du type *notes fruitée orientale boisée*, *eau de toilette florale pour les femmes*, *savon liquide parfumé pour les mains et le corps*, etc. Le nombre de ce genre de composés est infini, puisqu'il existe toutes les expansions possibles. Ces composés sont des associations éphémères de termes qui ne correspondent pas *à* un concept stabilisé. D'ailleurs, par but publicitaire et pour particulariser leurs produits, des marques accordent *à* de nombreux termes un ou plusieurs élément (s) de dénomination particulier (s). Par exemple, les termes comme *eau première* et *essence eau de parfum* de Chanel, les termes comme *eau de parfum infinissime* et *huile de rose fraîche pour le corps* de Dior, *eau de Cologne impériale* et *Cologne du parfumeur* de Guerlain, etc. De ce fait, les expansions lourdes et les unités lexicales avec des éléments de dénomination particuliers ne sont pas prises en considération pour l'identification des termes. Une présentation détaillée sur les matrices terminogéniques des termes sera faite dans les chapitres suivants.

Les autres ressources documentaires comme référence complémentaire. Comme mentionné *supra*, les ressources documentaires servent de références dans la construction de la base de données terminologiques. La consultation des ressources, surtout celles qui offrent un glossaire terminologique et celles qui sont de nature encyclopédique, facilite l'identification des termes et la délimitation des concepts.

Les critères présentés ci-dessus ont permis de repérer les termes français et chinois, et de collecter des données corrélatives. Toutes les données collectées ont été réparties d'une façon structurée dans les fiches de la base de données terminologiques. Dans ce qui suit, nous allons présenter les champs dans la fiche et leur fonction.

3.2.3 Panorama de la base de données terminologiques

La base de données terminologiques ainsi constituée contient 245 entrées, chacune étant décrite dans une fiche individuelle. Chaque fiche occupe une page complète qui expose parallèlement un terme français et son correspondant chinois, respectivement avec leur(s) synonyme(s) (le cas échéant), leurs champs pour le crochet terminologique, « identité des traits sémantiques trouvés dans plusieurs contextes ou définitions et prouvant l'uninotionnalité des données consignées sur une fiche » (Pavel et Nolet 2001: 106), et leur espace de commentaire. Nous préciserons la modalité pour la conception de la fiche dans la section suivante.

Nous avons employé Microsoft Office Access comme outil pour construire et visualiser le contenu des fiches (voir Figure 3.1). Cet outil a trois avantages pour notre projet: premièrement, il permet de concevoir librement la structure de la fiche terminologique selon les besoins; deuxièmement, pendant que l'on rédige chaque fiche, Access enregistre par la même occasion ce que l'on rédige dans un tableau correspondant aux champs, qui peut être exporté sous forme de fichier Excel; troisièmement, le tableau regroupe toutes les données de toutes les fiches, ce qui facilite la recherche de données en cas de besoin.

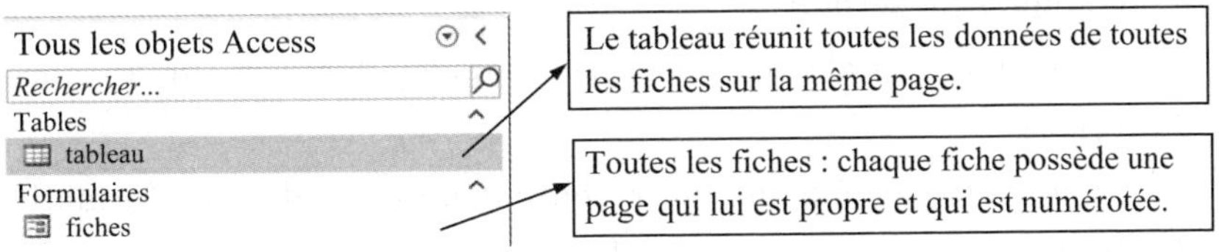

Figure 3.1 Tableau et fiches dans la base de données terminologiques Access

3.2.4 Fiche terminologique et ses champs

Les fiches sont les unités élémentaires de la base de données terminologiques. Toutes les données que nous avons collectées *à* propos des termes et de leur concept sont mises dans les fiches d'une façon organisée. Vu que nous travaillons dans une optique bilingue (franco-chinoise), une étape importante dans la conception de la fiche est la mise en correspondance des termes français et chinois ainsi que de leurs données corrélatives. Donc, toutes les fiches de la base de données terminologiques sont divisées en deux parties: l'une est consacrée au terme français, *à* ses synonymes (s'il y en a), et *à* ses données corrélatives; et l'autre, au terme chinois, *à* ses synonymes (s'il y en a), et *à* ses données corrélatives.

La fiche est un assemblage de champs. Les ouvrages théoriques sur la construction de base de données terminologiques (Gouadec 1990, Pavel et Nolet 2001, ISO 2019) donnent des modèles de fiche standards et proposent des champs pour la fiche. Or, les modèles tout faits ne peuvent pas être appliqués tels quels *à* toutes les bases de données terminologiques dans tous les domaines spécialisés. La sélection de champs dépend en réalité du domaine auquel s'attache le travail terminologique, de la nature linguistique du corpus [en quelle(s) langue(s); monolingue, bilingue ou multilingue], de la finalité de la base de données, et aussi des utilisateurs qui le mettront en service.

Les différents champs de notre fiche sont répartis en trois modules:

- module des champs qui recensent des caractéristiques linguistiques du terme;
- module des champs qui recensent des données sur le concept du terme;
- module des champs qui recensent un ensemble d'informations destinées *à* préstructurer les analyses.

En voici une explication. D'abord, vu que les champs sont des espaces réservés aux « informations principales sur les termes tant du point de vue de la dénomination que du point de vue du concept »(Pitar 2011: 70), on peut répartir les deux premiers modules comme suit: un module réunissant les champs qui recensent les caractéristiques linguistiques du terme, et un autre module réunissant les champs qui recensent les données sur le concept du terme. Puis, étant donné que nous construisons la base de données terminologiques pour observer les divergences entre les termes correspondants, nous avons ajouté un troisième module de champs qui recense un ensemble d'informations destinées *à* préstructurer les analyses, en regroupant des observations qui émergent au fil de la construction des fiches, ce qui devrait faciliter nos analyses d'après. Dans ce qui suit, nous allons présenter en détail les champs dans chacun de ces trois modules.

Les champs dans le premier module sont les suivants:

- terme privilégié;
- terme synonyme;
- glose pour les termes chinois;
- catégorie grammaticale;

Terme privilégié: en terminologie, il arrive très souvent qu'un concept possède plusieurs désignations. Dans ce cas-*là*, il faut placer les désignations par ordre de préférence pour servir de guide aux utilisateurs. On appelle cette règle la « cote d'acceptabilité » (ISO 2019). Le terme privilégié (nommé également *terme vedette*), selon la cote d'acceptabilité, est le « terme principal correspondant *à* un concept donné » (ISO 2019). Il est possible qu'il existe plus d'un terme privilégié. D'autre part, le champ de terme privilégié est le champ de référence et d'entrée de la fiche.

Terme synonyme: c'est le champ qui recense les synonymes du terme privilégié. Tous les termes n'ont pas de synonyme, mais un grand nombre de termes en ont. Il arrive même qu'un terme privilégié possède plusieurs synonymes d'égale importance. Il est aussi possible qu'un terme privilégié possède un grand nombre de synonymes, dont quelques-uns sont peu fréquents dans la documentation. Dans ce cas-*là*, on ne prend que ceux qui sont fréquents.

Glose pour les termes chinois: chaque terme chinois, qu'il soit privilégié ou synonyme, possède une glose. Cette dernière présente une analyse sémantique et morphosyntaxique du terme, ce qui sera favorable *à* sa mise en comparaison avec son correspondant français. La conception des lignes de glose s'inspire de la norme Leipzig proposée par Haspelmath et Lehmann (2015). La glose est composée de quatre lignes : la première ligne est réservée au terme chinois, la deuxième au pīn. yīn[①] chinois et *à* la segmentation morphosyntaxique linéaire, la troisième *à* la transposition en français des segments et la quatrième est réservée *à* la signification française du terme chinois. Figure 3.2 est un exemple.

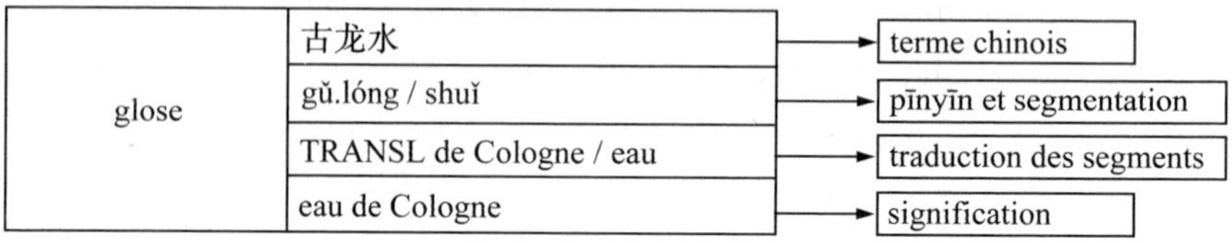

Figure 3.2 Exemple de glose

Le Tableau 3.3 résumant la signification des symboles et des abréviations utilisés dans les gloses :

Tableau 3.3 Symboles et abréviations dans les gloses

<table>
<tr><th>symbole / abréviation</th><th>signification</th><th>exemple</th></tr>
<tr><td>/</td><td>Frontière syntaxique : frontière forte entre les segments.</td><td rowspan="2">固体 香 膏
gù.tĭ / xiāng-gāo
solide / parfum-baume
baume de parfum solide</td></tr>
<tr><td>—</td><td>Frontière morphologique : frontière faible entre les segments.</td></tr>
<tr><td rowspan="2">.</td><td>a. Non séparabilité des caractères chinois.</td><td>麝 香 香 调
shè.xiāng / xiāng-diào
musc / parfum-note
note de parfum de musc</td></tr>
<tr><td>b. Redondance.</td><td rowspan="2">芬 芳
fēn.fāng
parfum + parfum
parfum</td></tr>
<tr><td>+</td><td>Redondance.</td></tr>
</table>

① Le pīn. yīn (拼音, en chinois) est l'équivalent d'un alphabet phonétique chinois. Signifiant « épeler les sons », le pīn.yīn permet de transcrire phonétiquement la prononciation du chinois mandarin *à* l'aide de l'alphabet latin.

Continué

symbole / abréviation	signification	exemple
ADJ	Abréviation d' « adjectif ».	酸 的 suān-de acide-ADJ acide
POSS	Abréviation de « possession ».	香 草 的 气味 xiāng.cǎo / de / qì.wèi vanille / POSS / odeur odeur de vanille
ABR	Abréviation d' « abréviation ».	E D T E.D.T ABR d' « eau de toilette » eau de toilette
TRANSL	Abréviation de « translittération ».	古 龙 水 gǔ.lóng / shuǐ TRANSL de Cologne / eau eau de Cologne

Catégorie grammaticale: c'est le champ qui montre la catégorie grammaticale du terme. En français, pour les termes simples, il y a au total trois catégories grammaticales: nom, adjectif et verbe; pour les termes complexes, il faut tenir compte de la catégorie de l'entité hiérarchique supérieure pour définir celle du terme. Comme nous le savons, un terme complexe est constitué de plusieurs entités graphiques hiérarchiquement liés. L'entité centrale est celle qui est déterminée par les autres entités graphiques dans un terme complexe *à* caractère syntagmatique. Par exemple, dans le terme complexe *bougie parfumée*, « bougie » est l'entité déterminée, « parfumée » est l'entité déterminante, alors l'entité supérieure du terme, soit la tête du syntagme, est « bougie », donc la catégorie grammaticale du terme est nominale. Nous employons le sigle de nom, d'adjectif ou de verbe pour remplir le champ, cela donnera: n, adj, et v.

Ce qui précède sont les quatre champs du premier module. Dans le deuxième module qui porte sur le concept, se trouvent les champs suivants:

- domaine;
- statut;
- définition;
- référence de définition;
- contexte;
- source de contexte;
- note;
- référence de note.

Domaine: l'encadrement de domaine est essentiel pour la fiche. Toutes les données qui délimitent un concept sont définies par rapport au domaine. Au début de ce chapitre, nous avons déjà limité la présente recherche au domaine de la parfumerie, en précisant que le concept de cette dernière incluait tout ce qui concerne la description des produits parfumés sur le marché, y compris la désignation des produits et de leurs senteurs, de leurs traits olfactifs, de leurs performances, etc. Donc dans ce champ de domaine, nous noterons « parfumerie ».

Statut: ce champ sert à noter la situation de normalisation ou d'usage du terme dans la langue source. La normalisation se réalise généralement par des organismes ou des bureaux d'aménagement linguistique officiels reconnus par le public. L'organisation internationale ISO, la Commission d'enrichissement de la langue française en France, le CNTERM en Chine, par exemple, sont de nature officielle et jouent un rôle important dans la normalisation, la vulgarisation et l'enrichissement de la terminologie. Il y a aussi des organismes qui ne sont pas officiels, mais qui sont fondés par des professionnels du domaine et jouissent d'une grande réputation, comme la SFP en France et l'organisation internationale IFRA. Bien que tous les termes proposés par les organismes professionnels ne soient pas normalisés, leur fiabilité est garantie. Enfin, il existe des termes qui ne sont pas normalisés officiellement ni proposés par des organismes professionnels, mais qui sont utilisés avec une fréquence élevée par des marques pour décrire leurs produits. Pour ces termes, nous enregistrons également la situation de leur usage dans le champ de statut. En conclusion, trois genres de statut sont mis au choix pour remplir le champ: normalisé; non normalisé, usage professionnel; non normalisé, usage courant.

Pour le reste des termes, soit les termes qui ne sont pas normalisés, ni d'usage professionnel, ni courant, on laissera ce champ vide.

Définition: c'est dans ce champ que l'on essaie de « donner d'une notion une image mentale exacte » (Dubuc 2002: 95) et de différencier le concept des autres concepts dans le même système conceptuel. C'est « en indiquant le concept générique immédiat et la ou les caractéristiques distinctives » (ISO 2019) que la définition répond *à* cette dernière exigence. Donc, le champ de définition enregistre la ou les définitions proposées par des sources fiables que nous avons consultées. Cependant, tous les termes ne possèdent pas de définition émanant de source fiable. Dans ces cas-*là*, nous essaierons d'en proposer une en fonction de leur concept peu ou prou délimité.

Référence de définition: ce champ est exploité pour noter la provenance des définitions enregistrées. Pour les termes définis par nous-mêmes, nous laisserons ce champ vide.

Contexte: les contextes constituent une justification textuelle du concept. Il existe trois types de contexte en terminologie. « Les contextes définitoires contiennent les traits essentiels du concept étudié, tandis que les contextes explicatifs renseignent sur certains de ces traits. Les contextes associatifs attestent l'emploi d'un terme dans le domaine étudié mais n'aident pas *à* illustrer le crochet terminologique par traits sémantiques » (Pavel et Nolet 2001: 49). Nous ne distinguons pas spécifiquement les types de contexte pendant la collecte des données. Les trois types de contexte existent dans les fiches. Mais le plus grand nombre des contextes sont associatifs, ce qui se trouve en lien étroit avec les types des sources originales des contextes. Comme nous étudions les termes décrivant les produits parfumés, les données de la production textuelle médiatique sont importantes. C'est pourquoi nous dépouillons les descriptions de produits parfumés sur le site officiel de diverses marques, de façon *à* en tirer par la même occasion des termes et des contextes approuvant leur emploi.

Source de contexte: pour les contextes enregistrés, ce champ est destiné *à* noter leur provenance.

Note: comme le contexte, la note est aussi un type de « justification textuelle qui renseigne sur les particularités d'un concept sans le définir ou sur l'emploi d'un terme sans nécessairement l'attester » (Pavel et Nolet 2001: 113). La note n'est pas obligatoire pour le concept ou le terme, cependant, ces derniers deviennent souvent plus explicites grâce à elle. Ainsi, ce champ sert à enregistrer des notes pour certains termes si cela est nécessaire.

Référence de note: les notes sont souvent rédigées après une consultation documentaire. C'est la raison pour laquelle on ajoute dans la fiche ce champ de référence pour enregistrer les sources des références qui favorisent la rédaction des notes.

Dans le troisième module qui est destiné à préstructurer les analyses sur le tournant culturel, se trouvent les champs suivants:

- commentaire;
- « finalisé ».

Commentaire: c'est dans ce champ que l'on donne une brève annotation sur les divergences observées entre les termes français et chinois correspondants. On y note également toutes les autres idées survenues lors de l'analyse de la fiche.

« Finalisé »: C'est le dernier champ qui se situe en bas de la fiche et dans lequel nous inscrirons « oui » ou « non ». Cela a pour objectif de rappeler si la fiche est achevée ou pas. Par « achevée », nous entendons que tous les champs pouvant être remplis sont bien remplis et qu'il ne reste plus rien à modifier.

Ce qui précède est une présentation détaillée des champs dans la fiche. La construction de la base de données terminologiques est en réalité un processus de recensement de données et de leur diffusion dans les champs. Ces derniers se chargent d'un ensemble de données variables, faute desquelles nous n'arriverions pas à accomplir la présente recherche. Par suite des précisions plus haut, nous illustrons ci-dessous la vue d'ensemble de la fiche (voir Tableau 3.4). À la fin de cette thèse, nous affichons dans l'annexe I l'exemple de la fiche du terme *eau de Cologne*.

Tableau 3.4 Vue d'ensemble de la fiche

ID de la fiche	ID	
Terme privilégié	Terme privilégié FR	Terme privilégié CH
Glose du terme privilégié		Glose du terme privilégié CH
Catégorie grammaticale	Catégorie grammaticale FR	Catégorie grammaticale CH
Terme synonyme	Terme synonyme FR	Terme synonyme CH
Glose du terme synonyme		Glose du terme synonyme CH
Domaine	Domaine	Domaine
Statut	Statut FR	Statut CH
Définition	Définition FR	Définition CH
Référence définition	Référence définition FR	Référence définition CH
Contexte	Contexte FR	Contexte CH
Source contexte	Source contexte FR	Source contexte CH
Note	Note FR	Note CH
Référence note	Référence note FR	Référence note CH
Commentaire	Commentaire	
Finalisé		

3.3 Méthodologie d'analyse des données

La base de données terminologiques construite, le prochain travail consiste à l'exploiter. Ce travail se divise en deux étapes.

La première étape est consacrée à une présentation globale de la base de données terminologiques, ce qui permettra d'en avoir un aperçu. Il s'agit de recenser les termes français et chinois, et de les classer dans différents groupes selon les référents (les produits, leurs odeurs, leurs performances, etc.) qu'ils désignent. La répartition des termes dans les différents groupes est à clarifier, afin d'annoncer la proportion que chaque groupe de termes occupe dans la base de données terminologiques. Les futures analyses se centreront donc sur les groupes de termes qui sont les plus importants. Il faut également observer les caractéristiques générales de l'ensemble des termes, et surtout mettre l'attention sur les différentes caractéristiques entre les termes français et chinois correspondants. En outre, l'analyse sur la relation d'équivalence entre les termes correspondants constitue un enjeu de la présente recherche, donc il vaut mieux en faire une première observation globale.

La seconde étape constitue une exploitation détaillée de la base de données terminologiques. Rappelons notre point de départ : la désignation est un processus de catégorisation et de conceptualisation des référents, donc la non-équivalence catégorielle et conceptuelle affecte l'établissement de la relation d'équivalence entre les termes correspondants. L'étude des mécanismes de désignation *à* travers les termes peut permettre en revanche d'appréhender les modalités de catégorisation et de conceptualisation en arrière-plan. Cette étude constitue ainsi un processus qui dévoile des divergences au niveau conceptuel qui relèvent d'une certaine vision du monde.

Vu ce point de départ, l'analyse détaillée de la base de données terminologiques se réalisera *à* deux niveaux : niveau sémantico-référentiel et niveau sémantico-conceptuel. Plus précisément, il s'agit d'observer les non-équivalences catégorielle, fonctionnelle, conceptuelle et sémantique que révèlent les termes français et chinois correspondants.

- Si les termes correspondants désignant une même catégorie de référents peuvent renvoyer en même temps *à* d'autres catégories de référents, on peut considérer qu'il s'agit d'une divergence fonctionnelle des termes, puisqu'ils reflètent une non-équivalence de catégorisation et de conceptualisation, qui est au niveau référentiel. D'ailleurs, la divergence fonctionnelle est souvent accompagnée d'une divergence sémantique.
- Pour les termes correspondants fonctionnellement équivalents, soit, les termes correspondants désignant une seule catégorie de référents, il est aussi possible qu'il existe une divergence sémantique entre eux. Cette divergence sémantique peut également refléter une divergence conceptuelle dans le processus de désignation.

Les deux étapes proposées dressent les grandes lignes des deux chapitres suivants.

Conclusion

Dans le but d'observer les termes français et chinois et leur correspondance *à* travers le prisme culturel, nous avons conçu une base de données terminologiques français-chinois en parfumerie. Le concept du terme *parfumerie* est défini comme tous les produits parfumés circulant sur le marché. Les termes en parfumerie dans la base de données se rapportent *à* la désignation et *à* la description des produits parfumés.

Un état des lieux de la terminologie en parfumerie dans les langues française et chinoise a été effectué en amont de la collecte des données, ce qui a permis d'établir qu'il existe un écart entre les deux: les ressources sont plus abondantes en français, mais peu nombreuses en chinois. Cet écart est dû *à* la situation de travail terminologique du domaine dans les deux langues, et aussi *à* l'histoire et au développement du domaine de la parfumerie moderne en France et en Chine.

La construction de la base de données terminologiques est fondée sur une riche documentation de même nature, *à* savoir, des textes descriptifs de produits parfumés. Un dépouillement de la documentation a été réalisé afin d'en identifier les termes et de circonscrire leur concept. Les ressources spécialisées et fiables servent de références durant toute la construction de la base de données. Enfin, toutes les données collectées sont réparties dans les champs des fiches. L'analyse de la base de données peut alors être amorcée, ce qui constitue l'objet principal des deux chapitres suivants.

Chapitre 4 Exploration globale de la base de données terminologiques

Dans le présent chapitre, nous donnerons un premier aperçu de la base de données terminologiques en mettant en évidence les types de termes, la répartition de chaque type de termes dans la base de données et l'absence de terme correspondant en français et en chinois. Le phénomène de synonymie qui est très fréquent sera aussi décrit. Puis, vu que la présente recherche étudie les termes français et chinois correspondants, nous exposerons également la situation générale de correspondance et d'équivalence entre ces derniers. Cette première approche constituera ainsi une base pour les analyses et les discussions présentées dans le chapitre suivant.

4.1 Différents types de termes

Tous les termes de la base de données terminologiques relèvent du domaine de la parfumerie. Comme nous l'avons expliqué au début du troisième chapitre, dans cette recherche, le concept de *parfumerie* englobe tous les produits parfumés finis. Les textes du corpus présentent les senteurs, les traits olfactifs, la performance, la création et la fabrication des produits parfumés. Par conséquent, dans la base de données, on retrouve six types de termes:

- termes désignant les produits parfumés eux-mêmes;
- termes désignant les senteurs des produits parfumés;
- termes désignant les traits olfactifs des produits parfumés;

- termes désignant la performance des produits parfumés;
- termes concernant la création des produits parfumés;
- termes concernant la fabrication des produits parfumés.

Les termes désignant les produits parfumés sont des dénominations génériques qui désignent différentes catégories de produits parfumés. Le terme *eau de parfum* par exemple, désigne l'ensemble des « extraits odoriférants de concentration importante (de 14% *à* 19%) fabriqués *à* partir d'une composition de substances odorantes naturelles et synthétiques diluée dans de l'alcool de 70% *à* 80% » (GDT), ou le terme *parfum féminin* par exemple, désigne l'ensemble des parfums dédiés aux consommatrices féminines. En voici d'autres exemples: *déodorant*, *brume parfumée pour le corps*, *poudre parfumée*, *parfum solide*, etc.

Les termes désignant les senteurs des produits parfumés sont des termes nominaux qui introduisent un type d'odeur. *Sillage*, *facette*, *note*, *parfum*, *fragrance*, *accord*, *accent*, *touche*, etc., appartiennent tous *à* ce type, utilisé pour introduire un trait olfactif d'un produit parfumé. Par exemple, le terme *sillage* indique « ce qui reste dans l'atmosphère après le passage d'une personne parfumée » (GDT) et le terme *note* indique l' « odeur caractéristique d'une substance entrant dans la composition d'un parfum ou de celui-ci comme produit fini » (GDT). Il se peut que ces termes s'utilisent seuls; il se peut aussi que ces termes soient suivis par un complément informatif, par exemple: *note de jasmin*, *accord irisée*, *facette fraîche*, etc.

Les termes désignant les traits olfactifs des produits parfumés précisent les caractéristiques olfactives des produits parfumés et peuvent être répartis en trois catégories. Nous les illustrons dans la Figure 4.1.

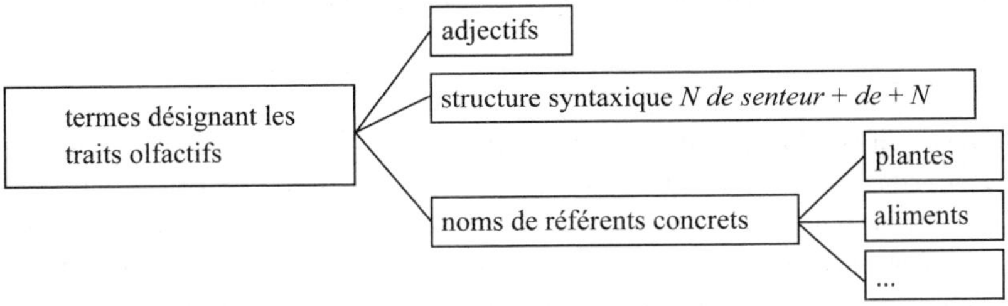

Figure 4.1 Trois catégories de termes décrivant les traits olfactifs

Tout d'abord, on retrouve des adjectifs comme floral, fruité, boisé, oriental, épicé, frais, doux, chaud, enveloppant, pétillant, etc.; ensuite des termes ayant la structure syntaxique $N_{de\ senteur}$ + *de* + *N* comme *note de chypre*, *accord de violette*, *accent de lavande*, etc. et enfin des termes métonymiques. En effet, il arrive souvent que dans les énoncés publicitaires concernant les produits parfumés, le nom d'un référent concret, que ce soit une plante ou un aliment, s'emploie directement pour décrire une caractéristique olfactive. Dans ce cas-là, le nom du référent joue le rôle d'un descripteur adjectival du produit parfumé concerné. La *pyramide olfactive* (ou *pyramide*)① des parfums en offre des exemples typiques. Citons ici la pyramide olfactive d'une eau de parfum nommée Baies roses patchouly de la marque Adopt②(voir Figure 4.2).

TETE: baies roses, bergamote, citron
CŒUR: ananas, lavande, notes aromatiques
FOND: feuilles de tabac, musc, patchouli, vanille

Figure 4.2 Pyramide olfactive d'un parfum

Les termes désignant la performance des produits parfumés renvoient aux propriétés physiques des produits parfumés fabriqués. *Densité*, *diffusion*, *concentration*, *ténacité*, etc., ce sont tous des termes de ce type. Le terme *ténacité* par exemple, désigne la « persistance de l'odeur d'un parfum due *à* la fraction la moins volatile de sa composition » (GDT). Un autre exemple: le terme *concentration* signifie la « proportion de concentré dans la solution alcoolique » (Le Collectif Nez 2018: 192). La concentration d'un produit

① Schéma (voir la Figure 5.25 dans la sous-section 5.2.1.1) en trois étages de la composition et de l'évolution d'un parfum. Au sommet, les notes de tête. Très volatiles, elles s'évaporent en premier. Ensuite arrivent les notes de cœur, qui se diffusent pendant quelques heures. Enfin, les notes de fond, les plus tenaces, peuvent subsister sur un vêtement plusieurs jours. [...] Et l'évolution réelle d'un parfum n'est pas si linéaire: tout s'évapore plus ou moins en même temps (Le Collectif Nez 2018: 194).

② Site officiel d'Adopt, https://www.adopt.fr/parfums/eau-de-parfum/baies-roses-patchouly-eau-de-parfum-100ml.html.

parfumé a un lien étroit avec sa ténacité. En général, plus la concentration est haute, plus la ténacité est grande.

Les termes concernant la création des produits parfumés désignent le processus de conception d'un produit parfumé. Par exemple, le terme *formule* indique la « liste complète de toutes les matières premières entrant dans la composition d'un produit » (Le Collectif Nez 2018: 78), le terme *palette* indique l'« ensemble de matières premières privilégiées par un parfumeur-créateur » (SFP).

Les termes concernant la fabrication des produits parfumés désignent réellement tout ce qui touche au processus de fabrication des produits parfumés. Par exemple, le terme *parfumerie* lui-même peut indiquer non seulement tous les produits parfumés finis, mais aussi l'industrie de la fabrication des parfums et des produits de toilette, de beauté, et aussi le lieu où l'on fabrique des produits de parfumerie. Dans les deux derniers cas, *parfumerie* est un terme de ce type. Citons un autre exemple: le terme *extraire* désigne le processus de « prélever un ou plusieurs constituants d'une matière première par l'emploi de méthodes diverses: distillation, dissolution, expression, enfleurage, etc. » (Maurin, Blayn et Leyris 1992: 71). Par conséquent, *extraire* appartient *à* ce type. *Base*, *concrète*, *extrait*, etc., sont également des termes du même type dont la fréquence est relativement importante dans les descriptions des produits parfumés.

Dans l'ensemble, parmi les 245 entrées de la base de données terminologiques, on compte 123 entrées (50%) du type « trait olfactif », 71 (29%) du type « désignation », 19 (8%) du type « senteur » et 7 (3%) du type « performance ». Il y a au total 25 entrées (10%) portant sur la création et la fabrication des produits parfumés, dont précisément 6 sur la création et 19 sur la fabrication. La répartition des termes est illustrée dans la Figure 4.3.

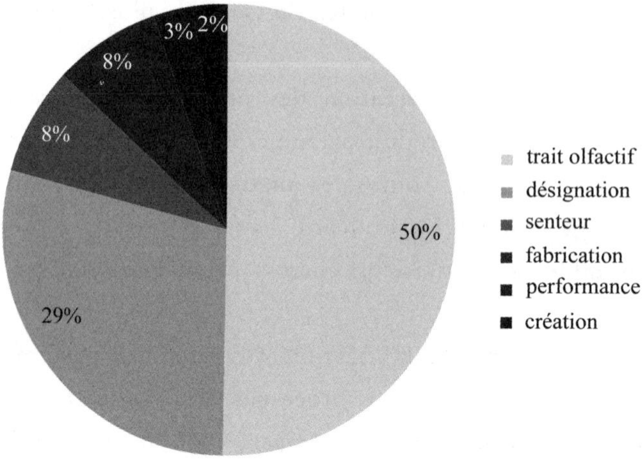

Figure 4.3 Répartition des termes

En observant le graphique, nous constatons que 90% des termes de la base de données décrivent exclusivement les produits parfumés dans diverses dimensions, alors que 10% concernent la création et la fabrication.

4.2 Termes français et chinois sans correspondant

Les 245 entrées de la base de données correspondent *à* 245 concepts différents. Or, tous les concepts ne sont pas désignés dans les deux langues: 236 sont désignés dans les deux langues; un terme chinois ne possède pas de correspondant en français, alors que huit termes français ne possèdent pas de correspondants en chinois. Cet écart laisse penser que, dans le domaine de la parfumerie, le système conceptuel de la terminologie construit en français serait plus complet que celui construit en chinois. Tableaux 4.1 et 4.2 liste les termes français et chinois qui manquent de correspondants, ainsi que leur définition.

Tableau 4.1 Termes chinois sans correspondant

ID	définition du concept dont la désignation est absente en français	terme chinois
1	La caractéristique de posséder deux ou plusieurs notes principales d'un produit parfumé.	混 合 香 调 hùn.hé / xiāng-diào mixte / parfum-note note de parfum mixte

Tableau 4.2 Termes français sans correspondant

ID	définitions des concepts dont les désignations sont absentes en chinois	termes français
1	Structures olfactives élémentaires, mélanges de matières synthétiques et naturelles, les bases sont pré-composées pour faciliter au créateur l'élaboration d'un parfum.	base
2	Désigne la composition telle qu'elle se présente *à* l'issue du travail de préparation (pesée des différents produits définis dans la formule établie par le parfumeur-créateur).	concentré
3	Matière solide ou pâteuse récupérée après extraction au solvant volatil de la matière première, faite de cires, de résidus végétaux et de composés odorants.	concrète
4	Facette de note marine *à* partir de molécules synthétiques, comme « la calone » qui rappelle l'odeur de la mer et de l'iode.	iodé
5	Parfum sous forme de mousse.	mousse de parfum
6	Personne ou magasin chargé(e) de vendre les produits parfumants.	parfumeur
7	Parfumerie concernant le marché des parfums sous forme alcooliques.	parfumerie fine
8	Parfums fleuris dont la note principale est une unique dominante florale, splendide en soi, accompagnée discrètement par une ou plusieurs notes.	soliflore

Les raisons pour lesquelles les termes listés manquent de correspondants sont: soit le référent existe, mais on ne lui propose pas de désignation (c'est le cas de l'absence de correspondant pour le terme chinois *混合香调*); soit les référents sont absents ou du moins, absents de notre documentation (c'est le cas de l'absence de correspondants pour les huit termes français).

4.3 Désignation d'un concept: un terme ou plusieurs termes « synonymes »

Le travail terminologique est un processus *à* l'issue duquel un concept est désigné par un terme ou des termes synonymes. Mais depuis Eugen Wüster, l'idéal terminologique a été de donner une seule désignation *à* un concept(de

Surmont 1999: 41). Cet idéal demande une biunivocité entre terme et concept, c'est-à-dire que pour un terme, il n'existe qu'un concept correspondant, et vice versa. Cependant, cette biunivocité est contraire au fonctionnement habituel du langage. Les termes ne sont pas de simples étiquettes des concepts, mais à resituer dans le cadre d'échanges langagiers au sein desquels ils apparaissent et se maintiennent. De ce fait, il est très probable qu'un concept puisse être représenté par plusieurs termes, et que l'idéal de la monosémie ne constitue un objectif tenable que dans un cadre idiolectal (Gaudin 2005: 85).

Les termes servant à matérialiser les concepts du domaine de la parfumerie ne font pas exception et ceux qui sont collectés dans la base de données terminologiques montrent qu'il arrive fréquemment qu'un concept corresponde à plusieurs termes dits « synonymes », en français comme en chinois. Le nombre des concepts correspondant à un seul terme est remarquablement inférieur au nombre des concepts correspondant à plusieurs termes synonymes (voir Figure 4.4).

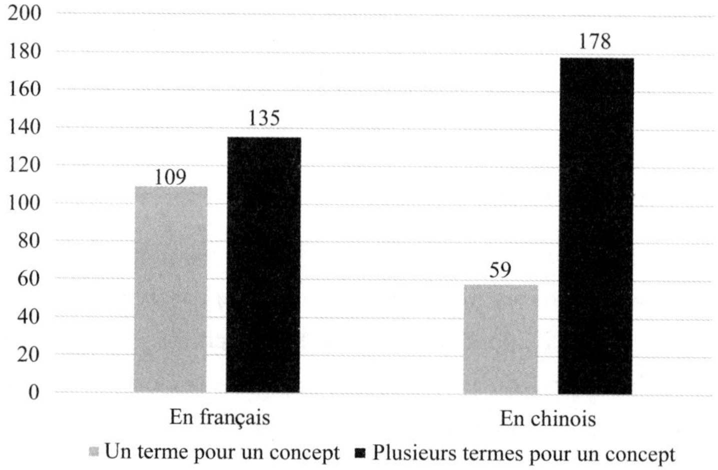

Figure 4.4 Nombres de concepts correspondant à un terme ou à plusieurs termes

Note: Comme il existe des termes sans correspondant, on compte au total 244 concepts en français et 237 en chinois.

En français comme en chinois, il y a moins de concepts désignés par un seul terme mais davantage de concepts désignés par plusieurs termes. L'écart entre « un versus plusieurs » est beaucoup plus remarquable en chinois qu'en français (59 : 178 en chinois et 109 : 135 en français), ce qui pourrait résulter du manque de travail terminologique du domaine de la parfumerie en Chine.

Pour les concepts qui s'actualisent *à* travers un seul terme, les termes respectifs dans les deux langues ne sont pas de la même importance. Plus précisément, en français, il s'agit plus de termes de base et de termes centraux, alors qu'en chinois, il s'agit plus de termes marginaux.

Les termes de base sont des termes qui servent de base pour former des termes complexes. Cela peut être des termes simples ou des termes complexes.① *Accord*, *extrait*, *fragrance*, *déodorant*, *parfumerie*, *sillage*, *touche*, par exemple, sont des termes *à* la fois de base et simples. Le terme *accord* par exemple, sert de base pour la formation d'un nombre important de termes complexes de la structure syntaxique accord + ADJ ou accord + de + N: *accord floral*, *accord fruité*, *accord boisé*, *accord épicé*, *accord ambré*, *accord de muguet*, *accord de violette*, *accord de lavande*, *accord de café*, etc. Il existe également en français des termes de base complexes, dont voici quelques exemples: *bougie parfumée*, *eau de toilette*, *eau de parfum*, *eau parfumée*, *eau fraîche*, *brume d'oreiller*, *parfum solide*, etc. À partir de ces derniers, se forment des termes encore plus complexes comme *bougie parfumée naturelle*, *eau de toilette intense*, *eau de parfum légère*, *eau parfumée sans alcool*, etc.

Les termes centraux sont les termes les plus courants du domaine. Le critère principal pour leur identification est la fréquence d'emploi, c'est-*à*-dire leur occurrence dans la documentation. Plus les occurrences sont nombreuses, plus le terme pèse lourd dans le système terminologique du domaine. Parmi les termes français, par exemple, un grand nombre de termes sont centraux: *accord*, *animal*, *bougie parfumée*, *brume d'oreiller*, *composition*, *création*, *déodorant*, *diffuseur électrique*, *eau de parfum*, *eau de parfum intense*, *eau de toilette*, *eau parfumée*, *eau fraîche*, *extrait*, *formule*, *fougère*, *fragrance*, *gourmand*, *herbacé*, *parfumerie*, *parfum solide*, *piquant*,

① Comme nous l'avons expliqué au troisième chapitre, les termes simples servent *à* désigner les unités lexicales composées d'une seule entité graphique, et les termes complexes servent *à* désigner les termes constitués de plusieurs entités graphiques séparées par des blancs ou par des diacritiques comme le trait d'union ou l'apostrophe.

poivré, *pyramide olfactive*, *sans alcool*, *sillage*, etc.

Ces deux catégories de termes se chevauchent partiellement: il est possible qu'un terme de base soit aussi un terme central. La différence entre les termes de base et les termes centraux est que les termes de base sont également des termes centraux, tandis que les termes centraux ne sont pas forcément des termes de base.

En conclusion, 40 (soit, *à* peu près 37%) des 109 termes français qui présentent une relation biunivoque concept-désignation sont des termes de base ou centraux. En revanche, parmi les 59 termes chinois du même type il y a peu de termes de base ou centraux. On n'en compte que 7 (soit environ 14%): *香水，香体喷雾，香体剂，香体膏，芳香水，留香时间，浓度，清新*, dont les gloses et les correspondants français sont listés dans le tableau ci-dessous (voir Tableau 4.3).

Tableau 4.3 Termes de base et termes centraux en chinois

terme chinois	correspondant(s) français
香 体 喷 雾 xiāng-tǐ / pēn.wù parfumer-corps / vaporisateur vaporisateur pour parfumer le corps	déodorant vaporisateur déodorant spray déodorant parfumé spray déodorant
香 体 剂 xiāng-tǐ / jì parfumer-corps / préparation préparation pour parfumer le corps	déodorant
香 体 膏 xiāng-tǐ / gāo parfumer-corps / baume baume pour parfumer le corps	déodorant stick
芳 香 水 fāng.xiāng / shuǐ parfumé+parfumé / eau eau parfumée	eau parfumée
留 香 时 间 liú-xiāng / shí.jiān durer-parfum / temps le temps pendant lequel le parfum dure	ténacité tenue

Continué

terme chinois	correspondant(s) français
浓 度 nóng / dù concentration / degré degré de concentration	concentration intensité
清 新 qīng.xīn frais+frais frais	frais fraîcheur

Contrairement aux termes de base et aux termes centraux, les *termes marginaux* pèsent moins lourd dans le système terminologique du domaine. Il s'agit de deux types de termes. Le premier type concerne notamment des termes complexes composés d'un terme de base auquel s'ajoutent d'autres éléments de dénomination. Les termes fondés sur les termes de base *香*, *调*, *香气*, *气息* et *香调* pour décrire l'odeur agréable d'un produit parfumé, comme *青苔香*, *热沙调*, *树脂香气*, *芒果气息*, *可可香调* sont des exemples représentatifs (voir Tableau 4.4).

Tableau 4.4 Exemples de termes de base et de termes fondés sur les termes de base

terme de base	terme fondé sur le terme de base
香 xiāng parfum parfum	青 苔 香 qīng.tái / xiāng mousse / parfum parfum de mousse
调 diào note note	热 沙 调 rè-shā / diào chaud-sable / note note de sable chaud
香 气 xiāng / qì parfumé / odeur odeur parfumée	树 脂 香 气 shù-zhǐ / xiāng-qì arbre-résine / parfumé-odeur odeur parfumée de résine d'arbre

Continué

terme de base	terme fondé sur le terme de base
气息 qì.xī souffle souffle	芒 果 气息 máng.guǒ / qì.xī mangue / souffle souffle de mangue
香 调 xiāng / diào parfum / note note de parfum	可可 香 调 kě.kě / xiāng-diào cacao / parfum-note note de parfum de cacao

Le deuxième type concerne les termes qui proviennent des noms de référents concrets. Il existe de nombreux noms de référents concrets qui sont directement employés comme termes *晚香玉*, *蔓越莓*, *柚木*, *粉红胡椒*, *安息香*, etc. (voir Figure 4.5 pour les gloses).

晚 香 玉 wǎn.xiāng.yù tubéreuse tubéreuse
蔓 越 莓 màn.yuè.méi canneberge canneberge
柚 木 yòu.mù teck teck
粉 红 胡 椒 fěn.hóng / hú.jiāo rose / poivre poivre rose
安息 香 ān.xī.xiāng benjoin benjoin

Figure 4.5 Les termes chinois *晚香玉*, *蔓越莓*, *柚木*, *粉红胡椒*, *安息香*

Il s'agit surtout de noms de fleurs, de fruits, de bois, d'épices ou d'autres matières parfumées. Les référents concrets ne sont pas forcément présents directement dans les produits parfumés finis, mais il est possible qu'ils servent de matières premières, ou que l'on utilise des matières synthétiques de substitution pour que les produits parfumés comportent des facettes olfactives qui rappellent leur odeur. Pour simplifier la description publicitaire, les parfumeurs empruntent simplement le nom du référent pour décrire l'odeur, bien que cela puisse être inexact, car le référent lui-même ne diffuse pas toujours la même odeur que sa partie prise pour la fabrication de la matière première du produit.① L'utilisation des termes renvoyant aux référents concrets est aléatoire dans la description des produits parfumés, puisque cela dépend des matières premières listées dans la formule. Les marques de parfum ont leurs propres préférences sur le choix de matières premières pour formuler des parfums. En ce sens, les termes renvoyant aux référents concrets sont des termes marginaux. 22 (environ 38%) des 59 termes chinois sans synonymes sont des termes marginaux au sens défini précédemment.

En outre, la Figure 4.5 montre qu'en français comme en chinois, les concepts correspondant *à* plusieurs désignations sont beaucoup plus nombreux que ceux qui correspondent *à* une seule. Nous avons observé la répartition des termes avec la correspondance « plusieurs désignations pour un concept »: dans les deux langues, la plupart des concepts désignés par plusieurs termes concernent les traits olfactifs (78 en français et 98 en chinois), suivi par ceux qui concernent les produits parfumés eux-mêmes (42 en français et 47 en chinois), puis par ceux qui concernent les senteurs (8 en français et 16 en chinois). La partie restante (7 en français et 17 en chinois) concerne la performance, la fabrication et la création des produits parfumés.

L'existence de concepts *à* désignations multiples soulève la question de la synonymie. Selon les normes de l'ISO, en terminologie, la synonymie indique une « relation entre désignations représentant le même concept dans une langue

---

① La note d'iris par exemple, est une facette olfactive poudrée, subtilement boisée, sèche, violette, aérienne, mais *à* la fois puissante et raffinée, dégagée par l'irone du rhizome d'iris obtenue par distillation. En revanche, les fleurs d'iris sentent très peu. https://www.olfastory.com/matiere/iris, page consultée le 2 décembre 2021.

donnée » (ISO 2019). Les désignations remplissant la condition de « représenter le même concept » sont des termes dits « synonymes ». On distingue trois genres de synonymes en terminologie:

Premièrement, « les synonymes absolus sont parfaitement interchangeables dans tous les contextes pour désigner le concept à consigner » (Pavel et Nolet 2001: 50). Dans le domaine de la parfumerie par exemple, *absolu* et *absolue* sont deux termes synonymes absolus. Ils désignent l' « essence obtenue après traitement de la concrète[①] à l'alcool » (GDT). Il s'agit de l'adjectif utilisé comme substantif, souvent au masculin, parfois au féminin. La divergence morphologique n'empêche pas que les deux termes soient parfaitement interchangeables dans tous les contextes énoncés en parfumerie.

Deuxièmement, les synonymes partiels désignent l'existence de deux termes pour un même concept mais qui ne sont pas interchangeables puisque différenciés selon la situation de communication (Pavel et Nolet 2001: 50). Voici un exemple: *parfum pour les cheveux* et *brume parfumée pour les cheveux* sont deux termes synonymes qui peuvent désigner la même catégorie de référents: les parfums en vaporisateur destinés à parfumer les cheveux. Mais le concept du terme *parfum pour les cheveux* est plus étendu, puisqu'il contient tous les parfums, qu'ils soient en vaporisateur ou non, alors que ce n'est pas le cas du terme *brume parfumée pour les cheveux*, l'élément de désignation *brume* reflète la restriction du concept: que les parfums capillaires en question soient en vaporisateur.

Troisièmement, « les pseudo-synonymes désignent des concepts différents quoique parfois apparentés » (Pavel et Nolet 2001: 51). En fait, les termes pseudo-synonymes font l'objet d'une observation en déconseillant l'emploi. Comme le but de la présente recherche n'est pas de construire un glossaire bilingue sans ambiguïté, mais de montrer toutes les possibilités réellement existantes dans la dénomination des concepts et puis d'observer les divergences entre le français et le chinois, nous n'hésitons pas à répertorier les pseudo-synonymes dans la base de données, surtout quand ils ont une fréquence

① La « concrète » signifie une matière solide ou pâteuse récupérée après extraction au solvant volatil de la matière première, faite de cires, de résidus végétaux et de composés odorants.

remarquable dans la documentation. Un exemple pour illustrer cette idée：en chinois，les termes 小豆蔻调，小豆蔻 et 豆蔻气息 sont des termes synonymes désignant la facette épicée d'un produit parfumé qui vient de la cardamome. Le terme correspondant français est *cardamome*. En observant les gloses des termes chinois（voir Figure 4.6），on peut découvrir que les trois termes ne renvoient pas au même référent. 小豆蔻调 et 小豆蔻 désignent l'odeur de cardamome，mais 豆蔻气息 désigne l'odeur de noix de muscade. 豆蔻气息 est donc un pseudo-synonyme des termes 小豆蔻调 et 小豆蔻.

小 豆 蔻 调 xiǎo.dòu.kòu / diào cardamome / note note de cardamome
小 豆 蔻 xiǎo.dòu.kòu cardamome cardamome
豆 蔻 气息 dòu.kòu / qì.xī noix de muscade / souffle souffle de noix de muscade

Figure 4.6 Les termes chinois 小豆蔻调，小豆蔻，豆蔻气息

Les trois genres de synonymes que nous venons de distinguer figurent tous dans la base de données terminologiques.

4.4 Situation de correspondance et d'équivalence

Comme nous l'avons précisé，la désignation d'un concept peut se réaliser par un terme ou par plusieurs termes synonymes. Il est rare qu'un concept ne soit désigné que par un terme français et un terme chinois，sans aucun synonyme. La correspondance « un terme français-un terme chinois » concerne seulement 24 entrées de la base de données terminologiques，dont voici le Tableau 4.5.

Tableau 4.5 Entrées correspondant à « un terme français-un terme chinois »

ID	terme français	correspondant chinois	ID	terme français	correspondant chinois
1	cushion	气垫 香氛 qì.diàn / xiāng.fēn cushion / parfum parfum à cushion	11	métallique	金属 质感 的 jīn.shǔ / zhì.gǎn / de métal / texture / ADJ texture de métal
2	parfum de niche	沙龙 香水 shā.lóng / xiāng.shuǐ TRANSL de salon / parfum (liquide) parfum (liquide) de salon	12	distillation	蒸馏 zhēng.liú distillation distillation
3	texture	质地 zhì.de texture texture	13	distiller	蒸馏 zhēng.liú distiller distiller
4	formule	配方 pèi.fāng formule formule	14	expression à froid	冷温 萃取 lěng-wēn / cuì.qǔ froid-température / extraction extraction à température froide
5	linéaire	线性 香 xiàn.xìng / xiāng linéaire / parfum parfum linéaire	15	bois de rose	玫瑰木 méi.guī.mù bois de rose bois de rose
6	parfum naturel	天然 香氛 tiān.rán / xiāng.fēn naturel / parfum parfum naturel	16	note de bois de teck	柚木 yòu.mù bois de teck bois de teck
7	parfum en gel	香氛 啫喱 xiāng.fēn / zhělí parfum / gel gel de parfum	17	note de bois de cade	刺桧 的 香气 cì.guì / de / xiāng-qì cade / POSS / parfumé-odeur odeur parfumée de cade
8	densité	香味 浓度 xiāng-wèi / nóng.dù parfumé-odeur / densité densité de l'odeur parfumée	18	synthèse	合成 hé.chéng synthèse synthèse
9	déodorant stick	香体 膏 xiāng-tǐ / gāo parfumer-corps / baume baume pour parfumer le corps	19	civette	麝猫香 的 气息 shè.māo.xiāng / de / qìxī civette (la matière) / POSS / souffle souffle de civette
10	lait parfumé pour la douche	香氛 沐浴乳 xiāng.fēn / mù.yù-rǔ parfum / douche ou bain-lait lait de parfum pour la douche ou le bain	20	note de silex	打火石 香调 dǎ.huǒ.shí / xiāng-diào silex / parfum-note note de parfum de silex

Continué

ID	terme français	correspondant chinois	ID	terme français	correspondant chinois
21	parfum vaporisateur	喷装 香水 pēn.zhuāng / xiāng.shuǐ vaporisateur / parfum (liquide) parfum (liquide) à vaporisateur	23	note de la pomme	苹果 香 píng.guǒ / xiāng pomme / parfum parfum de pomme
22	parfum de linge	布料 香氛 bù.liào / xiāng.fēn tissu / parfum parfum de tissu	24	note naturelle	天然 香调 tiān.rán / xiāng-diào naturel / parfum-note note de parfum naturelle

À l'exception de ces 24 entrées et des 9 entrées concernant les termes français ou chinois sans correspondant, toutes les autres entrées de la base de données sont composées d'au moins deux termes français et d'au moins un terme chinois, ou d'au moins un terme français et d'au moins deux termes chinois. Cela signifie qu'il y a trois correspondances possibles: un terme français-plusieurs termes chinois, plusieurs termes français-plusieurs termes chinois, plusieurs termes français-un terme chinois. Dans les trois correspondances, il existe des termes synonymes français ou / et chinois. Du point de vue sémantique, ce sont des synonymes absolus, partiels ou pseudo-synonymes.

En conséquence, les termes français et chinois correspondants sont des équivalents totaux, des équivalents partiels ou des pseudo-équivalents. On peut illustrer les relations d'équivalence entre les termes correspondants avec un schéma (voir Figure 4.7).

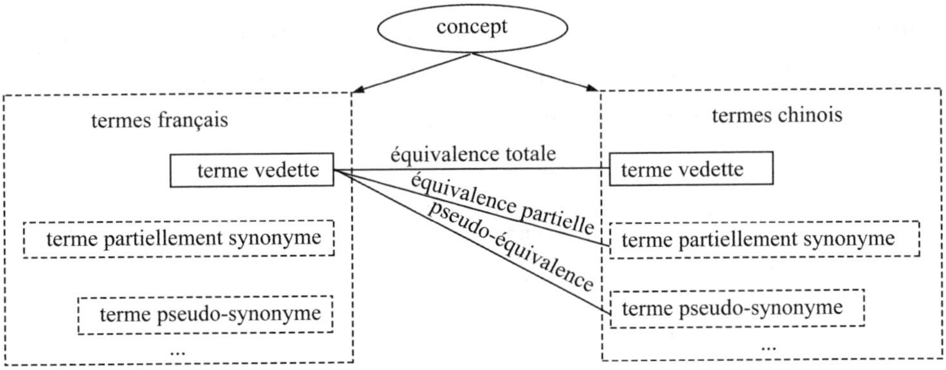

Figure 4.7 Relations d'équivalence entre les termes correspondants

Supposons que la relation entre les termes vedettes français et chinois correspondants soit une équivalence totale, le terme vedette français et le terme chinois partiellement synonyme sont donc des équivalents partiels, tandis que le terme vedette français et le terme chinois pseudo-synonyme sont des pseudo-équivalents, et vice versa. Toutes les équivalences partielles et pseudo-équivalences reflètent en fait des non-équivalences sémantiques entre les termes correspondants.

En effet, dans le deuxième chapitre (voir la section 2.3.1), nous avons discuté de la relation d'équivalence entre les termes correspondants, en constatant que parfois ceux-ci ne sont pas totalement équivalents, mais plutôt partiellement et / ou fonctionnellement équivalents. Ce constat s'observe dans les termes repérés : parmi les 245 entrées de la base de données, hormis les 9 qui ne présentent pas de correspondants, on compte 60 entrées pour lesquelles les termes correspondants français et chinois sont totalement équivalents, donc il en reste 176 pour lesquelles les termes correspondants ne sont pas totalement équivalents. La relation d' « équivalence » entre ces derniers est donc partielle ou fonctionnelle. Dans ce qui suit, nous allons citer quelques exemples pour montrer l'équivalence totale et l'équivalence partielle / fonctionnelle.

Le premier exemple concerne le terme français *parfum naturel* qui désigne le « parfum composé de matières naturelles, sans molécules de synthèse ».① Son correspondant chinois est *天然香氛*, dont la glose se trouve ci-dessous (voir Figure 4.8). Aucune divergence sémantique ou fonctionnelle n'est décelable entre le terme français et le terme chinois. Nous en concluons que ce sont deux termes correspondants équivalents.

天 然 香 氛
tiān.rán / xiāng.fēn
naturel / parfum
parfum naturel

Figure 4.8 Le terme chinois *天然香氛*

① Site officiel de Vire Volte, https://parfumsvirevolte.com/art-de-la-parfumerie/parfums-de-synthese-vs-parfums-naturels/, page consultée le 30 novembre 2021.

L'équivalence s'observe également dans les termes qui ont plus d'un correspondant. Par exemple, le terme français *ligne* désigne l' « ensemble des produits dérivés d'une même fragrance, commercialisés sous la même appellation » (SFP). Il a deux termes synonymes en français: *gamme* et *collection*. Le seul terme correspondant chinois est *系列*, dont la glose est ci-dessous (voir Figure 4.9)

系列
xì.liè
ligne ou gamme ou collection
ligne ou gamme ou collection

Figure 4.9 Le terme chinois *系列*

Aucune divergence sémantique ou fonctionnelle ne s'aperçoit entre les termes français et le terme chinois. Dans cet exemple, le terme chinois recense trois correspondants français: *ligne*, *gamme* et *collection*. Vu que ces trois derniers sont synonymes, il est opportun de confirmer que le terme chinois correspond *à* trois termes équivalents en français.

L'équivalence totale n'est cependant pas la règle. Dans la base de données terminologiques, les termes correspondants qui sont partiellement et/ou fonctionnellement équivalents sont nombreux.

Le terme *parfum de niche* désigne les parfums créatifs et de qualité qui sont réservés *à* une clientèle restreinte d'initiés qui s'affranchit des contraintes du marketing et de la rentabilité imposées par l'industrie. Le sens du mot *niche*, « petit segment de marché qui reste *à* exploiter » (Grand Robert électronique), est utilisé pour déterminer la petite taille du marché qui cible un public spécifique. Le terme correspondant chinois qui renvoie au même concept est *沙龙香水*, dont la glose est montrée ci-dessous (voir Figure 4.10).

沙 龙 香 水
shā.lóng / xiāng.shuǐ
TRANSL de salon / parfum
parfum de salon

Figure 4.10 Le terme chinois *沙龙香水*

La signification du terme est « parfum de salon ».*沙龙*, translittération du mot français *salon*, est connu depuis longtemps dans la langue chinoise comme un cercle privé et mondain d'écrivains ou d'artistes animé par un hôte ou une hôtesse. Dans la formation du terme chinois, *salon* est emprunté par métonymie, afin de signaler le caractère réservé et privilégié d'un parfum. À la lumière de cet exemple, on peut voir que la divergence entre les termes correspondants ne se limite pas au niveau sémantique, mais aussi au niveau conceptuel.

Un autre exemple: on utilise le terme français *eau de toilette* pour désigner les « extraits odoriférants de faible concentration (de 7 *à* 13 %) fabriqué *à* partir d'une composition de substances odorantes naturelles et synthétiques diluée dans de l'alcool de 80 *à* 85 % » (GDT). Ce terme français a quatre correspondants chinois: *淡香水*, *淡香氛*, *香水*, *EDT*, dont les gloses sont présentées dessous (voir Figure 4.11).

淡　香　水 dàn / xiāng.shuǐ léger / parfum (liquide) parfum (liquide) léger
淡　香　氛 dàn / xiāng.fēn léger / parfum (au sens général) parfum (au sens général) léger
香　水 xiāng.shuǐ parfum (liquide) parfum (liquide)
E D T E.D.T ABR d'« eau de toilette » eau de toilette

Figure 4.11　Les termes chinois *淡香水*, *淡香氛*, *香水*, *EDT*

La signification des termes chinois n'est pas exactement la même que celle du terme français: *淡香水* signifie que le parfum est liquide et léger; *淡香氛* renvoie *à* tout parfum léger au sens général, qu'il soit liquide ou non; *香水* renvoie *à* tout parfum liquide, qu'il soit léger ou fort; *EDT* est une simple abréviation du terme français. Il est clair que la désignation française met en évidence la forme physique (eau) et le moment (toilette) où l'on utilise le produit, tandis que les désignations chinoises mettent plus l'accent sur la fonction et le caractère principal du produit (parfum).

Conclusion

Cet aperçu permet de cartographier la base de données terminologiques. Il révèle que les termes désignant les produits parfumés et leurs traits olfactifs sont les plus nombreux et constituent donc les principaux objets d'analyse dans les pages *à* venir. En outre, il y a plusieurs termes français sans correspondant, et la synonymie est beaucoup plus fréquente pour les termes chinois, ce qui montre que le système conceptuel en chinois n'est pas aussi développé qu'en français. Le phénomène de synonymie, ainsi que la situation de correspondance et d'équivalence entre les termes français et chinois sont assez complexes. Nous pouvons déjà observer des divergences, tant au niveau sémantique qu'aux niveaux conceptuel et fonctionnel.

Le chapitre suivant sera consacré *à* l'analyse et *à* la discussion des divergences observées entre les termes correspondants. Nous essaierons de mettre en exergue les différents mécanismes de désignation que reflètent les termes français et chinois ainsi que les divergences culturelles qui se cachent en arrière-plan. L'analyse se déploiera en deux étapes: dans la première étape, nous allons analyser les termes désignant les produits parfumés, afin d'observer les divergences catégorielles et conceptuelles de ceux-ci *à* travers les divergences sémantiques et fonctionnelles entre les désignations; dans la seconde étape, nous allons analyser les termes désignant les traits olfactifs et les senteurs, de façon *à* observer les divergences conceptuelles impliquées dans les désignations *à* travers les divergences sémantiques entre les termes.

Chapitre 5 Non-équivalences entre termes français et chinois

Les non-équivalences sont observées sous deux aspects: aspect sémantico-référentiel et aspect sémantico-conceptuel. Conformément *à* ces deux aspects, l'analyse se déploiera en deux étapes: dans la première étape, nous allons analyser les termes désignant les produits parfumés, afin d'observer les divergences catégorielles et conceptuelles de ceux-ci *à* travers les divergences sémantiques et fonctionnelles entre les désignations; dans la seconde étape, nous allons analyser les termes désignant les traits olfactifs et les senteurs, de façon *à* observer les divergences conceptuelles impliquées dans les désignations *à* travers les divergences sémantiques entre les termes.

5.1 Non-équivalences au niveau sémantico-référentiel

Les non-équivalences au niveau référentiel indiquent les divergences de catégorisation et de conceptualisation des produits parfumés. Ces divergences se manifestent dans la polysémie des termes: les termes correspondants désignant une même catégorie de référents peuvent renvoyer en même temps *à* d'autres caté gories de référents. Cette polysémie montre aussi une divergence fonctionnelle des termes. L'observation des non-équivalences au niveau sémantico-référentiel se déploiera avec l'analyse des désignations des produits parfumés.

5.1.1 Divergences catégorielle et conceptuelle manifestées dans les désignations des produits parfumés

Dans la base de données terminologiques, il y a au total 71 entréesrelatives *à* la désignation des produits parfumés. Ceux-ci sont répartis en quatre divisions: les parfums corporels de toute concentration et sous différents états physiques, les autres produits parfumés corporels, les parfums pour maison et les parfums pour voiture et leurs composants. Chaque division comporte une ou plusieurs subdivisions, et chaque subdivision contient un groupe de termes.

La Figure 5.1 illustre les relations hiérarchiques entre les divisions et les subdivisions de tous les produits parfumés. Notre analyse sur la non-équivalence au niveau extralinguistique des termes correspondants concerne plusieurs groupes de termes dans la Figure 5.1.

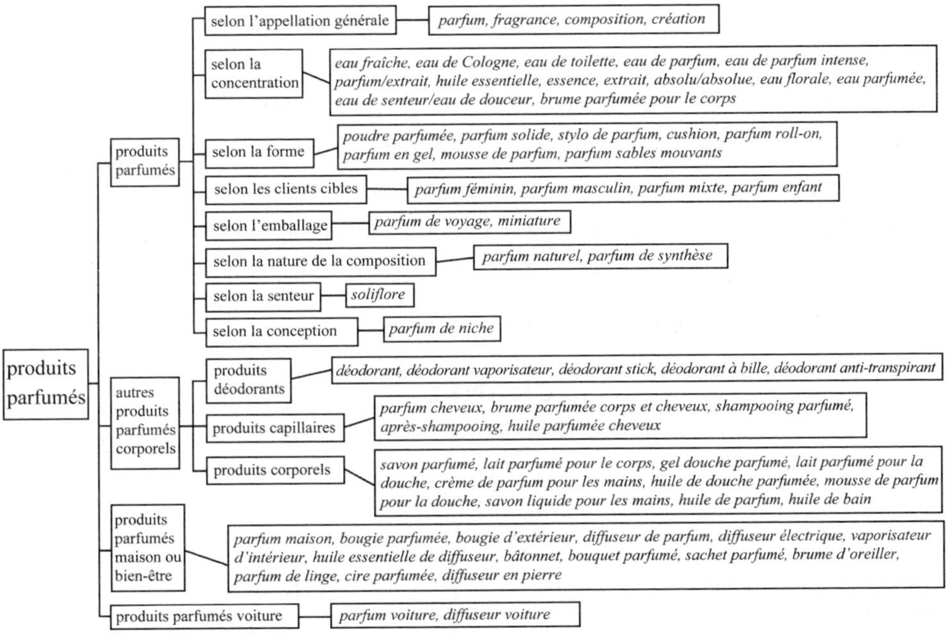

Figure 5.1 Relations hiérarchiques entre les produits parfumés

Note: Les termes apparus dans cette figure sont les termes privilégiés. Vu l'espace limité, leurs synonymes ne sont pas listés. Nous citerons les termes synonymes dans les analyses et les discussions en cas de besoin.

5.1.1.1 Appellations générales des parfums

Notre analyse porte d'abord sur un groupe de termes importants et très fréquents. Il s'agit des termes français ci-dessous et de leurs correspondants chinois:

- *parfum*;
- *fragrance*;
- *composition*;
- *création*.

Il s'agit des termes fondamentaux, parce qu'ils sont génériques et peuvent tous désigner le concept de l' « aboutissement du travail de création d'un parfumeur » (SFP). De ce fait, ces termes ont une occurrence importante dans les descriptions des produits parfumés.

5.1.1.1.1 Parfum

Parmi les quatre termes, *parfum* est le plus usuel. Il est employé plus fréquemment dans les descriptions de produits. Le terme apparaît généralement à deux endroits sur le site officiel français d'une marque. D'abord, sur la page d'accueil du site officiel de nombreuses marques, tous les produits parfumés sont placés dans la catégorie *parfum(s)*. L'exemple de la page d'accueil des marques Chanel et Dior le montre clairement (voir Figure 5.2).

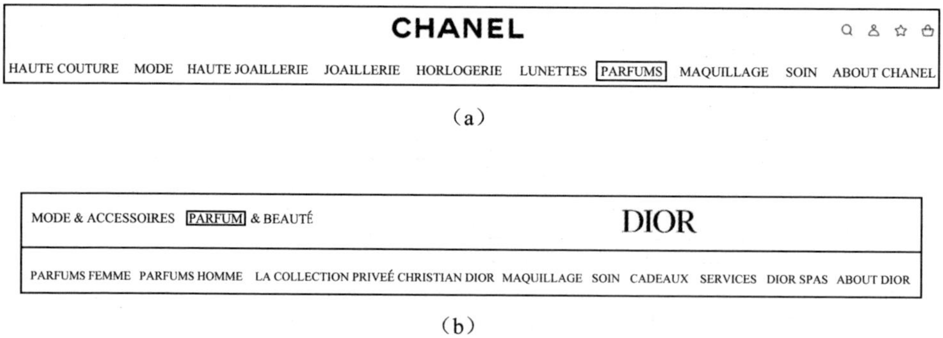

Figure 5.2 La catégorie *parfum(s)* sur la page d'accueil de *Chanel* (a) et de *Dior* (b)

Puis, dans les descriptions des produits, le terme *parfum* apparaît fréquemment pour indiquer l'aboutissement du travail de création d'un parfumeur. En voici trois exemples:

1. Découvrez les **parfums** classiques ainsi que les nouveautés **parfums** hommes et **parfums** femmes au sein de notre catalogue.①

2. L'incroyable idée de Jacques Guerlain, qui donne *à* ce **parfum** toute sa modernité, est d'avoir osé la combinaison d'un chypre avec une note aussi fruitée que la pêche.②

3. Yummy Candy-eau de parfum 30 ml: Yummy Candy est le **parfum** d'une fille d'aujourd'hui, délicieuse, joueuse et joyeuse. Une addiction enchantée aux accents fruités et gourmands pour une rentrée parfumée.③

En français, le terme *parfum* correspond *à* trois concepts du domaine de la parfumerie. En plus du concept mentionné ci-dessus, il peut également désigner la solution alcoolique la plus concentrée d'une ligne de parfums, ou désigner l'odeur agréable d'un produit parfumé.

5.1.1.1.2 Fragrance

Dans les descriptions de produits, le terme *fragrance*④ est souvent utilisé comme synonyme du terme *parfum*. Il peut désigner le même concept. Les exemples suivants illustrent cette observation.

4. Née en 1968, L'Eau est la première **fragrance**, une machine *à* remonter le temps pour inventer l'avenir. On y sent les macérations

---

① Site officiel d'Yves Saint Laurent, https://www.yslbeauty.fr/parfum? gclid=EAIaIQobChMInYS4uPTy4QIVSvlRCh1RJAchEAAYAiAAEgIK8PD_BwE&gclsrc=aw.ds, page consultée le 28 avril 2019.

② Site officiel de Guerlain, https://www.guerlain.com/fr/fr-fr/parfums/parfums-pour-femmes/mitsouko/mitsouko-eau-de-toilette-vaporisateur, page consultée le 28 juin 2019.

③ Site officiel d'Adopt, https://www.adopt.fr/parfums/eau-de-parfum/yummy-candy-eau-de-parfum-30ml.html, page consultée le 20 février 2020.

④ Comme *parfum*, *fragrance* est aussi un terme correspondant *à* plusieurs concepts. En plus du concept de produit parfumé concret, il désigne aussi une senteur, une odeur agréable.

de girofle, cannelle, mais aussi des fleurs et des bois.[1]

5. Une **fragrance** magnifiée dans un flacon aux lignes architecturales et épurées, où se rencontrent poids de verre majestueux et capot au fin grain de poudre.[2]

6. Cultivées dans l'archipel des Comores, les fleurs fraîches d'ylang-ylang sont distillées *à* la vapeur d'eau afin de donner une essence utilisée en parfumerie dans la composition de nombreuses **fragrances.**[3]

Or, selonles définitions de la SFP et du GDT, par opposition *à* l'« odeur » qui peut être agréable ou désagréable, *fragrance* désigne l'odeur agréable qui caractérise un produit parfumé. Donc, techniquement parlant, dans le domaine de la parfumerie, le terme *fragrance* désigne une odeur, mais pas un produit parfumé comme le terme anglais *fragrance*. L'usage abusif du terme en français est probablement influencé par son usage en anglais.[4]

5.1.1.1.3 Composition

Le terme *composition* peut désigner « *à* la fois l'action de composer et le fruit de cette action » (Maurin et al. 1992: 45). Ce dernier concerne « le mélange terminé d'un ensemble de produits: naturels, synthétiques et bases » (SFP). Ce type de mélange n'est évidemment pas arbitraire, mais nécessite une sélection stricte des matières odorantes, un choix de leurs proportions et une connaissance de leurs effets. Le produit obtenu *à* l'issue du travail porte le nom de *composition*. En ce sens, *composition* est un synonyme des termes

---

① Site officiel de Diptyque, https://www.diptyqueparis.com/fr_fr/p/eau-de-toilette-l-eau-100ml.html, page consultée le 31 mai 2019.

② Site officiel d'Yves Saint Laurent, https://www.yslbeauty.fr/parfum/le-vestiaire-des-parfums/le-vestiaire-des-parfums/grain-de-poudre-le-vestiaire-des-parfums/WW-50376YSL.html, page consultée le 5 juin 2019.

③ Site officiel de Dior, https://www.dior.com/fr_fr/products/beauty-Y0715201-jadore-eau-de-parfum, page consultée le 10 juin 2019.

④ En anglais, le terme *fragrance* peut désigner une « odeur agréable qui caractérise un produit parfumé », il peut également avoir le sens générique de « produit parfumé liquide » et peut être employé pour parler du parfum, de l'eau de parfum, de l'eau de toilette et de l'eau de Cologne. https://gdt.oqlf.gouv.qc.ca/ficheOqlf.aspx? Id_Fiche=8411828, page consultée le 10 juillet 2022.

parfum et *fragrance*. Mais par rapport *à* ces deux derniers, l'utilisation de *composition* semble davantage mettre l'accent sur le processus et l'acte de création du produit parfumé. Si les deux autres termes laissent *à* penser le produit comme un ensemble uniforme, *composition* fait envisager le produit comme un mélange composé de plusieurs éléments. L'usage du terme dans les trois phrases suivantes démontre l'observation.

7. Le sillage déroule les accents épurés de patchouli et de vétiver, qui viennent souligner la silhouette élancée de la **composition.**①

8. Au cœur de la **composition**, un accord enveloppant de café torréfié est rehaussé par la vivacité d'une cardamome fraîche et d'un bois de cèdre Atlas.②

9. En fond de l'Eau de Parfum Intense Joy de Dior, le santal onctueux et crémeux enlace et réchauffe cette **composition** explosive.③

5.1.1.1.4 Création

Le terme *création* peut désigner *à* la fois l'« action de donner réalité *à* une forme olfactive nouvelle et le résultat de cette action »(Maurin et al. 1992: 50). Différent du travail de composition qui concerne plus le processus technique de mélanger des matières odorantes selon certaines proportions, le travail de création porte plus sur « le processus d'élaboration d'une composition nouvelle par le parfumeur-créateur, qui fait appel *à* la fois *à* son imagination, *à* son expérience, aux diverses techniques de recherches et *à* l'évolution des tendances » (SFP), ce qui fait de la création une véritable activité artistique. De ce fait, le résultat de cette activité (que le terme *création* désigne

① Site officiel de Chanel, https://www.chanel.com/fr/parfums/p/116520/coco-mademoiselle-eau-de-parfum-vaporisateur/, page consultée le 15 août 2021.

② Site officiel de Diptyque, https://www.diptyqueparis.com/fr_fr/p/bougie-parfumee-byblos-300g.html?nosto=nosto-page-category2, page consultée le 15 août 2021.

③ Site officiel de Dior, https://www.dior.com/fr_fr/products/beauty-Y0997004-joy-de-dior-eau-de-parfum-intense, page consultée le 15 août 2021.

également) est censé être considéré comme un art. L'utilisation du terme dans les descriptions pour désigner le produit créé ajoute une valeur artistique *à* ce dernier. Les exemples ci-dessous montrent cet emploi de *création*:

10. Le parfum de la poire est utilisé en parfumerie fine aussi bien dans les **créations** masculines que féminines.①

11. Cette **création** est une interprétation contemporaine qui reprend deux ingrédients légendaires dans le monde de la parfumerie qui ont connu leur heure de gloire dans les années 70: des notes de tête de rose et de piment.②

En résumé, les quatre termes français *parfum*, *fragrance*, *composition* et *création* peuvent tous renvoyer au même concept: produit parfumé industriel conçu par les parfumeurs et visant *à* parfumer. Malgré ce fait, ils comportent des différences dans leur sens: *parfum* est le plus usuel, *fragrance* est un emprunt anglais, mais les deux termes évoquent la caractéristique marquée des produits parfumés, soit, posséder une odeur agréable; *composition* fait penser au produit parfumé fabriqué en mélangeant des matières odorantes; *création* rappelle le travail artistique des parfumeurs qui conçoivent le produit parfumé. D'ailleurs, les quatre termes peuvent aussi renvoyer *à* d'autres concepts: *parfum* peut désigner un type particulier de parfums, et l'odeur agréable des produits parfumés; *fragrance* peut désigner l'odeur agréable des produits parfumés; *composition* peut renvoyer au processus d'élaboration d'un parfum; *création* peut renvoyer au fait même de créer un parfum. La Figure 5.3 schématise ce résumé.

① Site officiel de Dior, https://www.dior.com/fr_fr/beauty/products/Y0660201-higher-eau-de-toilette, page consultée le 15 août 2021.

② Site officiel de Gucci, https://www.gucci.com/fr/fr/pr/beauty/fragrances/fragrances-for-men/gucci-guilty/gucci-guilty-pour-homme-90ml-eau-de-parfum-p-613748999990099?_gl=1*ug64py*_up*MQ..&gclid=EAIaIQobChMI6aSxlpTl8gIVQ7TVCh1khAUzEAAYASAAEgKxpfD_BwE&gclsrc=aw.ds, page consultée le 15 août 2021.

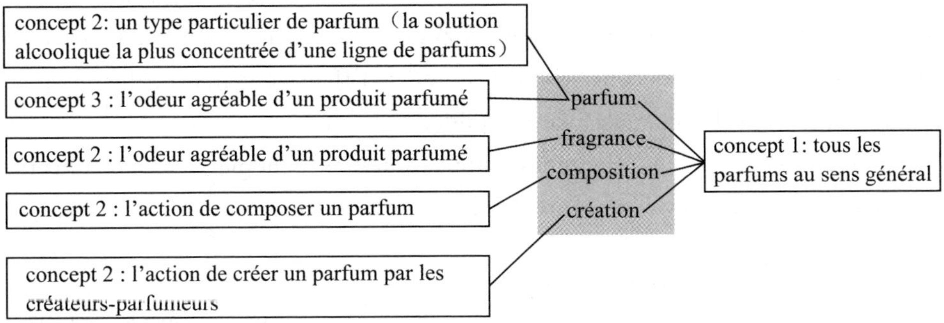

Figure 5.3 Concepts auxquels renvoient *parfum*, *fragrance*, *composition* et *création*

Dans la pratique, il existe deux termes chinois correspondant aux quatre termes français mentionnés ci-dessus pour désigner un produit parfumé conçu par les parfumeurs et visant à parfumer：香氛，香水. Les gloses des deux termes sont dans la Figure 5.4.

香 氛 xiāng.fēn parfum（au sens général） parfum（au sens général）
香 水 xiāng.shuǐ parfum（liquide） parfum（liquide）

Figure 5.4 Les termes chinois 香氛 et 香水

Les termes chinois peuvent se décomposer en deux parties, correspondant à deux morphèmes. Le premier morphème 香（xiāng） signifie « parfum ou parfumé ». Le deuxième morphème du premier terme 氛（fēn） a plusieurs significations dans la langue chinoise： nuages flottants, brouillard, atmosphère, miasmes ou air pollué, etc. （Dictionnaire en ligne Handian）. Nous en déduisons qu'il s'agit d'une substance aérienne. Donc le terme 香氛 renvoie à une substance aérienne parfumée. Son emploi laisse penser que le produit parfumé concerné diffuse une odeur plaisante qui flotte dans l'air et peut se mouvoir avec les flux d'air. Cela porte à croire que ceux qui utilisent le produit peuvent emporter l'odeur partout où ils vont. De plus, ce terme peut aussi renvoyer à la solution alcoolique la plus concentrée d'une ligne de parfums.

Le deuxième morphème du deuxième terme 水 (shuǐ) signifie « eau ». Donc la signification du terme chinois 香水 est « eau parfumée », pour montrer que le produit parfumé concerné est liquide. Effectivement, ce terme peut renvoyer *à* des parfums sous forme liquide.

Compte tenu de ces éléments, nous pouvons schématiser les concepts auxquels renvoient les deux termes chinois comme suit (voir Figure 5.5).

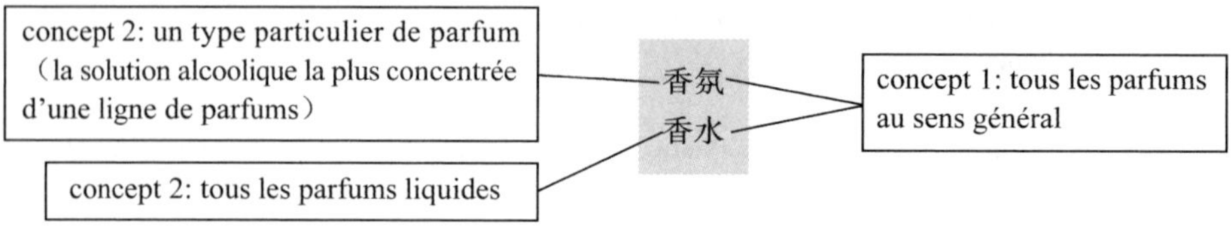

Figure 5.5 Concepts auxquels renvoient 香水 et 香氛

En comparant les Figures 5.4 et 5.5, nous pouvons déduire que, bien que les quatre termes français et les deux termes chinois correspondants renvoient *à* la même catégorie de produits (soit, tous les parfums au sens général), ils peuvent renvoyer respectivement *à* d'autres référents (produits, odeur, action), ce qui témoigne de la non-équivalence extralinguistique entre les termes français et chinois correspondants. D'ailleurs, les acceptions différentes montrent que ces derniers ne sont pas totalement équivalents au sens sémantique.

En effet, en comparant les termes français et leurs correspondants chinois, nous remarquons que les dénominations chinoises mettent l'accent surle caractère olfactif (parfum) et la forme physique (liquide ou effet aérien) des produits parfumés, alors que les désignations françaises en soulignent plutôt le caractère olfactif (pour les termes *parfum* et *fragrance*) et le processus de fabrication (pour les termes *composition* et *création*).

En fait, 香水 est un terme chinois normalisé. Il possède deux définitions. L'une est proposée dans le dossier *GB/T 27578—2011 Terminology of cosmetics* (2011: 11) publié conjointement par l'Administration générale du contrôle de la qualité, de l'inspection et de la quarantaine de la RPC et l'Administration de normalisation de la RPC. L'autre est proposée dans l'ouvrage *Chinese terms in medical aesthetics and aesthetic medicine* (2015: 124), publié par le Comité de la terminologie de l'esthétique médicale et de la médecine esthétique.[1] Voici les deux définitions et leurs traductions françaises (voir Tableau 5.1).

Tableau 5.1 Définitions du terme chinois 香水

terme	définition	traduction
香水	1.香水(fine fragrance)以留香时间较长的日用香精和乙醇或变性乙醇为原料,经混合、冷冻、过滤工艺制成的有芳香气味的透明液体,具有美化、修饰体味,从而改善形象,增加魅力,有利于身心健康和社交活动。根据香水中的香精含量不同,可分为浓香水(perfume)、香水(perfume water)、淡香水又称"香氛"(toilette water)、古龙香水又称古龙水(Cologne water) (*GB/T 27578—2011 Terminology of cosmetics* 2011: 11)	1. parfum (fine fragrance) C'est un liquide transparent *à* l'odeur parfumée, qui est préparé en mélangeant, congelant et filtrant l'essence quotidienne, l'éthanol ou l'éthanol dénaturé avec un long temps de rétention du parfum. Il peut embellir et modifier l'odeur corporelle, améliorant ainsi l'image, augmentant le charme et bénéficiant *à* la santé physique et mentale et aux activités sociales. Selon la concentration, le parfum peut être divisé en parfum fort (perfume); parfum liquide (perfume water); parfum léger, également appelé parfum (toilette water); parfum de Cologne, également connu sous le nom d'eau de Cologne (Cologne water)
	2.香水(perfume) 将天然或合成香料溶于乙醇而配制的芳香性化妆品。香精含量一般为10%~20% (*Chinese terms in medical aesthetics and aesthetic medicine* 2015: 124)	2. parfum (perfume) Cosmétiques aromatiques préparés en dissolvant des parfums naturels ou synthétiques dans de l'éthanol. La teneur en essence est généralement de 10% *à* 20%

Selon la première définition, le terme 香水 est d'abord une dénomination générique pour tous les parfums liquides de toutes concentrations, alors que 香氛 est un terme désignant les eaux de toilette, un type de parfum liquide léger. La relation entre le concept de 香水 et le concept de 香氛 est celle de générique et spécifique, comme la Figure 5.6 le montre.

① Le Comité de la terminologie de l'esthétique médicale et de la médecine esthétique est une filiale du Comité de la terminologie médicale, qui *à* son tour est une filiale du CNTERM, organisme gouvernemental d'aménagement terminologique de Chine.

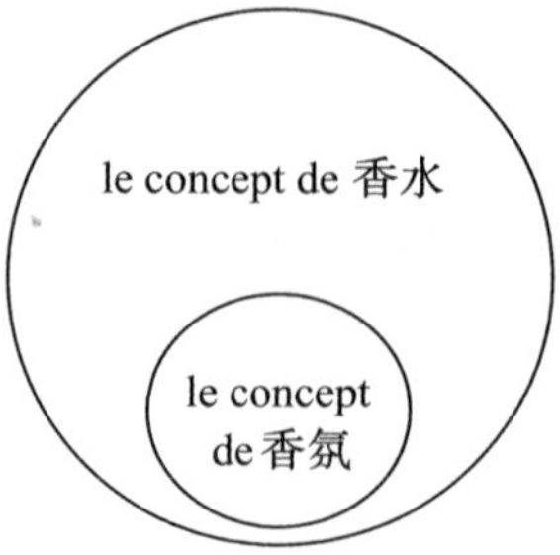

Figure 5.6 Relation entre le concept de *香水* et le concept de *香氛*
Source: *GB/T 27578—2011 Terminology of cosmetics*.

En outre, la première définition montre en même temps que le terme *香水* peut renvoyer *à* un autre concept: un type (type a) particulier de parfum liquide (correspondant *à* *perfume water* en anglais). La deuxième définition montre que le terme *香水* peut renvoyer *à* un autre type (type b) particulier de parfum liquide (correspondant *à* *perfume* en anglais). Type a et type b sont différents.

Les dossiers *GB/T 27578—2011 Terminology of cosmetics* et *Chinese terms in medical aesthetics and aesthetic medicine* proposent un autre terme chinois qui désigne les produits parfumés: *芳香化妆品* (voir Tableau 5.2).

Tableau 5.2 Le terme chinois *芳香化妆品* et ses définitions

terme	définition	traduction
芳香化妆品 fāng.xiāng / huà.zhuāng.pǐn parfumé+parfumé / cosmétique cosmétique parfumé	1.芳香化妆品(fragrant cosmetics) 香精含量较高,并散发出浓郁且宜人的芳香的化妆品。具有赋香、爽肤等多种作用。(*Chinese terms in medical aesthetics and aesthetic medicine* 2015: 124)	1. cosmétiques parfumés (cosmétiques parfumés) Cosmétiques *à* haute teneur en essence, au parfum fort et agréable, ont une variété de fonctions telles que parfumer et tonifier.
	2.芳香化妆品(fragrance) 以涂抹、喷洒或其他类似方法,施于人体表面,达到美化、修饰人体气味,通过不同的香气增加人体魅力或吸引力目的的化妆品。(*GB/T 27578—2011 Terminology of cosmetics* 2011: 1)	2. cosmétique parfumé (fragrance) Cosmétique appliqué par touches, pulvérisation ou d'autres méthodes similaires *à* la surface du corps humain pour embellir et modifier l'odeur corporelle, et augmenter le charme ou l'attractivité du corps grace *à* ses différentes notes olfactives.

Selon la première définition, le terme chinois désigne tous les produits cosmétiques parfumés qui visent *à* parfumer le corps humain, d'où nous déduisons qu'il s'agit d'un concept générique qui contient non seulement tous les parfums au sens général comme les eaux de parfum, les eaux de toilette, les eaux de Cologne, les eaux fraîches, etc., mais aussi tous les produits parfumés tels que les brumes parfumées pour le corps et / ou les cheveux, les shampooings parfumés, les savons parfumés et les gels de douche parfumés, etc. Selon la deuxième définition, *芳香化妆品* est le correspondant du terme anglais *fragrance*. Comme celui-ci indique soit une odeur agréable soit un parfum, on peut déduire que *芳香化妆品* indique tous les parfums au sens général. Ces deux définitions mettent en évidence deux concepts différents désignés par un même terme. Le concept de la première définition est apparemment plus englobant que celui de la deuxième définition.

En conclusion, les termes normalisés ne sont pas forcément ceux qui sont réellement utilisés dans la pratique.[①] En effet, les différents dossiers de normalisation ne sont pas toujours d'accord sur la définition d'un même terme, définition qui peut être contredite dans l'usage.

5.1.1.2 Termes désignant les parfums selon la concentration

L'analyse qui suit se consacre *à* un groupe de termes très fréquents: *eau de Cologne*, *eau fraîche*, *eau de toilette*, *eau de parfum*, *eau de parfum intense*, *parfum / extrait*, *huile essentielle*, *essence*, *extrait*, *absolu / absolue*, *eau florale*, *eau parfumée*, *eau de senteur / eau de douceur*, *brume parfumée pour le corps*. Pour la structurer, nous divisons ces termes en six sous-groupes au regard de leur fréquence dans le corpus, de la corrélation entre eux, de leur fonction et de la clientèle *à* laquelle ils sont destinés:

- *parfum / extrait*, *eau de parfum*, *eau de parfum intense*, *eau de toilette*, *eau de Cologne*, *eau fraîche*;
- *huile essentielle*, *essence*, *extrait*, *absolu(e)*;
- *eau florale*;
- *eau parfumée*;

① Le terme chinois normalisé *芳香化妆品* n'est pas présent dans nos corpus.

- *eau de senteur / eau de douceur*;
- *brume parfumée pour le corps*.

5.1.1.2.1 Parfum/extrait, eau de parfum, eau de parfum intense, eau de toilette, eau de Cologne, eau fraîche

En français, les distinctions entre les catégories de parfums que les termes désignent sont relativement faciles *à* faire. Selon la SFP, dans une même ligne définie, le produit le plus concentré est désigné comme *parfum* ou *extrait*. L'eau de parfum, l'eau de toilette et l'eau de Cologne de la même ligne sont des variantes de la formule avec une concentration décroissante. Nous en déduisons que le terme *eau de parfum intense* doit désigner le parfum de la même ligne dont la concentration est plus forte que l'eau de parfum mais plus légère que l'extrait.

Quant au terme *eau fraîche*, une affirmation amplement acceptée est qu'il désigne les parfums plus « faiblement concentrés en alcool qu'une eau de toilette, et se différencient par leur grande fraîcheur et leur pétillance qui en font des parfums estivaux idéaux » (Sylvaine Delacourte[①]). Selon le GDT, la concentration maximum d'une eau fraîche est de 5% *à* 8%, un peu plus forte que celle de l'eau de Cologne (de 2% *à* 6%), et moins forte que celle de l'eau de toilette (de 7% *à* 13%) de la même ligne. Le GDT stipule que la concentration de l'eau de parfum est de 14% *à* 19%, et celle de l'extrait est de plus de 20%.[②]

D'après ces informations, nous pouvons diviser les parfums en six catégories, selon leur concentration, du plus faible au plus fort: eau de Cologne, eau fraîche, eau de toilette, eau de parfum, eau de parfum intense,

---

① Site officiel de Sylvaine Delacourte, https://www.sylvaine-delacourte.com/fr/guide/eau-fraiche, page consultée le 20 avril 2022.

② Les taux de concentration varient légèrement selon différentes sources d'information ou différentes marques. Par exemple, d'après le Musée du parfum de la parfumerie *Fragonard*, les taux habituels de concentration sont: eau de Cologne 5%, eau de toilette 10%, eau de parfum 15%, parfum ou extrait de 20% *à* 24%. D'après la marque Sylvaine Delacourte, les taux de concentration sont: eau de Cologne de 2% *à* 6%, eau de toilette de 3% *à* 20%, eau de parfum de 7% *à* 20%, extrait de 20% *à* 40%. Donc il n'y a pas de règlementation obligatoire. Les marques sont relativement libres quant *à* la désignation de leurs produits.

extrait / parfum (voir Figure 5.7).

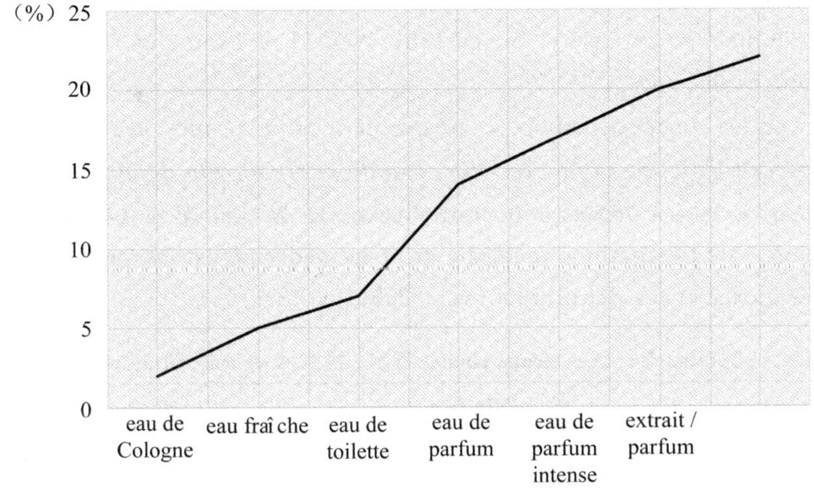

Figure 5.7 Courbe du changement de la concentration

Certainement, les différences entre les parfums issus de la même ligne ne concernent pas seulement la concentration. Le degré de l'alcool dans lequel la composition de substances odorantes est diluée est également différent en fonction des variantes. En outre, les formules des variantes peuvent elles aussi légèrement diverger, donc il est possible que leurs notes olfactives soient nuancées. Mais vu que la volatilité, la ténacité et le prix du produit dépendent de la concentration①, faire connaître les différences de celle-ci grâce aux désignations des parfums permet d'effectuer plus facilement le choix dans les rayons de parfumerie. Cela fait que les désignations concernant la concentration sont un critère important lors de l'achat d'un parfum.

Par conséquent, les marques de parfumerie sur le marché respectent le critère en affichant les désignations génériques sur l'emballage ou dans la description de leurs produits. Par exemple, sur le site officiel de Dior, on remarque que dans la ligne J'adore, il y a une eau de toilette et des eaux de parfum de différentes intensités et un extrait; dans la ligne Dior Addict, une

① Généralement, plus une variante issue d'une ligne est concentrée, plus lentement elle se volatilise, plus longtemps elle dure et plus cher elle se vend que les autres variantes de la même ligne.

eau fraîche, une eau de toilette et une eau de parfum; dans la ligne Dior Homme, une eau de Cologne, des eaux de toilettes de différentes intensités, une eau de parfum intense et un parfum①, etc. Les exemples sont similaires chez d'autres marques.

Parmi les termes chinois correspondant aux termes français *eau de Cologne*, *eau fraîche*, *eau de toilette*, *eau de parfum*, *eau de parfum intense*, *parfum* / *extrait*, deux sont normalisés: *香水*, *古龙水* (Comité de la terminologie de l'esthétique médicale et de la médecine esthétique 2015: 124). Voici les gloses et les définitions (voir Tableau 5.3).

Tableau 5.3 Les termes chinois 香水, 古龙水 et leur définition

terme	définition	traduction
香 水 xiāng.shuǐ parfum (liquide) parfum (liquide)	将天然或合成香料溶于乙醇而配制的芳香性化妆品。香精含量一般为10%—20%	Cosmétiques parfumés préparés en dissolvant des parfums naturels ou synthétiques dans de l'éthanol. La teneur en essence est généralement de 10% *à* 20%
古 龙 水 gǔ.lóng / shuǐ TRANSL de Cologne / eau eau de Cologne	香精含量较低、气味较淡、香气保持时间较短的芳香化妆品。香精含量一般为5%—10%	Cosmétiques parfumés avec une faible teneur en essence, une odeur plus légère et un temps de rétention du parfum plus court. La teneur en essence est généralement de 5% *à* 10%

Les termes chinois normalisés (avec définition) ne sont pas nombreux. Les sources de documentation fiables ne sont pas nombreuses non plus. Ces deux facteurs expliquent l'absence d'usage unifié des termes: plusieurs termes chinois synonymes correspondent *à* chaque terme français. Étant donné que les délimitations entre les groupes de termes synonymes ne sont pas assez claires, les concepts que les groupes de termes synonymes désignent sont plutôt flous. Le Tableau 5.4 illustre la comparaison entre les termes français et leurs correspondants chinois.

---

① Consultation du site officiel de Dior réalisée le 28 avril 2022.

Tableau 5.4 Comparaison entre les termes français et chinois correspondants

<table>
<tr><th>termes français</th><th>termes chinois</th><th colspan="2">résumés des termes chinois</th></tr>
<tr><td rowspan="4">eau de Cologne
Cologne</td><td>古 龙 水
gǔ.lóng / shuǐ
TRANSL de Cologne / eau
eau de Cologne</td><td rowspan="4">eau de Cologne
parfum léger de
Cologne parfum</td><td rowspan="8">parfum léger
parfum frais
parfum</td></tr>
<tr><td>古 龙 淡 香 水
gǔ.lóng / dàn-xiāng.shuǐ
TRANSL de Cologne /
léger-parfum (liquide)
parfum (liquide) léger de Cologne</td></tr>
<tr><td>香 水
xiāng.shuǐ
parfum (liquide)
parfum (liquide)</td></tr>
<tr><td>E D C
E.D.C
ABR d'eau de Cologne
eau de Cologne</td></tr>
<tr><td rowspan="2">eau fraîche</td><td>淡 香 水
dàn / xiāng.shuǐ
léger / parfum (liquide)
parfum (liquide) léger</td><td rowspan="2">parfum léger
parfum frais</td></tr>
<tr><td>清 新 香 水
qīng.xīn / xiāng.shuǐ
frais+frais / parfum (liquide)
parfum (liquide) frais</td></tr>
<tr><td rowspan="2">eau de toilette</td><td>淡 香 水
dàn / xiāng.shuǐ
léger / parfum (liquide)
parfum (liquide) léger</td><td rowspan="2">parfum léger
parfum</td></tr>
<tr><td>淡 香 氛
dàn / xiāng.fēn
léger / parfum
parfum léger</td></tr>
</table>

Continué

<table>
<tr><th>termes français</th><th>termes chinois</th><th colspan="2">résumés des termes chinois</th></tr>
<tr><td rowspan="2">eau de toilette</td><td>香 水
xiāng.shuǐ
parfum (liquide)
parfum (liquide)</td><td rowspan="2">parfum léger
parfum</td><td rowspan="2">parfum léger
parfum frais
parfum</td></tr>
<tr><td>E D T
E.D.T
ABR d'eau de toilette
Eau de toilette</td></tr>
<tr><td rowspan="4">eau de parfum</td><td>香 水
xiāng.shuǐ
parfum (liquide)
parfum (liquide)</td><td rowspan="4">essence/extrait de parfum léger
parfum fort
parfum</td><td rowspan="7">parfum
fort parfum</td></tr>
<tr><td>淡 香 精
dàn / xiāng-jīng
léger / parfum-essence ou extrait
essence ou extrait de parfum léger</td></tr>
<tr><td>浓 香 水
nóng / xiāng.shuǐ
fort / parfum (liquide)
parfum (liquide) fort</td></tr>
<tr><td>E D P
E.D.P
ABR d'eau de parfum
eau de parfum</td></tr>
<tr><td rowspan="3">eau de parfum intense</td><td>馥郁 香 水
fù-yù / xiāng.shuǐ
parfum-intense / parfum (liquide)
parfum (liquide) dont le parfum est intense</td><td rowspan="3">parfum dont le parfum est intense
parfum fort
parfum</td></tr>
<tr><td>浓 香 水
nóng / xiāng.shuǐ
fort / parfum (liquide)
parfum (liquide) fort</td></tr>
<tr><td>香 水
xiāng.shuǐ
parfum (liquide)
parfum (liquide)</td></tr>
</table>

Continué

termes français	termes chinois	résumés des termes chinois	
parfum extrait	香 精 xiāng / jīng parfum / essence ou extrait essence ou extrait de parfum	essence/extrait de parfum parfum	essence/ extrait de parfum parfum
	香 氛 xiāng.fēn parfum parfum		
	香 水 xiāng.shuǐ parfum (liquide) parfum (liquide)		

Le Tableau 5.4 montre que le chinois répartit les six catégories de parfums différents en trois plus grandes catégories: parfum léger ou parfum frais, parfum fort, essence / extrait de parfum, donc au total trois niveaux de concentration. D'ailleurs, ces trois grandes catégories possèdent une désignation générique commune: parfum, qui ne peut qu'informer qu'il s'agit d'une fragrance. Donc, malgré la normalisation des deux termes *香水* et *古龙水*, l'usage de l'ensemble des termes chinois est plus ambigu que celui des termes français. Il apparaît qu'il est plutôt difficile d'appréhender le concept derrière les termes.

Afin de faciliter la lisibilité de l'offre, certaines marques désignent leurs parfums en empruntant les termes français, *eau de Cologne*, *eau de toilette*, *eau de parfum*, *parfum* et *eau fraîche* ou les abréviations des trois premiers: *EDC*, *EDT* et *EDP*. La Figure 5.8 en montre l'exemple sur le site officiel de Sephora①, MINGLAN②,

① Site officiel de Sephora, https://detail.tmall.com/item.htm?spm=a1z10.5-b-s.w4011-14890731474.153.aae272e86teQBe&id = 572345364640&rn = 5afe0d7cafc6fd8894eb8e09e7064fe1&abbucket = 11&sku_properties=1626521:3224495, page consultée le 3 mai 2022.

② Site officiel de MINGLAN, https://detail.tmall.com/item.htm?spm = a1z10.3-b-s.w4011-15365445175.101.70155fa0mBJ0YH&id=534323517807&rn=e5ea750dde9cb57d03d76609f307f5fc&abbuc ket=11&skuId=3188322773520, page consultée le 3 mai 2022.

ANNA SUI[①] et Boitown[②]. La Figure 5.8 montre par ailleurs que les marques ne se mettent pas tout *à* fait d'accord sur les termes chinois, ni sur les emprunts français correspondants. Certaines marques, Boitown par exemple, vont jusqu'*à* ne pas utiliser de termes chinois mais emprunter directement des termes français pour désigner leurs produits. Or, les clients (surtout ceux qui ne connaissent ni le français ni le parfum) n'en comprennent pas mieux la catégorie des produits.

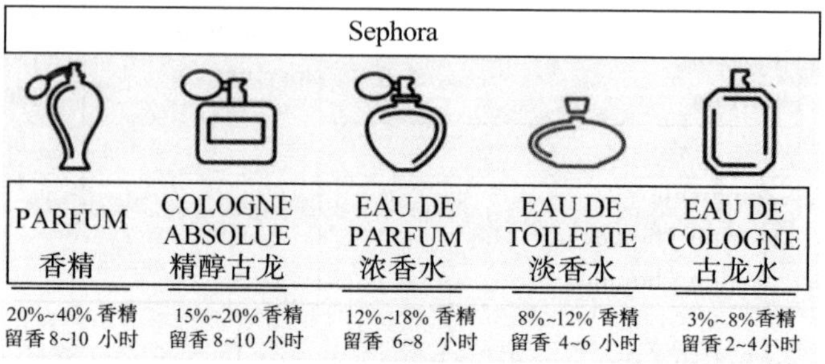

(a)

MINGLAN				
分类	英文名	香精浓度	酒精浓度	持续时间
浓香水	PARFUM	15%～30%	70%～85%	5～7小时
香水	EAU DE PARFUM	10%～15%	80%以上	5小时左右
淡香水	EAU DE TOILETTE	5%～10%	80%	3～4小时
古龙水	EAU DE COLOGNE	3%～5%	80%	1～2小时
清淡香水	EAU FRAICHE	1%～3%	80%以下	1小时以内

(b)

ANNA SUI
安娜苏许愿精灵淡香水 Secret Wish
香水类型：EDT 淡香水
产品规格：30 mL / 50mL / 75mL
产品包装：全新有塑封

(c)

Boitown	
名称：	卡帕里海盐（银河蓝流沙金限量版） 牛奶小姐（丝绒白流沙金限量版）
品牌：	BOITOWN 冰希黎
规格：	50 mL
等级：	Eau de Parfum（EDP）
保质期：	5年

(d)

Figure 5.8 Exemple d'emprunt du français

① Site officiel d'ANNA SUI, https://detail.tmall.com/item.htm? spm=a220o.1000855.0.0.57f855c3cKulrT&id=553794047979&scm=1007.12776.82642.100200300000000&pvid=a6a4ad77-5210-48ad-ac0c-52277ce3888d&sku_properties=1626520:120862;1626521:6210120, page consultée le 3 mai 2022.

② Site officiel de Boitown, https://detail.tmall.com/item.htm? spm=a220m.1000858.1000725.16.442f4c69ppMje1&id=583127829593&skuId=4156196102106&areaId=371000&user_id=671237914&cat_id=2&is_b=1&rn=7cdf0580a266d67661088ba60e0c0779, page consultée le 3 mai 2022.

En résumé, les termes français désignant les six catégories de parfums sont *parfum / extrait*, *eau de parfum*, *eau de parfum intense*, *eau de toilette*, *eau de Cologne*, *eau fraîche*, dont *parfum* et *extrait* peuvent renvoyer *à* d'autres concepts. Chaque terme français correspond *à* plusieurs termes chinois, une partie desquels (香水，浓香水，淡香水) renvoyant *à* plus d'un concept. Nous observons l*à* la non-équivalence au niveau extralinguistique des termes français et chinois correspondants. La non-équivalence sémantique de ces derniers subsiste corrélativement et se manifeste dans les significations des termes. Pour faciliter la lisibilité de l'offre, plusieurs termes français sont directement empruntés et imprimés sur l'emballage des parfums se vendant sur le marché chinois. Or, les emprunts ne sont pas toujours valables, puisque, soit ils ne couvrent pas toutes les catégories de parfums, soit ils sont difficiles *à* comprendre pour les acheteurs qui ne parlent pas le français.

Par rapport aux termes mentionnés *supra*, les termes *huile essentielle*, *essence*, *extrait*, *absolu / absolue*, *eau florale*, *eau parfumée*, *eau de senteur / eau de douceur*, *brume parfumée pour le corps* sont moins fréquents dans le corpus, ce qui peut s'expliquer par le fait que les produits correspondants sont relativement moins nombreux sur le marché, et que la quantité des descriptions langagières est limitée. Cela n'empêche pas de faire la distinction entre les produits concernés, car d'un côté, quelques définitions françaises existent pour certains de ces termes; et d'un autre côté, malgré la quantité limitée des descriptions sur les produits, les caractéristiques principales de ces derniers sont accessibles. Nous divisons cette série de termes en cinq sous-groupes:

- *huile essentielle*, *essence*, *extrait*, *absolu/absolue*;
- *eau florale*;
- *eau parfumée*;
- *eau de senteur / eau de douceur*;
- *brume parfumée pour le corps*.

5.1.1.2.2 Huile essentielle, essence, extrait, absolu(e)

Le premier sous-groupe rassemble quatre termes désignant les huiles parfumées qui servent souvent de matières premières en parfumerie. Le terme*huile essentielle* désigne « les produits aromatiques et volatils extraits des végétaux, soit par distillation, soit par expression » (Maurin et al. 1992: 98), sans autre modification. Il s'agit d'un produit d'une grande pureté. Du point de vue de la concentration, il doit être le plus concentré parmi tous les produits désignés par les termes du groupe. La faible quantité contenue dans les plantes explique le coût élevé de l'huile essentielle. Par exemple, quatre tonnes de pétales de roses de Damas sont nécessaires pour la production d'un litre d'huile essentielle (Le Collectif Nez 2018: 42). C'est pourquoi les huiles essentielles se vendent généralement sous de très petits formats, ou se vendent comme matières premières pour réaliser des mélanges dans la fabrication des autres produits parfumés.

Le terme *huile essentielle* a un synonyme: *essence*.① Mais une nuance existe entre les deux, puisque les concepts derrière sont un peu différents: les huiles essentielles sont issues de distillation de végétaux sans autre modification, alors que les essences peuvent faire l'objet d'adjonctions chimiques.②

D'ailleurs, il y a un autre terme qui désigne aussi les produits aromatiques et volatils issus de l'extraction végétale: *extrait*. À la différence des huiles essentielles et essences, les extraits sont obtenus par extraction avec des solvants ou par extraction au CO_2 supercritique.③ Parmi tous les extraits, ceux qui sont obtenus en utilisant l'alcool comme solvant sont désignés *absolu* ou

① Selon le GDT, le terme *huile essentielle* possède deux synonymes: *essence* et *huile volatile*, mais ce dernier se présente très rarement dans les descriptions des produits parfumés, *à* tel point que nous ne le trouvons pas dans le corpus, donc nous ne le faisons pas entrer dans la base de données terminologiques.

② Site officiel de La Provence en Bouteille, marque et fabricateur d'huiles essentielles, https://www.laprovenceenbouteille.com/qui-sommes-nous/quelle-est-la-diff%C3%A9rence-entre-huile-essentielle-essence-et-extrait/, page consultée le 30 avril 2022.

③ Site officiel de La Provence en Bouteille, marque et fabricateur d'huiles essentielles, https://www.laprovenceenbouteille.com/qui-sommes-nous/quelle-est-la-diff%C3%A9rence-entre-huile-essentielle-essence-et-extrait/, page consultée le 30 avril 2022.

absolue. Les distinctions entre les huiles essentielles, les essences, les extraits et les absolus / absolues peuvent être illustrées comme suit (voir Figure 5.9).

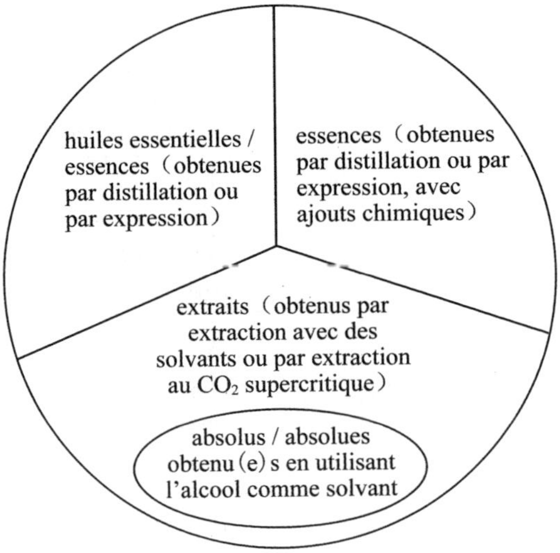

Figure 5.9 Distinctions entre *huiles essentielles*, *essences*, *extraits* et *absolu(e)s*

Pour les termes français *huile essentielle*, *essence*, *extrait* et *absolu/absolue*, les termes correspondants chinois sont nombreux. Nous listons les termes chinois repérés dans le corpus et glosés dans le Tableau 5.5.

Tableau 5.5 Les termes français *huile essentielle / essence*, *extrait*, *absolu / absolue* et leurs correspondants chinois

termes français	termes chinois
huile essentielle / essence	精 油 jīng / yóu essence / huile huile d'essence
	香 精 xiāng / jīng parfum / essence essence de parfum
	精 萃 jīng / cuì essence / extrait extrait d'essence

Continué

termes français	termes chinois
huile essentielle / essence	精　粹 jīng / cuì essence / extrait extrait d'essence
	纯　香 chún / xiāng pur / parfum parfum pur
extrait	精　萃 jīng / cuì essence / extrait extrait d'essence
	精　华 jīng.huá essence+essence essence
	提取　物 tí.qǔ / wù extraire / matière matière extraite
absolu / absolue	净　油 jìng /yóu pur / huile huile pure
	精　粹 jīng / cuì essence / extrait extrait d'essence
	精　萃 jīng / cuì essence / extrait extrait d'essence

Continué

termes français	termes chinois
absolu / absolue	香 精 xiāng / jīng parfum / essence essence de parfum
	纯 香 chún / xiāng pur / parfum parfum pur

Il est évident que l'usage des termes chinois n'est pas sans équivoque: le terme chinois *精萃* recouvre les quatre concepts concernés, alors que les termes *精粹*, *香精* et *纯香* en recouvrent deux, ce qui cause des ambiguïtés dans les descriptions des produits parfumés. Quand la description d'un parfum indique qu'il existe un certain 精萃 dans sa formule, la clientèle peut-elle savoir exactement de quel 精萃 il s'agit, une huile essentielle, une essence, un extrait ou un(e) absolu(e)? Les exemples ne manquent pas. Les descriptions sur les sites officiels des grandes marques comme Dior, Gucci et Diptyque sont confuses avec ces termes équivoques.

Parmi tous les termes chinois mentionnés dans les trois figures, *精油* est le seul qui soit normalisé. Le Comité de la terminologie de l'esthétique médicale et de la médecine esthétique le définit comme suit:

> Substances huileuses volatiles très parfumées et *à* forte concentration formées *à* l'issue du raffinement des pétales frais, des branches, des feuilles, des rhizomes, des fruits et des résines de plantes *à* parfum élevé telles que les roses, les olives, le cacao, les amandes douces, les noyaux de raisin, l'aloès, le germe de blé, le tournesol, le calendula, les noyaux d'abricot, etc., en utilisant

des méthodes modernes de haute technologie[1] (Comité de la terminologie de l'esthétique médicale et de la médecine esthétique 2015 : 121).

En comparant la définition de ce terme avec celles des termes français *huile essentielle*, *essence*, *extrait*, *absolu (e)*, la différence ressort clairement : le concept du terme chinois est plus large, car il concerne toutes les substances huileuses volatiles extraites des végétaux par « des méthodes modernes de haute technologie », sans faire de distinctions spécifiques entre les méthodes. Au contraire, les concepts respectifs de chaque terme français sont plus précis. Les substances huileuses volatiles extraites des végétaux se distinguent les unes des autres par des méthodes d'extraction différentes.

En plus du terme *精油*, il existe des termes proposés par des spécialistes en parfumerie, avec des définitions qui délimitent leur concept. À la différence de la définition du terme normalisé, plutôt large, celles des termes proposés par les spécialistes sont plutôt précises. Deux sources sont *à* citer. D'abord, le *Dictionnaire des saveurs et des parfums* distingue trois produits issus de l'extraction de végétaux et désignés respectivement par les termes *精油*, *浸膏* et *净油*, dont les deux premiers possèdent plusieurs termes synonymes (Lin 2006 : 212-213). Le Tableau 5.6 montre tous les termes en question. *La parfumerie* (Zhang et Wang 1989 : 13-15) propose respectivement les mêmes définitions pour les mêmes termes *精油*, *浸膏* et *净油*.

---

① Notre traduction. Le texte original : « 运用现代高科技方法，将玫瑰、橄榄、可可巴、甜杏仁、葡萄核、芦荟、麦胚、向日葵、金盏花、杏核等高香度植物的鲜花瓣、枝叶、根茎、果实和树脂部分进行提炼，从而形成的一类高香气及高浓度的挥发性油物质 » (Comité de la terminologie de l'esthétique médicale et de la médecine esthétique 2015 : 121).

Tableau 5.6 Les termes chinois *精油*, *浸膏*, *净油*, leurs synonymes et leur définition

terme vedette	termes synonymes					définition	traduction
精油 jīng / yóu essence / huile huile essentielle	香精 xiāng / jīng parfum / essence essence de parfum	香料 xiāng / liào parfum / matière matière de parfum	香精油 xiāng-jīng / yóu parfum-essence / huile huile d'essence de parfum	挥发油 huī.fā / yóu volatil / huile huile volatile	芳香油 fāng.xiāng / yóu parfum+parfum / huile huile aromatique	植物性香原料(包括花、叶、茎、皮、根、果、籽、树脂等)或动物泌香物用水蒸气蒸馏法、压榨法、冷磨法、萃取法或其他方法制得的可挥发(一般不溶于水)的液体产品	Produits liquides volatils (généralement insolubles dans l'eau) obtenus des matières premières parfumées (y compris fleurs, feuilles, tiges, écorces, racines, fruits, graines, résines, etc.) ou des sécrétions animales par distillation à la vapeur, pressage, broyage à froid, extraction ou autres méthodes
浸膏 jìn / gāo macérer / baume baume obtenue de la macération	浸出液 jìn-chū / yè macérer-issu / liquide liquide issu de la macération	花香精 huā-xiāng / jīng fleur / parfum / essence essence de parfum de fleur	浸液 jìn / yè macérer/liquide liquide obtenu de la macération	浸剂 jìn / jì macérer/ préparation préparation obtenue de la macération	提取物 tí.qǔ / wù extraire / matière matière extraite	广义上是指用有机溶剂浸提香料植物器官(有时包括香料植物的渗出物树胶或树脂)所得的香料制品。通常指用有机溶剂浸提不含有渗出物的香料植物组织(如花、叶、枝、茎干、树皮、根、果实等)所得的香料制品,成品中不含所用的溶剂和水分	Au sens large, se réfère aux produits parfumés obtenus par extraction des organes de plantes à parfum (incluant parfois les exsudats de gommes ou de résines de plantes à parfum) avec des solvants organiques. Se réfère généralement aux produits parfumés obtenus en extrayant les tissus des plantes (tels que les fleurs, les feuilles, les branches, les tiges, l'écorce, les racines, les fruits, etc.) sans exsudats, avec des solvants organiques, et les produits finis ne contiennent pas le solvant et l'eau utilisés
净油 jìng /yóu pur / huile huile pure						浸膏的乙醇抽提物,去除了蜡、萜烯和倍半萜烯烃类。用乙醇萃取浸膏、油树脂、香树脂、香脂或含香蒸馏水的萃取液,经过冷冻处理,滤去不溶于乙醇的全部物质(多半是蜡质,或者是脂肪,萜烯类化合物),然后在减压低温下蒸去乙醇,所得的产物统称为净油	Produit extrait à l'éthanol d'extrait, avec élimination des cires, des terpènes et des oléfines sesquiterpéniques. Extrait à l'éthanol d'extrait, d'oléorésine, de résine de baume, de baume ou de l'eau contenant du parfum, après traitement de congélation. Il faut filtrer toutes les substances insolubles dans l'éthanol (principalement cire, ou graisse, terpènes), puis distiller l'éthanol sous pression réduite et à faible température, enfin les produits obtenus sont collectivement appelés huile pure

En conclusion, les termes français et chinois correspondants renvoient, encore une fois, *à* différents référents. Le fait que les termes chinois soient peu ou prou interchangeables montre que la délimitation des concepts n'est pas claire. Autrement dit, les concepts des désignations chinoises sont, dans l'ensemble, plus étendus que ceux des désignations françaises. Il existe des termes chinois recommandés par des spécialistes en parfumerie. Néanmoins, de telles recommandations sont rares et ne se diffusent pas largement.

5.1.1.2.3 Eau florale

Le terme français *eau florale* désigne un hydrolat délicatement parfumé obtenu *à* partir de fleurs par distillation, chargé de principes végétaux volatils. On peut obtenir deux produits *à* l'issue du même processus de distillation de fleurs: eau florale et huile essentielle. Les eaux florales, certes beaucoup moins concentrées que les huiles essentielles, n'en demeurent pas moins riches en principes actifs qui leur confèrent des vertus apaisantes, purifiantes, tonifiantes, détoxifiantes.① Elles sont donc de bons produits de soin.

Comme nous le voyons, les eaux florales ne sont pas des parfums proprement dits. Cependant, aujourd'hui, la désignation *eau florale* apparaît souvent sur l'emballage des parfums de manière *à* rappeler aux consommateurs qu'il s'agit d'un parfum liquide dont les notes florales sont prédominantes et marquées. Le parfum Love de la marque Chloé, Knot de Bottega Veneta, Eaudemoiselle de Givenchy, Flower by Kenzo de Kenzo, L'Air du Temps de Nina Ricci, etc., sont tous des parfums sous la désignation *eau florale*.

Dans certaines descriptions de parfums, le terme *eau florale* se présente comme synonyme des termes *eau de toilette* ou *eau de parfum*. Cela permet de savoir que la concentration d'un parfum de la catégorie *eau florale* serait entre celle des eaux de toilette et celle des eaux de parfum.

Les correspondants chinois du terme *eau florale* pour désigner la même catégorie de parfums aux notes florales sont *香水* et *淡香水* dont voici les gloses (voir Figure 5.10).

---

① « Quelle eau florale choisir en fonction de son type de peau? », https://www.cosmopolitan.fr/quelle-eau-florale-choisir-en-fonction-de-son-type-de-peau,1995011.asp, page consultée le 30 avril 2022.

香　水 xiāng.shuǐ parfum（liquide） parfum（liquide）
淡　香　水 dàn / xiāng.shuǐ léger / parfum（liquide） parfum（liquide）léger

Figure 5.10 Les termes chinois *香水*，*淡香水*

Les gloses montrent que les désignations en chinois mettent en relief qu'il s'agit d'un parfum liquide ou d'un parfum liquide léger, sans préciser les notes florales marquées des parfums en question.

En plus des deux termes mentionnés, qui sont réellement en usage dans la pratique, *Chinese terms in medical aesthetics and aesthetic medicine* a normalisé un terme *花露水*，qui est susceptible d'être un autre correspondant chinois (voir Tableau 5.7).

Tableau 5.7 Le terme chinois *花露水* et sa définition (a)

terme chinois	terme anglais correspondant	définition	traduction
花　露　水 huā-lù / shuǐ fleur-hydrolat /eau eau d'hydrolat de fleurs	floral water	低赋香率的芳香化妆品。香精含量一般为 2%～5%,乙醇浓度为 70%～75%	Cosmétiques parfumés *à* faible taux de parfum. La teneur en essence est généralement de 2% *à* 5% et la concentration d'éthanol est de 70% *à* 75%

Source: *Chinese terms in medical aesthetics and aesthetic medicine* 2015: 124.

Selon la définition, *花露水* désigne un produit cosmétique parfumé et alcoolisé *à* faible concentration, ce qui semble correspondre au concept de parfum désigné par le terme français. Mais en vérifiant son usage dans la pratique, nous constatons que les parfums nommés *花露水* en chinois ne sont pas vraiment de la même catégorie que les parfums nommés *eau florale* en français. Effectivement, il s'agit d'un produit parfumé liquide, *à* multiples usages et *à* bas prix. Prenons une 花露水 de la marque chinoise 六神 (liù. shén)① comme exemple. Voici un mode d'emploi (voir Tableau 5.8) provenant du site officiel de la marque, qui présente six usages principaux d'une 花露水 classique. Un flacon de 花露水 de 390 ml coûte 38.9 yuans, soit environ 5.5 euros selon les taux de change actuels.②

Tableau 5.8 Six usages principaux d'une 花露水 classique

le mode d'emploi cité	la traduction du mode d'emploi
1. 直接涂抹,祛痱止痒 2. 沐浴时加入,清凉防痱 3. 浸泡衣服,清香常在 4. 喷洒于空气,香气清新 5. 擦拭屏幕,酒精速干 6. 擦拭凉席,清凉舒爽	1. Appliquer directement sur la peau pour éliminer l'éruption miliaire et soulager les démangeaisons
	2. Ajouter dans le bain pour refroidir et éviter les picotements
	3. Ajouter dans l'eau pour tremper les vêtements, ce qui parfume les vêtements pendant longtemps
	4. Vaporiser dans l'air, le parfum est frais
	5. Essuyer les écrans avec, l'alcool dans la formule sèchera rapidement
	6. Essuyer les nattes (sur lesquelles on dort) avec, pour apporter fraîcheur et confort *à* la personne qui dormira dessus

Source: Site officiel de 六神, https://detail.tmall.com/item.htm? spm=a220m.1000858.1000725.6.42931f77t9H4J0&id=45736177923&skuId=4481582088712&areaId=371000&user_id=2098678687&cat_id=2&is_b=1&rn=550fca2eacf775d704bd4f2ec1e2e550, page consultée le 4 mai 2022.

En fait, *GB/T 27578—2011 Terminology of cosmetics* a aussi normalisé le terme *花露水* et la définition proposée semble plus proche de l'usage réel du terme (voir Tableau 5.9).

① Marque chinoise connue pour ses 花露水.

② Taux de change du 4 mai 2022.

Tableau 5.9 Le terme chinois *花露水* et sa définition (b)

terme chinois	terme anglais correspondant	définition	traduction
花 露 水 huā-lù / shuǐ fleur-hydrolat /eau eau d'hydrolat de fleurs	florida water / floral water	以乙醇、水、日用香精和/或添加剂等为原料，经混合、冷冻、过滤工艺制成的液状产品，可在洗澡水中使用，也可以涂擦于皮肤上，具有芳香、清凉、祛痱止痒等功效	Produit liquide fabriquè à partir d'éthanol, d'eau, d'essence quotidienne et / ou d'additifs par des processus de mélange, de congélation et de filtration, qui peut être utilisé dans l'eau du bain ou frotté sur la peau. Il parfume et rafraîchit, et a des effets anti-piquants, antiprurigineux, etc

Source: *GB/T 27578—2011 Terminology of cosmetics* 2011: 7.

Le dossier décrit les *花露水* comme une sorte de produit liquide contenant des essences parfumées. Le côté parfumé n'est pas spécifiquement mis en avant. D'autres effets (rafraichissants, anti-piquants, antiprurigineux) sont tout aussi importants. La divergence principale entre les deux définitions proposées respectivement par les deux dossiers réside dans le fait que la première décrit plutôt un parfum, et la deuxième un produit *à* multiples usages, y compris parfumer. Leurs concepts respectifs sont donc différents.

De plus, les deux dossiers de normalisation affirment que le terme chinois *花露水* correspond au terme *floral water* en anglais. Celui-ci désigne le concept d'hydrolat obtenu *à* partir des fleurs par distillation, comme *eau florale* en français. Par conséquent, les « floral water » ne doivent pas être alcoolisées. Pourtant, les *花露水* sont définies comme alcoolisées en chinois. On constate donc que *floral water* n'est pas le terme anglais équivalent du terme chinois *花露水*.

Le véritable équivalent anglais est *Florida water*, terme qui désigne une eau de Cologne ayant les mêmes usages que les produits désignés par *花露水* en chinois. En français, ce type d'eau de Cologne est dénommé *eau de Floride*. En fait, en plus de *floral water*, *GB/T 27578—2011 Terminology of cosmetics* propose également *florida water* comme terme anglais correspondant. Les concepts que désignent ces deux termes anglais sont réellement différents. Par conséquent, il n'est pas approprié de mettre les deux termes ensemble comme synonymes.

L'analyse montre que le terme français *eau florale* et le terme chinois *花露水* parlent de deux catégories différentes de produits parfumés. Les concepts des termes correspondants *香水* et *淡香水*, qui sont en usage, sont plus larges que celui du terme français.

En outre, il est intéressant de noter que, pour le terme *eau florale* qui désigne un hydrolat obtenu à partir de fleurs, on trouve deux correspondants chinois, *纯露* et *花水*, en voici les gloses (voir Figure 5.11).

纯　露 chún / lù pur / hydrolat hydrolat pur
花　水 huā / shuǐ fleur / eau eau de fleur

Figure 5.11　Les termes chinois *纯露* et *花水*

En bref, le terme français *eau florale* correspond *à* deux concepts différents: le premier est l'hydrolat obtenu par distillation de fleurs, que désignent les termes chinois *纯露* et *花水*; le second est une catégorie de parfum léger aux notes florales, que désignent les termes chinois *香水* et *淡香水*. Le terme chinois *花露水* désigne une catégorie de Cologne *à* multiples usages, ce qui le rend différent des parfums dits « eau florale » en français. Ses correspondants français et anglais sont *eau de Floride* et *Florida water*. La définition dans *Chinese terms in medical aesthetics and aesthetic medicine* semble le décrire comme un terme renvoyant *à* une catégorie de parfum léger, ce qui contredit son usage dans la pratique.

5.1.1.2.4　Eau parfumée

Eau parfumée est un autre terme figurant fréquemment sur l'emballage des parfums, dont la définition manque en français. Il désigne, comme son sens littéral le suggère, certains parfums liquides. D'après les descriptions des parfums proposés sous l'appellation *eau parfumée*, ce sont des parfums légers et frais. Les quatre exemples ci-dessous en illustrent l'emploi.

12. La description de l'eau parfumée Green Tea de la marque Elizabeth Arden:

Un parfum **léger** et **vif**, **plein d'énergie et de vie**, **pétillant**, **stimulant** comme une cascade. Ses essences naturelles emmènent vers une aventure pleine de bonheur, énergisante et atténuant le stress. Un délicat parfum de bien-être, tel un thé glacé, réveille les sens et harmonise l'esprit, l'âme et le corps.①

13. La description de l'eau parfumée Fading Autumn de Gucci:

Des notes de cèdre, de cypriol, de patchouli et de bois de santal sont mélangées afin de créer une fragrance boisée qui accentuera la texture des autres ingrédients par son intense enveloppement. L'acqua profumata peut être superposée *à* une eau de parfum afin d'ajouter une **touche fraîche** *à* la fragrance, pour une création personnalisée.②

14. La description de l'eau parfumée Lotus Bleu de Roger & Gallet:

L'Eau Parfumée Bienfaisante Lotus Bleu, inspirée d'une promenade au cœur d'un jardin d'Égypte aux confins de la vallée du Nil, possède en son cœur un extrait de lotus bleu et des essences précieuses de mandarine, orange, copahu, patchouli et olibanum. Cette eau parfumée révèle les facettes florales et boisées *à* la sensualité **lumineuse** et **solaire**, et offre un bienfait **stimulant.**③

15. La description de l'eau parfumée Au Thé Vert de Bvlgarie:

Eau De Toilette Vaporisateur. Bvlgari au Thé Vert est une fragrance citrique pour hommes et femmes. Élégante et sobre, cette

---

① Site officiel d'Elizabeth Arden, https://www. elizabetharden. fr/product/76/Green-Tea-Eau-Parfumee-vaporisateur-100-ml/ # , page consultée le 29 février 2020.

② Site officiel de Gucci, https://www. gucci. com/fr/fr/pr/beauty/fragrances/fragrances-for-women/fading-autumn-woods-150ml-acqua-profumata-p-548759999990099? position = 32&list Name=ProductGrid&categoryPath=Beauty/Fragrances/Fragrances-for-Women, page consultée le 29 fé-vrier 2020.

③ Site officiel de Roger & Gallet, https://www. roger-gallet. com/fr-fr/Lotus-Bleu/Eaux-Parfum%C3%A9es-Bienfaisantes/Eau-Fra%C3%Aeche-Parfum%C3%A9e-Bienfaisante-p312. aspx, page consultée le 29 février 2020.

fragrance laisse un voile parfumé **doux** et **propre** mais aussi une **touche très énergisante** *à* la première heure du matin. Les notes aromatiques de ce parfum sont: coriandre, fleur d'oranger, mandarine, bergamote, cardamome, citron, jasmin, lys des vallées, rose bulgare, bois de santal, d'ambre, musc, thé vert, bois précieux et de cèdre. Un arôme **parfait pour le printemps et l'été.**[1]

Les descriptions, notamment les parties en gras, étayent les caractéristiques légère et fraîche des eaux parfumées. De plus, il faut noter que la nature d'une eau parfumée est définiedans peu de circonstances comme dans l'exemple 15 où l'eau parfumée est clairement présentée comme une eau de toilette.

Le terme français *eau parfumée* correspond *à* quatre termes chinois: *淡香氛*, *香水*, *香氛* et *芳香水*, glosés dans la Figure 5.12.

淡　香　氛 dàn / xiāng.fēn léger / parfum parfum léger
香　水 xiāng.shuǐ parfum (liquide) parfum (liquide)
香　氛 xiāng.fēn parfum parfum
芳　香　水 fāng.xiāng / shuǐ parfumé + parfumé / eau eau parfumée

Figure 5.12　Les termes chinois *淡香氛*, *香水*, *香氛* et *芳香水*

① Site officiel de Cosmetiques online, https://www.cosmetiquesonline.net/parfum/bvlgari/bvlgari-eau-parfumee-au-the-vert-eau-de-cologne-vaporisateur-75ml? source=product_related, page consultée le 29 février 2020.

Les deux derniers termes sont repérés dans la description chinoise des mêmes produits que décrivent les exemples français 12 et 13.① Le premier est repéré dans la description chinoise d'une eau parfumée appelée Rose de L'Occitane en Provence.② Ce sont des parfums liquides légers et frais selon leur description.

Le deuxième terme 香水 est repéré sur le site officiel de la marque Boitown. Plusieurs parfums de cette marque sont catégorisés comme « eau parfumée ». Ces eaux parfumées sont d'ailleurs des eaux de toilette ou des eaux de parfum, comme s'il s'agissait d'un surnom d'*eau de toilette* ou d'*eau de parfum* (voir Figure 5.13).

(a) (b)

Figure 5.13 Exemples d'une eau de toilette et d'une eau de parfum catégorisées comme « eau parfumée »

Source: Site officiel de Boitown.

Ainsi, au regard des descriptions existantes, on tend *à* conclure que les eaux parfumées sont souvent des parfums liquides légers et frais. Cela n'empêche qu'elles puissent désigner des parfums plus concentrés. *Eau parfumée* serait une appellation non officielle d'*eau de toilette* ou d'*eau de*

---

① La description chinoise de l'eau parfumée Green Tea d'Elizabeth Arden, https://detail.tmall.com/item.htm? spm=a1z10.3-b-s.w4011-15002314240.258.7297614fdTwLrr&id=530985488468, page consultée le 5 mai 2022; La description chinoise de l'eau parfumée Fading Autumn de Gucci, https://www.gucci.cn/zh/pr/548759999990099? nid = 539&listName = ProductGrid& position=18&category Path=beauty/fragrances/women, page consultée le 5 mai 2022.

② La description chinoise de l'eau parfumée Rose de L'Occitane en Provence, https://www.loccitane.cn/product--459.html, page consultée le 5 mai 2022.

parfum. Les trois termes chinois *淡香氛*，*香水* et *香氛*，comme nous l'avons présenté au début de cette section, peuvent désigner d'autres concepts que celui-ci, ce qui témoigne de la non-équivalence au niveau référentiel des termes français et chinois correspondants.

5.1.1.2.5 Eau de senteur / eau de douceur

Les parfums désignés par les termes synonymes *eau de senteur* et *eau de douceur* sont d'une catégorie un peu particulière. Contrairement *à* tous les parfums mentionnés *supra*, les eaux de senteur ou les eaux de douceur, la plupart du temps, ne contiennent pas d'alcool, puisque ce sont des parfums dédiés aux bébés et aux enfants en bas âge. Dans la formule, l'alcool est remplacé par un solvant. Ce solvant mélangé au concentré parfumé peut donner une impression au toucher légèrement collante. Étant donné que les eaux de senteur sont des parfums pour les tout-petits, elles sont généralement légères et fraîches, comme on le remarque dans la description de ces deux exemples :

16. La fragrance **fraîche**, pure et délicate associe des notes de menthe, d'agrumes et de chèvrefeuille et parfume la peau avec **légèreté.**①

17. Toute la douceur et la tendresse d'une **eau fraîche**, délicatement parfumée qui **respecte parfaitement la peau fragile** des tout-petits. Enrichie en Eau Thermale d'Uriage adoucissante et hydratante, 1ère senteur est une eau de soin avec un parfum **frais et délicat.**②

Les premières eaux de senteur furent Baby Dior de la marque Dior en 1970, puis vinrent les eaux de senteur de la marque Bonpoint, Tartine et Chocolat de la marque Guerlain, rapidement suivies des produits d'autres

---

① Site officiel de Marionnaud, https://www.marionnaud.fr/parfum/parfum-enfant/eau-de-senteur/ptisenbon-eau-de-senteur-tartine-et-chocolat/p/100027298, page consultée le 30 août 2022.

② Site officiel d'Uriage, https://www.uriage.com/GP/fr/produits/1ere-senteur, page consultée le 30 août 2022.

marques. Ces eaux sont en général peu concentrées, de 4% *à* 10%.[①] Ainsi, en fonction de toutes les informations acquises en français, les eaux de senteur sont des parfums pour enfant dont la concentration est similaire *à* celle des eaux fraîches et des eaux de toilette.

Sur le marché chinois, les parfums pour les tout-petits sont rares. La plupart de ceux que nous avons trouvés ne sont pas introduits officiellement par leur marque, ni vendus sur le site officiel de la marque, mais sont revendus par des consommateurs pour réaliser une marge. Cette modalité de vente est relayée par des descriptions informelles des produits. Ces derniers sont généralement dénommés *儿童香水* (voir Figure 5. 14), terme qui correspond aux termes français *parfum enfant*, *parfum pour les enfants* ou *parfum pour enfant*.

儿童　香　水
ér.tóng / xiāng.shuǐ
enfant / parfum（liquide）
parfum（liquide）pour les enfants

Figure 5.14 Le terme chinois *儿童香水*

Nous constatons ainsi que *儿童香水* est réellement un terme générique par rapport au terme *eau de senteur*, et que son concept est plus étendu que celui de ce dernier, car les parfums pour enfant avec alcool existent bel et bien, avec une teneur pouvant même atteindre jusqu'*à* 30%.[②] Dans cette perspective, les termes français et leur correspondant chinois *儿童香水* ne sont pas équivalents au niveau référentiel, car ils renvoient *à* des concepts différents.

De plus, les significations des termes français et chinois ne sont pas tout *à* fait identiques: *eau de senteur* et *eau de douceur* laissent penser que le parfum concerné n'est pas fort mais doux, et sert, comme beaucoup de descriptions de produits le présentent, *à* entraîner la sensation olfactive des enfants; le terme chinois, lui, met en avant que ceux-ci sont les utilisateurs ciblés.

---

① Site officiel de Sylvaine Delacourte, https://www.sylvaine-delacourte.com/fr/guide/parfum-et-concentration, page consultée le 30 avril 2022.

② http://pratique. leparisien. fr/beaute/parfum/parfum/a-partir-de-quel-age-un-enfant-peut-il-se-parfumer-1500008405, page consultée le 8 août 2022.

En outre, nous avons trouvé des sources offrant d'autres termes chinois. Sur le site officiel chinois de la marque Jacadi par example, les parfums sans alcool pour les enfants ayant moins de 3 ans sont dénommés *儿童无醇香水*，*宝宝无醇香水*. Sur la plateforme de e-commerce Taobao, les parfums doux et sans alcool pour les tout-petits sont souvent dénommés *婴儿香水*. La Figure 5.15 montre les gloses pour les trois termes mentionnés.

儿童 无 醇 香 水 ér.tóng / wú-chún / xiāng.shuǐ enfant / sans-alcool / parfum（liquide） parfum（liquide）sans alcool pour les enfants
宝 宝 无 醇 香 水 bǎo.bǎo / wú-chún / xiāng.shuǐ bébé / sans-alcool / parfum（liquide） parfum（liquide）sans alcool pour les bébés
婴 儿 香 水 yīng'ér / xiāng.shuǐ bébé / parfum（liquide） parfum（liquide）pour les bébés

Figure 5.15　Les termes chinois *儿童无醇香水*，*宝宝无醇香水* et *婴儿香水*

Comme *儿童香水*，ces trois termes mettent aussi en évidence les utilisateurs destinataires : enfants ou bébés. *儿童无醇香水* et *宝宝无醇香水* annoncent en même temps que les parfums concernés ne contiennent pas d'alcool.

En résumé, dans les désignations françaises, *senteur* peut non seulement signifier la caractéristique odorante de l'eau, mais aussi signifier la sensation olfactive (Grand Robert électronique), ce qui rappelle que le produit odorant est spécialement conçu pour éveiller la sensation olfactive des enfants. Ceci est conforme aux fonctions décrites dans les descriptions des produits concernés : parfumer, éveiller la sensation olfactive des petits. *Douceur* souligne la caractéristique légère de l'eau, et rappelle l'aspect délicat du produit qui respecte la peau fragile des petits. Quant aux correspondants chinois *儿童无醇香水*，*宝宝无醇香水* et *婴儿香水*，tout d'abord, leur signification fait bien ressortir la cible des produits concernés, en marquant clairement que ce sont des produits destinés aux enfants ou aux bébés ; par ailleurs, les deux premiers termes soulignent aussi que les produits concernés sont sans alcool. Donc, les deux premiers termes sont des synonymes absolus, et des synonymes partiels du troisième terme. Il est évident que les deux termes français et les trois termes chinois sont respectivement des équivalents partiels.

5.1.1.2.6 Brume parfumée pour le corps

Les brumes parfumées pour le corps sont connues comme alternatives idéales aux autres parfums, parfois lourds pour les périodes chaudes. Contrairement aux parfums qui s'appliquent d'habitude sur les points de pulsation, les brumes parfumées peuvent s'appliquer sur tout le corps et plusieurs fois par jour. D'ailleurs, en plus de la fonction de parfumer, les brumes parfumées pour le corps possèdent souvent d'autres fonctions: hydrater, rafraîchir ou apaiser la peau.

Il n'existe pas de règlementation pour la concentration des brumes parfumées corporelles. Selon le site cosmétique Beauté.fr, elles contiennent entre 1% et 3% d'extraits odorants①, alors que selon le laboratoire de parfums et cosmétiques Vismaressence, elles en contiennent 5%.② La marque Les Senteurs Gourmandes déclare que la concentration de leurs brumes parfumées pour le corps est de 4%.③ Nous en concluons qu'elles sont moins intenses, plus fraîches et donc généralement moins chères que les parfums typiques.

En français, le terme *brume parfumée pour le corps* a de nombreux termes synonymes: *brume pour le corps*, *brume de parfum pour le corps*, *brume parfumée corps*, *brume corporelle*, *spray*, *spray parfumant*, *eau parfumée pour le corps*, etc.

En chinois, les termes synonymes qui désignent la même catégorie de produits sont *香体喷雾*, *香氛喷雾*, *身体喷雾*, *香氛身体喷雾*(voir Figure 5.16).

---

① Site official de Beauté.fr, https://www.beaute.fr/article/eau-de-toilette-parfum-brume-les-differences_a3495/1, page consultée le 2 mai 2022.

② Site official de Vismaressence, https://vismaressence.fr/qu-est-ce-qu-une-brume-pour-corps/, page consultée le 2 mai 2022.

③ Site officiel de Les Senteurs Gourmandes, https://www.lessenteursgourmandes.fr/produit/le-verger-4/, page consultée le 2 mai 2022.

香　体 喷 雾 xiāng-tǐ / pēn.wù parfum-corps / vaporisateur vaporisateur pour parfumer le corps
香　氛　喷 雾 xiāng.fēn / pēn.wù parfum / vaporisateur vaporisateur de parfum
身 体 喷 雾 shēn.tǐ / pēn.wù corps / vaporisateur vaporisateur pour le corps
香　氛　身体 喷 雾 xiāng.fēn / shēn.tǐ / pēn.wù parfum / corps / vaporisateur vaporisateur de parfum pour le corps

Figure 5.16　Les termes chinois *香体喷雾*，*香氛喷雾*，*身体喷雾* et *香氛身体喷雾*

Il semble qu'il n'y ait pas d'écart entre les termes français et chinois. Cependant，ce qui est troublant，c'est qu'en chinois，il existe une autre catégorie de produits parfumés，également désignés 香体喷雾，mais dont l'usage principal est différent：il s'agit des produits déodorants en français.

5.1.1.3　Termes désignant les produits déodorants

Malgré la variété proposée，que ce soit en termes de forme ou de mode d'application，les produits parfumés destinés *à* supprimer les odeurs corporelles sont désignés par un même terme français：déodorant. C'est un terme ayant plusieurs définitions similaires en français. Voici cinq définitions provenant de cinq sources：

• « Produit de soin corporel destiné *à* diminuer ou *à* supprimer les odeurs » (GDT).

• « Qui désodorise，absorbe les mauvaises odeurs » (TERMIUM Plus ©).

• « Produit de toilette destiné *à* combattre les odeurs corporelles » (SFP).

• « Produit destiné *à* supprimer les odeurs de transpiration » (Dictionnaire de l'Académie Française).

• « Produit qui supprime les odeurs corporelles de transpiration » (Rey 1998: 2435).

Dans les bases de données terminologiques tels que le GDT ou TERMIUM Plus ©, dans le glossaire proposé par l'organisation spécialiste la SFP, comme dans les dictionnaires plus généraux tels que le Dictionnaire de l'Académie Française et le Dictionnaire historique de la langue française, les définitions du terme *déodorant* possèdent des mots clés sémantiquement proches. Les verbes *diminuer*, *supprimer*, *combattre*, *désodoriser*, *absorber* décrivent un processus où un élément disparaît; le nom *odeurs* et les structures nominales *mauvaises odeurs*, *odeurs de transpiration* et *odeurs corporelles de transpiration* décrivent une émanation volatile corporelle désagréable. Ainsi, les cinq définitions s'accordent fondamentalement sur le concept de ce terme: il s'agit de produits qui visent *à* supprimer les émanations volatiles corporelles désagréables, la condition préalable pour l'application de ces produits étant que les émanations existent.

Les désignations de ces produits diffèrent selon leurs états physiques et leurs modes d'application divers: *déodorant vaporisateur*, *déodorant stick* ou *déodorant à bille*. Ceux qui sont spécifiquement formulés contre la transpiration s'appellent *déodorant anti-transpiration*. Le tableau suivant liste différentes désignations des produits déodorants (voir Tableau 5.10).

Tableau 5.10 Différentes désignations des déodorants

état physique	mode d'application	désignation(s)
liquide	vaporiser sur la peau	déodorant vaporisateur déodorant spray déodorant parfumé spray déodorant
solide	frotter sur la peau	déodorant stick stick déodorant
liquide ou en gel	rouler sur la peau	déodorant *à* bille déodorant roll-on déodorant bille

Continué

état physique	mode d'application	désignation(s)
liquide, solide ou en gel	vaporiser, frotter ou rouler sur la peau	déodorant anti-transpirant déodorant antiperspirant
liquide, solide ou en gel	vaporiser, frotter ou rouler sur la peau	déodorant

Le terme chinois correspondant normalisé dans *Chinese terms in medical aesthetics and aesthetic medicine* est *除臭化妆品*. La glose, la définition et la traduction de la définition du terme sont les suivantes (voir Tableau 5.11).

Tableau 5.11 Le terme chinois *除臭化妆品* et sa définition

terme	définition	traduction
除 臭 化 妆 品 chú-chòu / huà.zhuāng.pǐn supprimer-mauvaise odeur / cosmétique cosmétique pour supprimer les mauvaises odeurs	用来去除或减轻汗液分泌的异味,防止体臭或腋臭的一类化妆品	Produits cosmétiques utilisés pour éliminer ou réduire l'odeur sécrétée par la sueur et prévenir les odeurs corporelles ou les odeurs sous les aisselles

Source: *Chinese terms in medical aesthetics and aesthetic medicine* 2015: 125.

Le concept que le terme chinois désigne est conforme *à* celui que le terme français *déodorant* désigne. Donc, on peut considérer que le terme *除臭化妆品* est le correspondant chinois du terme français. Néanmoins, dans la pratique langagière, les termes chinois utilisés pour désigner ce concept ne sont pas *除臭化妆品*. Les correspondants chinois des termes français mentionnés dans le Tableau 5.12 sont *香体喷雾*, *香体膏*, *走珠香体露*, *止汗香体露* et *香体剂*, dont les gloses sont les suivantes.

Tableau 5.12 Les termes chinois *香体喷雾*, *香体膏*, *走珠香体露*, *止汗香体露* et *香体剂*

terme chinois	terme français
香 体 喷 雾 xiāng-tǐ / pēn.wù parfumer-corps / vaporisateur vaporisateur pour parfumer le corps	déodorant vaporisateur

Continué

terme chinois	terme français
香 体 膏 xiāng-tǐ / gāo parfumer-corps / baume baume pour parfumer le corps	déodorant stick
走 珠 香 体 露 zǒu.zhū / xiāng-tǐ / lù bille / parfumer-corps / liquide liquide *à* bille pour parfumer le corps	déodorant *à* bille
止 汗 香 体 露 zhǐ-hàn / xiāng-tǐ / lù anti-transpirant / parfumer-corps / liquide liquide anti-transpirant pour parfumer le corps	déodorant anti-transpirant
香 体 剂 xiāng-tǐ / jì parfumer-corps / préparation préparation pour parfumer le corps	déodorant

Les gloses permettent d'observer que les parties communes dans les termes chinois sont *香体*qui signifient « parfumer le corps ». Cela montre qu'il s'agit de produits (qu'ils soient vaporisateur, baume, gel ou préparation) dont la fonction principale est de parfumer le corps. À l'exception du terme *止汗香体露* qui se déclare dans la désignation comme produit anti-transpirant, les autres ne sont pas différents des parfums habituels au niveau fonctionnel. La condition préalable pour l'application des produits, suggérée par les définitions du terme français *déodorant* — les émanations existent — semble ne pas avoir d'importance ici.

Sur le site de Chanel, par exemple, on trouve sous la catégorie *parfums*, entre autres, quatre produits désignés comme *déodorant vaporisateur*: le déodorant vaporisateur de la ligne Coco Mademoiselle, celui de la ligne Chance, celui de la ligne Bleu de Chanel et celui de la ligne Allure Homme Sport. Les mêmes produits sont vendus sur le site officiel chinois de la marque. Les désignations chinoises respectives des trois produits sont *香氛喷雾*,*香体*

*喷雾*et *清新喷雾*(voir Figure 5.17).

香 氛 喷 雾 xiāng.fēn / pēn.wù parfum / vaporisateur vaporisateur de parfum
香 体 喷 雾 xiāng-tǐ / pēn.wù parfum-corps / vaporisateur vaporisateur pour parfumer le corps
清 新 喷 雾 qīng.xīn / pēn.wù frais / vaporisateur vaporisateur frais

Figure 5.17 Les termes chinois *香氛喷雾*, *香体喷雾*et *清新喷雾*

En comparant les gloses de la Figure 5.17 avec celles de la Figure 5.14, nous découvrons que les désignations chinoises des produits déodorants se confondent avec celles des brumes parfumées pour le corps. Pour les clients chinois qui ne comprennent ni le français ni l'anglais imprimés sur l'emballage, il est difficile de faire la distinction entre les deux sans lire la description des produits.

En fait, certaines marques offrent une description explicite de leurs produits déodorants, ce qui permet *à* la clientèle de comprendre leur fonction. La marque *Nivea* par exemple, bien qu'elle désigne son produit déodorant avec le terme *香体剂*(qui confondrait le produit avec un parfum général), le décrit sur son site officiel chinois comme suit : « les 香体剂 contiennent des ingrédients actifs désodorisants qui empêchent la croissance bactérienne et réduisent même le nombre de bactéries responsables des odeurs ».[①] Cette description explique clairement la fonction principale du produit, qui est de réduire les odeurs corporelles en réduisant les bactéries, ce qui le distingue d'un parfum général dont la fonction principale est de parfumer le corps. La

① Notre traduction. Le texte original : « 香体剂含有除臭活性成分,可防止细菌生长,甚至减少产生异味的细菌数量 ». Site officiel de Nivea, https://www.nivea.com.cn/advice/deodorant/comparing-antiperspirants-and-deodorants-22, page consultée le 29 avril 2019.

marque Adidas désigne son produit déodorant par le terme *走珠香体液*(qui confondrait aussi le produit avec un parfum général). Le Figure 5.18 montre la glose du terme.

走 珠 香 体 液
zǒu.zhū / xiāng-tǐ / yè
bille / parfumer-corps / liquide
liquide à bille pour parfumer le corps

Figure 5.18 Le terme chinois *走珠香体液*

La marque indique sur son site officiel: « fonction du produit: loin de la gêne de la sueur, soin du corps frais et parfumé »①. C'est une présentation de la fonction du produit qui montre que ce dernier est conçu spécifiquement pour éviter la gêne causée par la transpiration — odeur et viscosité. Parfumer le corps serait plutôt une propriété secondaire mais pas la fonction principale du produit. Cependant, toutes les descriptions des produits ne sont pas aussi claires que celles proposées par Nivea ou Adidas. Les déodorants de Chanel sont décrits comme suit (voir Tableau 5.13).

Tableau 5.13 Descriptions de *香氛喷雾*, *香体喷雾* et *清新喷雾* sur le site officiel de Chanel

produit concerné	description	traduction de la description
déodorant vaporisateur-Coco Mademoiselle	蕴含现代感的 Coco Mademoiselle 香气,香体喷雾带来实时的清爽感觉及持久的舒适感,更可令清新东方香水气息更持久	Contenant le parfum moderne de Coco Mademoiselle, le 香体喷雾 procure un rafraîchissement instantané et un confort durable, prolongeant ainsi la durée du parfum oriental frais

① Notre traduction. Le texte original: « 功效:远离汗味尴尬,清新淡香护体 ». Site officiel d'Adidas, https://detail.tmall.com/item.htm? spm = a1z10.4-b-s.w4004-21274012991.1.2d2f13aa5RR7qA&pvid = e1857dde-ca63-4f26-90f9-9fa7fa870717&pos = 1&acm = 03131.1003.1.702582&id = 564953238253&scm = 1007.12940.157074.100200300000000, page consultée le 29 février 2020.

Continué

produit concerné	description	traduction de la description
déodorant vaporisateur-Chance	全新邂逅香体喷雾，散发邂逅香水的独特芳香，轻盈清新的气息笼罩全身，带来舒适干爽的愉悦感受，肌肤留下淡淡清香，余韵悠长	Le nouveau 香体喷雾 Chance possède le parfum unique du parfum Chance. L'odeur légère et fraîche recouvre tout le corps, apportant une sensation agréable confortable et sèche, laissant un léger parfum sur la peau avec un long sillage
déodorant vaporisateur-Bleu de Chanel	为男士设计的配方，它的香味能延长蔚蓝男士淡香水的气息。肌肤感受清爽与舒适。可于沐浴后或视需要喷洒于腋下或身体容易出汗的部位	Formulé pour les hommes, son parfum prolonge la senteur de l'eau de toilette Bleu de Chanel. La peau est rafraîchie et confortable. Peut être pulvérisé sur les aisselles ou les zones moites du corps après le bain ou lorsque nécessaire
déodorant vaporisateur-Allure Homme Sport	即使在运动时，也能散发充满活力的清新香气。肌肤感受清爽与舒适。可于沐浴后或视需要喷洒于腋下或身体容易出汗的部位	Même lors d'activités physiques, on peut délivrer un parfum frais et vibrant. La peau est rafraîchie et confortable. Peut être pulvérisé sur les aisselles ou les zones moites du corps après le bain ou lorsque nécessaire

Le début de chaque description véhicule le message que la marque voudrait transmettre avant tout *à* sa clientèle: le produit concerné peut parfumer le corps en libérant les mêmes odeurs agréables que les parfums de la ligne *à* laquelle il appartient. La suite de chaque description véhicule un message secondaire: le produit concerné peut apporter fraîcheur et confort au corps, ce qui est un message énigmatique en soi, puisqu'il n'explique pas par quels principes sera obtenue l'efficacité de fraîcheur et de confort. Le mot *sèche* dans la deuxième description et la dernière phrase dans les deux dernières descriptions *Peut être pulvérisé sur les aisselles ou les zones moites du corps après le bain ou lorsque nécessaire* annoncent que les produits suppriment la sensation d'humidité sur la peau. En somme, les fonctions des produits sont, par ordre de priorité: parfumer, rafraîchir, sécher le corps. Dans la désignation comme dans les descriptions, le chinois ne mentionne pas l'existence des odeurs corporelles.

Cet exemple des produits de Chanel met en exergue la différence capitale entre les désignations françaises et chinoises. Les termes chinois peuvent désigner une autre catégorie de référents que les déodorants: une catégorie de parfum corporel léger. Cela constitue la non-équivalence entre les termes français et chinois. Par ailleurs, cet exemple montre encore une fois que les termes normalisés ne s'utilisent pas forcément dans la pratique langagière.

5.1.2 Divergences catégorielle et conceptuelle globales

L'analyse des groupes des termes ci-dessus montre que les désignations révèlent les mécanismes, différents en français et en chinois, pour catégoriser et pour conceptualiser les produits parfumés. Cette différence se manifeste non seulement dans la non-équivalence fonctionnelle, mais aussi et surtout plus directement dans la non-équivalence sémantique entre les termes correspondants. Nous pouvons en conclure que la non-équivalence sémantique est un reflet des divergences catégorielle et conceptuelle au niveau linguistique et donc qu'elle reflète, d'une façon manifeste, les différents mécanismes de désignation.

Les divergences catégorielle et conceptuelle ne se limitent pas *à* des cas particuliers, mais peuvent être identifiées d'une façon globale dans l'ensemble des désignations des produits parfumés. Ces divergences globales sont dues aux différents mécanismes de désignation qui sont observés et synthétisés ici:

En comparant les termes désignant les produits parfumés, nous remarquons que, généralement, la désignation d'un produit corporel met en relief les éléments suivants: la (ou les) fonction(s) principale(s) du produit *à* désigner, sa forme physique saillante, la partie du corps où s'applique le produit. Pour les termes chinois, la plupart du temps, ces trois éléments sont tous inclus dans la même désignation du produit, alors que les termes français en incluent souvent un ou deux. Voici quelques exemples (voir Tableau 5.14).

Tableau 5.14 Exemples des éléments inclus dans la désignation des termes (a)

terme(s) français	terme(s) chinois
poudre parfumée **poudre** de parfum	香 体 粉 xiāng-tǐ / fěn parfumer-corps / poudre **poudre** pour parfumer le corps
parfum *cheveux* parfum pour les *cheveux* **brume** parfumée pour les *cheveux* **brume** *capillaire* **brume** *cheveux*	香 发 喷 雾 xiāng-fà / pēn.wù parfumer-cheveux / vaporisateur **vaporisateur** pour parfumer les cheveux
	发 香 喷 雾 fà-xiāng / pēn.wù cheveux-parfumer / vaporisateur **vaporisateur** pour parfumer les cheveux
	香 氛 发 香 雾 xiāng.fēn / fà-xiāng / wù parfum / cheveux-parfumer / brume **brume** de parfum pour parfumer les cheveux
	发 香 雾 fà-xiāng / wù cheveux-parfumer / brume **brume** pour parfumer les *cheveux*
crème de parfum pour les *mains* **crème** *mains* **crème** pour les *mains*	香 氛 护 手 霜 xiāng.fēn / hù-shǒu /shuāng parfum / protéger-mains / crème **crème** de parfum pour protéger les *mains*
	护 手 霜 hù-shǒu /shuāng protéger / mains / crème **crème** pour protéger les *mains*
savon liquide pour les *mains*	香 氛 洗 手 液 xiāng.fēn / xǐ-shǒu / yè parfum / nettoyer-mains / liquide **liquide** de parfum pour nettoyer les *mains*
	香 氛 手 部 清 洁 露 xiāng.fēn / shǒu.bù / qīng.jié-lù parfum / mains / nettoyer-liquide **liquide** de parfum pour nettoyer les *mains*

Continué

<table>
<tr><th>terme(s) français</th><th>terme(s) chinois</th></tr>
<tr><td rowspan="3">shampooing parfumé
shampooing</td><td>香 氛 洗发 香 波
xiāng.fēn / xǐ-fà / xiāng.bō
parfum / nettoyer-cheveux / TRANSL de shampooing
shampooing de parfum pour nettoyer les cheveux</td></tr>
<tr><td>香 氛 洗发 露
xiāng.fēn / xǐ-fà / lù
parfum / nettoyer-cheveux / liquide
liquide de parfum pour nettoyer les cheveux</td></tr>
<tr><td>香 氛 洗发 乳
xiāng.fēn / xǐ-fà / rǔ
parfum / nettoyer-cheveux / lait
lait de parfum pour nettoyer les cheveux</td></tr>
<tr><td rowspan="2">huile cheveux
huile parfumée cheveux</td><td>护发 精 华 油
hù-fà / jīng.huá-yóu
protéger-cheveux / essence-huile
huile d'essence pour protéger les cheveux</td></tr>
<tr><td>护发 精 油
hù-fà / jīng-yóu
protéger-cheveux / essence-huile
huile essentielle pour protéger les cheveux</td></tr>
</table>

Note: Les termes en gras renvoient à la forme physique des produits; les termes soulignés, aux fonctions principales de ceux-ci; et les termes en italique, aux parties du corps. Le terme shampooing est souligné et en italique, puisqu'il renvoie à la fois à la fonction (laver) et à la partie du corps (cheveux).

Parmi les produits corporels, les parfums sont désignés d'une manière assez différente en chinois et en français: en chinois, le trait olfactif « être parfumé » est quasiment toujours pris en compte dans la désignation; tandis qu'en français, le trait olfactif n'est pas toujours le descripteur qui est mis en avant. Le Tableau 5.15 ci-dessous montre tous les termes français désignant des parfums qui n'incluent pas le descripteur de « parfum(é) », ainsi que leurs correspondants chinois qui, au contraire, l'incluent. Cette divergence manifeste encore une fois deux mécanismes différents de désignation. En chinois, la fonction principale des produits en question, parfumer (香), est l'élément communément pris en compte pour les désigner: cet élément est mis au cœur① des désignations pour annoncer qu'il s'agit d'abord d'un parfum, puis les autres caractéristiques de celui-ci telles que la forme (水) et la densité du liquide (淡, 清新), ou sa clientèle cible (宝宝, 儿童). En français, au lieu de mentionner cette fonction, les désignations soulignent d'abord la forme physique (eau) du produit, puis d'autres éléments sont mis en relief d'une façon irrégulière, *à* savoir, le lieu de création (Cologne), le moment d'utilisation (toilette), la densité du liquide (fraîche, douceur), la note principale (florale).

Tableau 5.15 Termes français n'incluant pas le descripteur de « parfum(é) » et leurs correspondants chinois

termes français	termes chinois
eau de Cologne / Cologne	古 龙 水 gŭ.lóng / shuĭ TRANSL de Cologne / eau eau de Cologne
	古 龙 淡 香 水 gŭ.lóng / dàn-xiāng.shuĭ TRANSL de Cologne / léger-parfum (liquide) parfum (liquide) léger de Cologne
	香 水 xiāng.shuĭ parfum (liquide) parfum (liquide)
	E D C E.D.C ABR d'eau de Cologne eau de Cologne

① Nous entendons par « cœur » ici la partie fondamentale dans la relation de détermination: le déterminé. Les termes désignant les produits parfumés sont des syntagmes nominaux révélant une relation de détermination composée de deux parties: le déterminant et le déterminé. Le rôle du déterminant est de préciser les limites de l'ensemble des référents du monde auxquels le déterminé peut être appliqué. Dans la composition du terme *parfum solide*, par exemple, *parfum* est le déterminé et *solide* est le déterminant. L'ensemble des référents du monde auquel *parfum* est applicable comprend l'ensemble de tous les parfums solides existants. Le déterminant *solide* dessine, *à* l'intérieur de cet ensemble, un sous-ensemble de parfums qui sont solides. Une divergence évidente existe dans l'ordre de déterminant / déterminé entre les désignations françaises et chinoises: en français, le déterminé précède le déterminant, alors qu'en chinois, au contraire, c'est le déterminant qui précède le déterminé.

Continué

termes français	termes chinois
eau fraîche	淡　香　水 dàn / xiāng.shuǐ léger / parfum (liquide) parfum (liquide) léger
	清　新　香　水 qīng.xīn / xiāng.shuǐ frais + frais / parfum (liquide) parfum (liquide) frais
eau fraîche	淡　香　水 dàn / xiāng.shuǐ léger / parfum (liquide) parfum (liquide) léger
	淡　香　氛 dàn / xiāng.fēn léger / parfum parfum léger
	香　水 xiāng.shuǐ parfum (liquide) parfum (liquide)
	E D T E.D.T ABR d'eau de toilette Eau de toilette
extrait	香　精 xiāng / jīng parfum / essence ou extrait essence ou extrait de parfum
	香　氛 xiāng.fēn parfum parfum
	香　水 xiāng.shuǐ parfum (liquide) parfum (liquide)

Continué

termes français	termes chinois
eau de senteur / eau de douceur	儿 童 无 醇 香 水 ér.tóng / wú-chún / xiāng.shuǐ enfant / sans-alcool / parfum (liquide) parfum (liquide) sans alcool pour les enfants
	宝 宝 无 醇 香 水 bǎo.bǎo / wú-chún / xiāng.shuǐ bébé / sans-alcool / parfum (liquide) parfum (liquide) sans alcool pour les bébés
	婴 儿 香 水 yīng'ér / xiāng.shuǐ bébé / parfum (liquide) parfum (liquide) pour les bébés
eau florale	香 水 xiāng.shuǐ parfum (liquide) parfum (liquide)
	淡 香 水 dàn / xiāng.shuǐ léger / parfum (liquide) parfum (liquide) léger

La désignation d'un produit non corporel, quant *à* elle, peut mettre en relief la fonction principale du produit *à* désigner et sa forme physique saillante. De même, les désignations chinoises incluent, la plupart du temps, les deux éléments, tandis que les termes français n'en incluent souvent qu'un seul (voir Tableau 5.16).

Tableau 5.16 Exemples des éléments de classification inclus dans la désignation des termes (b)

<table>
<tr><th>terme(s) français</th><th>termes chinois</th></tr>
<tr><td rowspan="4">touche
mouillette
touche à parfum
touche à sentir
parfum testeur
bandelette de test</td><td>试 香 纸
shì-xiāng / zhǐ
essayer-parfum / papier
papier pour essayer les parfums</td></tr>
<tr><td>香 水 试 纸
xiāng.shuǐ / shì-zhǐ
parfum (liquide) / essayer-papier
papier pour essayer les parfums (liquides)</td></tr>
<tr><td>试 香 卡
shì-xiāng / kǎ
essayer-parfum / carte
carte pour essayer les parfums</td></tr>
<tr><td>闻 香 纸
wén-xiāng / zhǐ
sentir-parfum / papier
papier pour sentir les parfums</td></tr>
<tr><td rowspan="2">batonnet tige</td><td>散 香 藤 条
sàn-xiāng / téng-tiáo
diffuser-parfum / rotang-tige
tige de rotang pour diffuser le parfum</td></tr>
<tr><td>熏 香 条
xūn-xiāng / tiáo
diffuser-parfum / batonnet
batonnet pour diffuser le parfum</td></tr>
<tr><td rowspan="2">brume d'oreiller</td><td>助 眠 喷 雾
zhù-mián / pēn.wù
aider-dormir / vaporisateur
vaporisateur qui aide à dormir</td></tr>
<tr><td>睡 眠 喷 雾
shuì.mián / pēn.wù
dormir + dormir / vaporisateur
vaporisateur pour dormir</td></tr>
</table>

Les désignations chinoises pour les différentes catégories de parfums et d'extraits végétaux sont, dans l'ensemble, plus englobantes que celles en français. C'est-*à*-dire que les désignations en chinois ne sont pas précises mais floues et plus ou moins interchangeables, et peuvent renvoyer *à* plusieurs concepts. Les grands groupes d'exemples montrés dans les Tableaux 5.4 et 5.5, ainsi que les exemples de *香体喷雾*(concernant les brumes parfumées pour le corps ou les déodorants), et de *儿童香水 / 儿童无醇香水 / 宝宝无醇香水 / 婴儿香水*(concernant les parfums pour enfant), en attestent bien.

Voil*à* des cas qui témoignent des divers mécanismes régulièrement observés dans les désignations des produits parfumés. Nous appelons ces mécanismes « les mécanismes réguliers ». Les divergences par rapport aux choix des éléments pour désigner les produits parfumés provoquent, d'une façon globale, des divergences au niveau sémantique. En plus de ces mécanismes réguliers, d'autres qui sont irréguliers sont également observés. Nous clarifions cette observation avec un exemple.

Parfum mixte et *parfum unisexe* sont deux termes synonymes qui désignent les parfums destinés tout autant aux consommateurs masculins qu'aux consommatrices féminines, distingués des parfums dédiés spécialement aux consommateurs masculins (qui sont désignés comme *parfum homme*, *parfum pour homme* ou *parfum masculin*), et des parfums dédiés spécialement aux consommatrices féminines (qui sont désignés comme *parfum femme*, *parfum pour femme* ou *parfum féminin*). Le terme *mixte* signifie qu'il s'agit des personnes des deux sexes, et *unisexe* est attribué *à* ce qui est destiné indifféremment aux hommes et aux femmes (Grand Robert électronique). Ainsi, on peut considérer que *parfum mixte* et *parfum unisexe* sont deux synonymes absolus. Leurs correspondants chinois sont *中性香水* et *中性香*, dont les gloses sont mises dans la Figure 5.19.

中 性 香 水 zhōng.xìng / xiāng.shuǐ neutre / parfum (liquide) parfum (liquide) neutre
中 性 香 zhōng.xìng / xiāng neutre / parfum parfum neutre

Figure 5.19 Les termes chinois *中性香水* et *中性香*

Ces deux termes chinois sont des synonymes partiels, car l'un porte sur les parfums liquides, et l'autre sur tous les parfums au sens général. Dans ces deux termes, 中性 se dit d'une propriété entre deux propriétés opposées (Dictionnaire en ligne Handian). C'est une propriété neutre, qui n'appartient *à* aucune des deux propriétés opposées. Cela signifie que contrairement *à parfum mixte* ou *à parfum unisexe* qui porte sur tous les parfums dédiés aux hommes comme aux femmes, 中性香水 / 中性香 s'appliquent *à* tous les parfums liquides / tous les parfums qui ne sont spécialement dédiés ni aux hommes ni aux femmes, mais *à* un sexe tiers, *à* un style que les hommes et les femmes peuvent librement choisir d'adopter. Si l'on emploie *mixte* et *unisexe* en essayant d'unir le sexe masculin et le sexe féminin, alors l'usage du terme 中性 semble inventer un troisième sexe en dehors des sexes masculin et féminin, ce qui nous fait remarquer que les deux termes français et les deux termes chinois ne sont pas totalement équivalents.

En résumé, les divers mécanismes de désignation reflètent différentes modalités pour catégoriser et conceptualiser les produits parfumés, et en même temps conduisent *à* une non-équivalence sémantique et fonctionnelle entre les termes français et chinois correspondants.

5.1.3 Autres facteurs explicatifs des non-équivalences

Il faut noter que les différentes modalités de catégorisation et de conceptualisation constituent de principales et d'importantes causes qui conduisent *à* la non-équivalence mentionnée. Mais il existe encore d'autres facteurs non négligeables qui doivent être mis au clair, dont le plus considérable concerne le manque d'aménagement terminologique dans le domaine de la parfumerie, et ce, surtout en chinois. En outre, desstratégies de localisation en marketing et en traduction, qui vont de pair avec des pratiques sociales de consommation marquées, constituent également des facteurs influençant la désignation des produits parfumés.

5.1.3.1 Ressources et aménagement terminologiques

Au troisième chapitre, nous avons fait un état des lieux du travail terminologique en parfumerie dans les langues française et chinoise. Cet état des lieux montre que dans l'ensemble, la terminologie française est plus complète que la terminologie chinoise au regard des deux constats suivants:

Les analyses des sections précédentes révèlent que, du point de vue quantitatif, les termes français publiés par des organismes officiels ou spécialistes fiables sont plus nombreux que les termes chinois. Le Tableau 5.17 liste tous ces termes français et leur source. Le Tableau 5.18 liste tous les termes chinois publiés par des sources fiables. Ces deux tableaux montrent que plus de termes français et moins de termes chinois sont reconnus et proposés. Parmi les neuf termes chinois, trois (5. 浓香水, 6. 香水, 7. 淡香水/香氛) ne sont mentionnés que dans la définition d'un autre terme, eux-mêmes ne possédant pas de définition propre. L'organisme responsable de la source des trois termes les utilise et les propose au public sans les définir.

Tableau 5.17 Termes français publiés par des sources fiables

ID	terme	source	organisme(s) responsable(s)
1	parfum	GDT	Office québécois de la langue française ou des partenaires de l'Office
		TERMIUM Plus®	Gouvernement du Canada
		Glossaire de la SFP	SFP
2	fragrance	GDT	Office québécois de la langue française ou des partenaires de l'Office
		Glossaire de la SFP	SFP
3	composition	GDT	Office québécois de la langue française ou des partenaires de l'Office
		Glossaire de la SFP	SFP
4	création	Glossaire de la SFP	SFP
5	eau fraîche	GDT	Office québécois de la langue française ou des partenaires de l'Office
6	eau de Cologne	GDT	Office québécois de la langue française ou des partenaires de l'Office
		TERMIUM Plus®	Gouvernement du Canada
		Glossaire de la SFP	SFP

Continué

ID	terme	source	organisme(s) responsable(s)
7	eau de toilette	GDT	Office québécois de la langue française ou des partenaires de l'Office
		TERMIUM Plus®	Gouvernement du Canada
		Glossaire de la SFP	SFP
8	eau de parfum	GDT	Office québécois de la langue française ou des partenaires de l'Office
		TERMIUM Plus®	Gouvernement du Canada
		Glossaire de la SFP	SFP
9	extrait	GDT	Office québécois de la langue française ou des partenaires de l'Office
		TERMIUM Plus®	Gouvernement du Canada
		Glossaire de la SFP	SFP
10	huile essentielle / essence	GDT	Office québécois de la langue française ou des partenaires de l'Office
		TERMIUM Plus®	Gouvernement du Canada
		Glossaire de la SFP	SFP
11	absolu(e)	GDT	Office québécois de la langue française ou des partenaires de l'Office
		TERMIUM Plus®	Gouvernement du Canada
		Glossaire de la SFP	SFP
12	eau florale	TERMIUM Plus®	Gouvernement du Canada
13	déodorant	GDT	Office québécois de la langue française ou des partenaires de l'Office
		TERMIUM Plus®	Gouvernement du Canada
		Glossaire de la SFP	SFP

Tableau 5.18 Termes chinois publiés par des sources fiables

ID	terme chinois	terme anglais	source	organisme(s) responsable(s)
1	芳香化妆品	fragrance	*GB/T 27578—2011 Terminology of cosmetics*	Administration générale du contrôle de la qualité, de l'inspection et de la quarantaine de la RPC; l'Administration de normalisation de la RPC
		fragrant cosmetics	*Chinese terms in medical aesthetics and aesthetic medicine*	Comité de la terminologie de l'esthétique médicale et de la médecine esthétique
2	香水	fine fragrance	*GB/T 27578—2011 Terminology of cosmetics*	Administration générale du contrôle de la qualité, de l'inspection et de la quarantaine de la RPC; l'Administration de normalisation de la RPC
		perfume	*Chinese terms in medical aesthetics and aesthetic medicine*	Comité de la terminologie de l'esthétique médicale et de la médecine esthétique
3	花露水	florida water floral water	*GB/T 27578—2011 Terminology of cosmetics*	Administration générale du contrôle de la qualité, de l'inspection et de la quarantaine de la RPC; l'Administration de normalisation de la RPC
		floral water	*Chinese terms in medical aesthetics and aesthetic medicine*	Comité de la terminologie de l'esthétique médicale et de la médecine esthétique
4	古龙水/古龙香水	Cologne water	*GB/T 27578—2011 Terminology of cosmetics*	Administration générale du contrôle de la qualité, de l'inspection et de la quarantaine de la RPC; l'Administration de normalisation de la RPC
			Chinese terms in medical aesthetics and aesthetic medicine	Comité de la terminologie de l'esthétique médicale et de la médecine esthétique
5	浓香水	perfume	*GB/T 27578—2011 Terminology of cosmetics*	Administration générale du contrôle de la qualité, de l'inspection et de la quarantaine de la RPC; l'Administration de normalisation de la RPC
6	香水	perfume water		
7	淡香水/香氛	toilette water		

Continué

ID	terme chinois	terme anglais	source	organisme(s) responsable(s)
8	精油	essential oil	*Chinese terms in medical aesthetics and aesthetic medicine*	Comité de la terminologie de l'esthétique médicale et de la médecine esthétique
9	除臭化妆品	deodorant cosmetics	*Chinese terms in medical aesthetics and aesthetic medicine*	Comité de la terminologie de l'esthétique médicale et de la médecine esthétique

D'un point de vue fonctionnel, les termes français sont plus opérationnels que les termes chinois. Ceci est corroboré, premièrement, par le fait que les termes français présents dans le Tableau 5.17 s'emploient tous régulièrement dans la documentation française. Ce ne sont pas seulement des préconisations normatives, mais aussi des termes largement utilisés dans la pratique par des spécialistes et des amateurs en parfumerie, notamment par des marques du domaine afin de désigner leurs produits. Quant aux termes chinois présents dans le Tableau 5.18, 1.*芳香化妆品* et 9. *除臭化妆品* sont deux termes qui s'utilisent rarement (presque jamais) dans la documentation chinoise. Ils ne sont même pas présents dans les corpus que nous avons construits. Deuxièmement, les concepts désignés par de mêmes termes français publiés sur différentes plateformes sont plutôt unifiés, et le réseau conceptuel formé par tous les concepts est relativement systématique, on parle d'un système conceptuel. Nous schématisons ci-dessous les relations hiérarchiques entre les concepts dans le système (voir Figure 5.20).

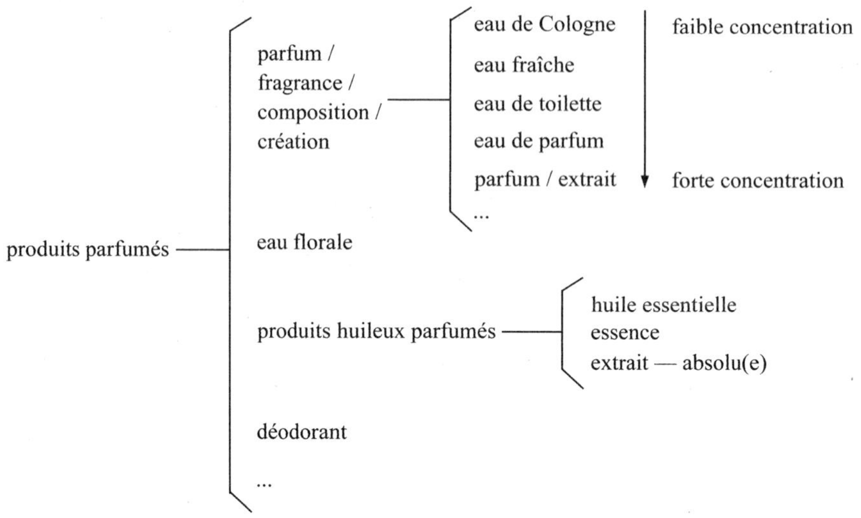

Figure 5.20 Système conceptuel des termes français

À l'intérieur du système, les concepts sont liés entre eux: la concentration de l'eau de Cologne, de l'eau fraîche, de l'eau de toilette, de l'eau de parfum et de l'extrait dans une même ligne augmentent; les huiles essentielles, les essences et les extraits sont différenciés par leur mode de fabrication; les absolu(e)s sont une sorte d'extrait; les produits huileux parfumés servent d'ingrédients dans la fabrication de parfum; les eaux florales et les huiles essentielles sont fabriquées selon un même processus; etc.

Les concepts désignés par les termes chinois sont relativement dispersés entre eux, autrement dit, les liens conceptuels entre les termes sont moins forts. D'après les définitions existantes des termes, on peut schématiser le système conceptuel dans la Figure 5.21. Un lien de concentration est observé entre les *古龙水/古龙香水*, *淡香水/香氛*, *香水* et *浓香水*.

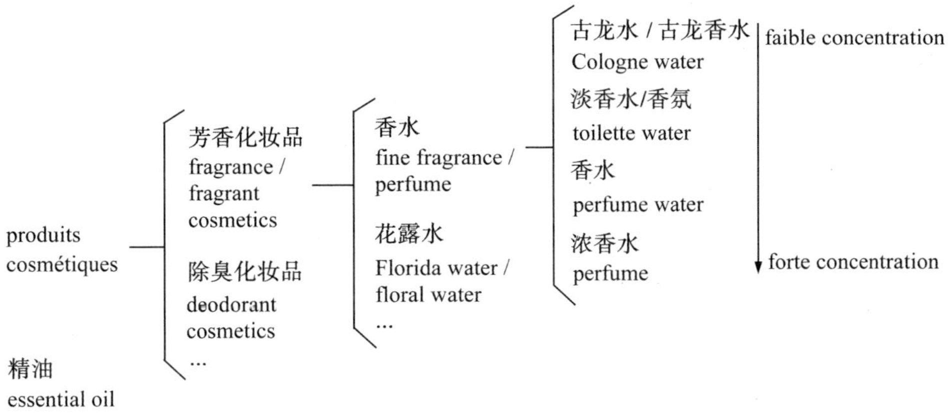

Figure 5.21 Système conceptuel des termes chinois

Note: Nous ajoutons en bas de chaque terme chinois son (ou ses) correspondant(s) anglais, aussi proposés dans les terminologies normalisées, pour en délimiter son concept.

D'ailleurs, la sous-détermination dans les concepts des termes chinois illustrée par les définitions et par les termes équivalents anglais constitue des obstacles *à* leur usage.

Ces deux constats témoignent de l'importance de l'aménagement terminologique. Ce dernier concerne surtout le travail de normalisation. C'est un travail visant *à* offrir des normes: documents approuvés par des organismes reconnus, qui ont été mis au point par voie de consensus entre des experts des domaines concernés, et qui fournissent des recommandations sur la conception, l'utilisation ou la performance des produits, processus, services, systèmes ou personnes.① L'objectif de la normalisation est d'unifier la conception, l'utilisation ou la performance de ces derniers, de sorte qu'ils soient conformes *à* des normes, que les échanges mutuels entre eux ne soient pas limités par des contraintes de temps et de lieu.

« La normalisation est mise en œuvre non seulement *à* l'égard des produits, mais aussi *à* sa représentation linguistique: la terminologie. La normalisation de produit et celle de terminologie sont étroitement liées et sont

① « Contenu », https://www.iso.org/sites/ConsumersStandards/fr/1_standards.html, page consultée le 20 septembre 2022.

tout aussi importantes »[①] (Feng 2011: 207). Le manque d'un aménagement terminologique systématique et surtout efficace favorise la confusion et l'abus de termes.

Évidemment, il reste un long chemin *à* parcourir pour la normalisation de la terminologie en parfumerie, en français et surtout en chinois. D'un point de vue macro, l'aménagement terminologique est étroitement lié *à* la politique linguistique globale d'un pays. Un service technique par définition exécute ce qui est préconisé par la politique. Le CNTERM de Chine et la Commission d'enrichissement de la langue française de France, qui s'occupent de l'examen et de la publication terminologiques, par exemple, peuvent travailler pour développer la terminologie en parfumerie. Cependant, le travail terminologique d'un certain domaine ne commence pas toujours *à* l'initiative des institutions publiques. Pour la terminologie en parfumerie, les travailleurs de cette industrie, les terminologues et les organismes spécialistes du domaine sont censés déclencher le travail en amont, pour que celui-ci soit ensuite promu au niveau étatique.

5.1.3.2 Pratiques sociales de consommation et stratégies de localisation

Certaines divergences terminologiques entre le français et le chinois peuvent s'expliquer par des pratiques sociales de consommation qui sont différentes entre les deux groupes sociaux. Les pratiques sociales de consommation font partie du mode de vie:

> Le mode de vie se comprend comme norme de référence encadrant les pratiques de la vie quotidienne. Il imbrique deux grands registres, culturel d'un côté, socioéconomique de l'autre, [...] Le mode de vie est une sphère qui se déploie *à* la jointure de la base économique de la société et de sa superstructure, institutionnelle et idéologique. Il est l'une des formes *à* travers lesquelles s'incarne la culture, en donnant aux pratiques de la vie sociale des formes culturellement connotées, différenciables d'un pays *à* l'autre. [...] La

① Notre traduction. Le texte original: « 标准化的对象不仅包括产品，而且还应该包括这些产品的语言表现——术语。这两方面是紧密联系而且是同等重要的 » (Feng 2011: 207).

> dimension socioéconomique est sous-jacente *à* de nombreuses projections de la notion. Le mode de vie est un système prégnant qui oriente les pratiques de consommation, les modes d'habitat, les modes de travail, de mobilité, etc. (Maresca 2017).

Donc les pratiques sociales de consommation sont étroitement liées au contexte social et culturel.

Les pratiques sociales de consommation sont différentes selon les groupes sociaux, ce qui fait que les produits parfumés soient plus ou moins populaires selon les lieux de consommation. Cette réalité peut exercer une influence sur la présence de certains produits sur un marché donné et par la même occasion, sur la désignation de ces produits.

Les stratégies de localisation en marketing et en traduction vont de pair avec les pratiques sociales de consommation. Cela signifie que les entreprises prennent toujours en considération ces dernières pour décider si elles vont faire entrer leurs produits sur un marché donné ou pas, et si oui, quelles stratégies de localisation sont *à* prendre pour gagner le marché en question. Qu'entendons-nous par « stratégies de localisation en marketing et en traduction »?

En marketing, on affirme que les besoins d'achat des consommateurs sont différents. Pour réussir, il faut que les stratégies marketing s'ajustent *à* la situation spécifique de chaque groupe de clients cible. Étant donné que cette approche peut être mise en œuvre chez différents groupes de clients *à* l'intérieur d'un même pays, elle devrait également être applicable sur différents marchés étrangers aux conditions économiques, politiques et culturelles très différentes (Zhu 2000: 8). La localisation des stratégies marketing tient compte des facteurs culturels et des pratiques sociales de consommation du marché cible. Les facteurs culturels font référence *à* la compréhension et *à* l'acceptation des consommateurs, paramètres nécessaires pour réussir sur un nouveau marché. Les entreprises internationales essaient de réduire la distance psychologique et culturelle entre leurs produits et les consommateurs cibles. Les pratiques sociales de consommation font référence *à* un certain modèle de consommation stéréotypé. Par exemple, des consommateurs ont une préférence pour un produit d'une certaine marque.

Cette préférence peut se former par leur besoin, leur émotion, leur expérience, ou une certaine motivation, mais en tout cas elle constitue une habitude de consommation.

Les pratiques sociales de consommation influencent la traduction des produits. La création terminologique n'est pas seulement le travail des terminologues. Ce sont souvent les utilisateurs des termes qui les créent et les utilisent, alors que les terminologues interviennent par la suite pour en unifier l'usage. Dans des domaines où l'intervention des terminologues n'est pas déterminée, les termes réellement utilisés par leurs utilisateurs servent souvent de références. Dans le domaine de la parfumerie, les utilisateurs des termes sont les créateurs-parfumeurs, les fournisseurs d'ingrédients, les fabricants, les afficheurs de marques, les traducteurs, la clientèle, etc. De grandes entreprises internationales disposent de leurs propres créateurs-parfumeurs et de leurs propres ressources d'ingrédients. Elles sont en même temps fabricantes et vendeuses de leurs produits. Une uniformité interne peut donc souvent être atteinte concernant l'usage des termes. Par ailleurs, la traduction est indispensable au niveau des entreprises internationales. Ces dernières embauchent des traducteurs spécialisés qui traduisent les dossiers nécessaires pour entrer sur le marché étranger cible, y compris les descriptions de leurs produits. Lorsqu'une marque internationale entre sur un marché étranger, la localisation est une problématique centrale en marketing tout comme en traduction.

La localisation en traduction est un processus où l'on implique une dimension culturelle et une dimension de conseil dans la traduction pure①. D'une part, le mécanisme de localisation en traduction suppose chez les traducteurs une compréhension profonde des dispositifs qui régissent les deux cultures source et cible. La traduction est censée être plus aboutie en raison de la capacité du traducteur *à* percevoir des nuances entre les deux langues et les deux cultures. D'autre part, avec la traduction « localisée », « le traducteur localisateur est un véritable acteur de l'internationalisation de l'entreprise. Il

① Par « traduction pure », nous entendons l'activité de la transformation d'une langue *à* une autre, qui concerne un aspect purement linguistique.

est investi d'une mission culturelle, il est un expert du marché brigué, capable de guider ses clients dans leurs stratégies de déploiement » (Garret 2013).

De ce fait, la localisation est non seulement un objectif important *à* atteindre, mais aussi un outil efficace *à* employer pour l'arrivée sur les marchés étrangers des entreprises internationales. Les stratégies marketing basées sur la localisation ainsi que la localisation en traduction jouent manifestement un rôle notable dans la terminologie du domaine de la parfumerie.

En conclusion, les pratiques sociales de consommation et les stratégies de localisation peuvent influencer le mécanisme de désignation des produits parfumés, ce qui se manifesterait dans les termes. Dans ce qui suit, nous en citerons deux exemples typiques.

Le premier exemple concerne les termes désignant les parfums pour enfant. L'analyse que nous avons faite dans la sous-section 5.1.1.2 établit que les termes *parfum enfant*, *eau de senteur* et *eau de douceur* désignent les parfums avec ou sans alcool dédiés aux jeunes enfants.

> Les parfumeurs français [...] ont été les premiers *à* rompre avec la convention que les parfums sont pour les adultes, en lançant des parfums pour les bébés et les enfants. [...] Ces parfums se sont vendus en grand nombre en France, *à* tel point que les croissances annuelles des ventes étaient le double de celles des parfums pour les adultes① (Li 1997 : 23).

À l'échelle mondiale, la consommation de parfums pour enfant se réalise principalement dans les pays européens tels que la France et le Royaume-Uni. « Les parfums pour enfant deviennent progressivement un nouveau pôle de croissance de la parfumerie française »② (Yan et Yang 2008 : 39). À l'opposé, les parfums pour enfant se vendent très peu sur le marché chinois. C'est la

① Notre traduction. Le texte original : « 法国香水制造商……另辟蹊径，冲破香水是成人用品的常规，推出了婴儿用和儿童用香水……小孩香水在法国大行其销，年销售额增长率是成人香水的两倍 » (Li 1997 : 23).

② Notre traduction. Le texte original : « 儿童香水正逐渐成为法国香水行业新的增长点 » (Yan et Yang 2008 : 39).

raison pour laquelle, d'un côté le concept du terme chinois *儿童香水* ne se distingue pas nettement de ceux des termes *儿童无醇香水*, *宝宝无醇香水* et *婴儿香水*, et de l'autre côté, peu de sources offrant les correspondants chinois existent dans la pratique.

Ces deux aspects s'expliquent par la situation actuelle sur le marché chinois des parfums pour enfant. Si les parfums pour enfant se vendent peu en Chine, c'est parce qu'il manque de marché: les consommateurs chinois ne sont pas prêts *à* acheter ces produits susceptibles de présenter un risque pour la santé de leurs enfants. Le parfum est nocif pour eux; les femmes enceintes et les enfants doivent éviter de porter du parfum; les parfums peuvent déclencher des allergies puisque l'alcool dans le parfum est irritant pour la peau des enfants — des commentaires similaires sont souvent présents dans des articles de blogs ainsi que dans les chroniques parents-enfants et les chroniques santé des sites internet ou des journaux. La plateforme 家庭医生在线 (Familydoctor①) a publié un article intitulé *Sentir souvent le parfum affecte le développement intellectuel des bébés*②, republié par de nombreux autres sites. L'article annonce que le parfum contient un grand nombre de composants chimiques qui nuisent *à* la santé des bébés et qui peuvent facilement provoquer de l'asthme, affecter le développement du cerveau des bébés et induire de nombreuses autres maladies. Des articles de revues, eux aussi, ont tendance *à* prévenir que des substances chimiques (le linalol par exemple) ajoutées *à* de nombreux parfums sont toxiques. Les femmes enceintes et les enfants doivent non seulement ne pas utiliser de parfum, mais aussi rester *à* l'écart du parfum secondaire qui est nuisible comme la fumée secondaire. Une exposition passive au parfum pendant la grossesse entraînerait des conséquences néfastes sur la santé du fœtus. Pour les mères qui allaitent, les produits toxiques contenus dans les parfums peuvent nuire *à* la santé du bébé par le biais du lait maternel. Le parfum vaporisé par les parents empoisonnerait l'air que respirent les

---

① Familydoctor est une plateforme chinoise fondée en 2008 qui propose un logiciel de gestion des rendez-vous et des services aux patients pour les professionnels de santé, et un service de consultation et de prise de rendez-vous en ligne pour les patients.

② Le titre chinois original est《宝宝常闻香水会影响智力发育》. Pour l'article original, voir https://www.familydoctor.com.cn/baby/a/201207/883929616834.html, page consultée le 6 août 2022.

enfants et entraînerait une perte de concentration, des troubles d'apprentissage, une hyperactivité et, dans les cas graves, des convulsions ou des retards de développement (Ni 2006: 46).

En fait, les parfums pour enfant fabriqués en respectant strictement les normes réglementaires, comme la plupart des produits de soin leur étant destinés, ne contiennent pas ou que peu d'alcool et ne sont pas toxiques. Ils sont doux et conviennent aux peaux sensibles des enfants (Yan et Yang 2008: 3839). Donc, les inquiétudes sont infondées au regard de la réglementation. Néanmoins, existants depuis longtemps, les préjugés détournent les consommateurs chinois du marché des parfums pour enfant (Yan et Yang 2008:39).

Ces représentations reposent sur les deux raisons suivantes.

Les réglementations et les normes de test encadrant les produits cosmétiques pour enfant ont longtemps fait défaut en Chine. En effet, pendant longtemps, les fabricants professionnels de cosmétiques pour adulte produisaient aussi, pour certains, les cosmétiques pour enfant, en utilisant les technologies et formules de soins destinées aux adultes. Étant donné que ces formules contenaient plus de composants chimiques et étaient plus irritantes, les enfants étaient donc sujets aux allergies cutanées ou aux dermatites. Les produits de maquillage pour enfant n'existaient pas non plus. Quand les enfants utilisaient du maquillage pour adulte contenant du plomb, du mercure ou d'autres ingrédients chimiques, cela affectait facilement le développement normal de la peau (Li 2006: 31).

De ce fait, la méfiance des consommateurs perdure. Jusqu'*à* présent, 14 réglementations chinoises contiennent des dispositions sur le contrôle de la sécurité des cosmétiques pour enfant. La plupart de ces réglementations ont été publiées puis mises en vigueur entre 2019 et 2021 (voir l'Annexe Ⅱ). Parmi les 14 réglementations, la 13e nommée *Dispositions relatives à la supervision et à l'administration des cosmétiques pour les enfants*① est la seule *à* être spécialement formulée pour la supervision la plus complète possible des cosmétiques pour enfant. Bien que les réglementations encadrant ce sujet se

① Le titre chinois original de la réglementation est《儿童化妆品监督管理规定》.

développent progressivement, il s'agit d'un long processus avant de les mettre effectivement en œuvre et de les faire respecter. Regagner la confiance des consommateurs prendra encore quelques années.

Les marques chinoises de cosmétiques pour les enfants jouissent d'une faible notoriété et couvrent moins de catégories de produits. Le domaine du parfum pour enfant n'est pas encore développé en Chine. Les marques chinoises comme 郁美净 (yù. měi. jìng) et Frog Prince sont relativement connues et détiennent une certaine part de marché, mais celle-ci est bien inférieure *à* celle des marques étrangères telles que Johnson et Pigeon. De nombreuses marques chinoises existant depuis des années peinent *à* se développer. En outre, les marques chinoises de cosmétiques pour enfant proposent généralement des produits de soins, de bain ou de protection solaire. Les produits de maquillage sont rares. Pour un besoin ponctuel, les enfants utilisent souvent les produits de maquillage pour adulte (Zheng et al. 2022 : 8). Il manque également de demande d'achat pour les parfums pour enfant, surtout que, dans certains cas, les formules de ces derniers ne sont pas indiquées.[①] Donc les consommateurs préfèrent ne pas risquer la santé de leurs enfants en les parfumant.

Nous en concluons que la situation des cosmétiques pour enfant sur le marché chinois est trouble, ce qui conduit *à* la méfiance des consommateurs vis-*à*-vis des produits proposés, et forme la pratique sociale de consommation de ces derniers : ils préfèrent ne pas parfumer les enfants. Le mode de vie « sans parfum pour enfant » se forme ainsi. Pas de demande d'achat, pas de marché pour les parfums pour enfant : c'est pourquoi on en trouve rarement sur le marché chinois. Cette réalité est reflétée par le nombre restreint de termes et aussi par les divergences entre les désignations chinoises et leurs correspondants français : la signification des termes chinois (parfum pour les enfants / bébés, parfum sans alcool pour les enfants / bébés) souligne qu'il s'agit d'un produit spécialement conçu pour enfant et qu'il est sans alcool, ce

① Les compositions de parfum sont considérées comme des produits artisanaux au niveau juridique. Le secteur des fragrances a de tout temps protégé sa propriété intellectuelle et ses compositions en faisant appel au « secret de fabrication », pour ne révéler que les ingrédients dans le cadre d'accords de confidentialité stricts (Ries et al. 2011).

qui ne se voit pas dans les termes français *eau de senteur* et *eau de douceur*.

Un autre exemple concerne les produits déodorants. L'analyse que nous avons faite dans lasous-section 5.1.1.3 montre que dans la pratique, les termes chinois utilisés pour désigner les produits déodorants sont *香体喷雾*, *香体膏*, *走珠香体露*, *止汗香体露* et *香体剂*. Ces termes transmettent une information importante: il s'agit de produits cosmétiques sous différentes formes ayant pour fonction principale de parfumer le corps. Beaucoup de marques les présentent à leur clientèle comme des parfums légers corporels. Alors qu'en français et en anglais, *déodorant* et *deodorant* désignent réellement les produits parfumés visant à supprimer les odeurs corporelles. Ceci constitue la fonction réelle et principale des produits nommés *déodorants*.

L'asymétrie informative entre les termes chinois et les termes français reflète l'enjeu de localisation des entreprises internationales en parfumerie. Les Chinois dans l'ensemble n'ont pas l'habitude d'appliquer des produits cosmétiques pour supprimer les odeurs corporelles. Ceci est soutenu par des recherches génétiques. Selon ces dernières, il existerait deux types de cérumen humain: cérumen humide et cérumen sec. Le cérumen sec est fréquent chez les Asiatiques de l'Est, tandis que le cérumen humide est courant dans d'autres populations du monde. Un SNP (single-nucleotide polymorphism) dans le gène ABCC11, rs17822931, est responsable de la détermination du type de cérumen. Le génotype AA correspond au cérumen sec, les génotypes GA et GG au type humide. Dans le monde entier, le génotype AA est plus présent chez les Chinois et les Coréens (Yoshiura et al. 2006: 324).

Il y a une forte association d'osmidrose axillaire avec le type de cérumen humide déterminé par le SNP rs17822931 du gène ABCC11 (Nakano et al. 2009: 42). « Osmidrose axillaire » est l'odeur corporelle en termes scientifiques. Le SNP présent chez les Chinois fait que les sécrétions des glandes sudoripares apocrines sont pratiquement inodores car elles ne produisent pas d'acides méthyl-hexenoïque et hydroxy-méthyl-hexanoïque, responsables en grande partie de l'odeur corporelle en raison d'un défaut de fonctionnement de ce transporteur.

Une étude concernant l'effet du SNP rs17822931 sur l'utilisation de déodorants indique des utilisations différentielles des déodorants selon le génotype de rs17822931. Les génotypes AA sont presque 5 fois surreprésentés dans les catégories de « ne jamais utiliser de déodorant ou de l'utiliser rarement ». Cependant, 77.8% des Blancs européens génotypiquement non odorants utilisent encore du déodorant, et seulement 4.7% des Blancs génotypiquement odorants n'en utilisent pas (Rodriguez et al. 2013: 1760).

Les statistiques témoignent de l'énorme décalage concernant les demandes en produits déodorants sur le marché chinois et sur les marchés étrangers. De ce fait, un produit pour supprimer les odeurs corporelles serait moins populaire qu'un produit pour parfumer le corps.

5.2 Non-équivalences au niveau sémantico-conceptuel

Le sous-chapitre 5.1 permet d'affirmer que les désignations des produits parfumés se réalisent selon divers mécanismes. Elles reflètent la catégorisation et la conceptualisation des produits au niveau linguistique. Dans le présent sous-chapitre, nous analyserons les termes désignant les senteurs et les traits olfactifs des produits parfumés. L'analyse se fonde sur la prémisse que les termes correspondants ne renvoient qu'*à* une même catégorie de référents (senteurs et traits olfactifs). Sous cette prémisse, notre observation se concentre sur les non-équivalences au niveau sémantico-conceptuel des termes correspondants, c'est-*à*-dire, les divergences sémantiques des termes et les mécanismes de désignation que manifestent ces dernières. Les divergences sémantiques sont souvent accompagnées des divergences conceptuelles. Cela signifie que même si les termes correspondants renvoient réellement *à* un même concept, leurs acceptions ne sont pas identiques, ce qui reflète une divergence de conceptualisation dans le processus de désignation.

5.2.1 Divergences sémantiques et conceptuelles des termes

Notre analyse se divise en deux parties: la première partie concerne les termes désignant les senteurs des produits parfumés, la seconde les termes désignant leurs traits olfactifs.

Les termes désignant les senteurs et les traits olfactifs des produits parfumés sont moins objectifs que les termes désignant les produits eux-mêmes. Comme les consommateurs ont besoin de comprendre les odeurs des produits grâce *à* des descriptions écrites, le nombre de termes utilisés pour décrire les traits olfactifs est considérable. Rien qu'en regardant le FIG (Fragrance Ingredient Glossary) publié par l'IFRA (The International Fragrance Association), nous pouvons nous apercevoir qu'il y a près de 3 000 ingrédients qui ont été annoncés et que chaque ingrédient possède trois termes qui décrivent ses traits olfactifs, présentés par ordre d'importance. Prenons par exemple les « descripteurs » dans le Tableau 5.19.

Tableau 5.19 Exemples de termes « descripteurs » extraits du FIG

CAS number	Principal name	Primary descriptor	Descriptor 2	Descriptor 3
4221-98-1	(−)-(R)-.alpha.-Phellandrene	Aromatic	Medicinal	Citrus
512-13-0	(−)-.alpha.-Fenchol	Earthy	Woody	Camphoraceous
489-40-7	(−)-.alpha.-Gurjunene	Woody	Balsamic	Nutty
23986-74-5	(−)-Germacrene D	Woody	Spicy	Dry
489-86-1	(−)-Guaiol	Woody	Smoky	Rose
13837-56-4	(.+−.)-Tetrahydro-2,6,6-trimethyl-2-vinyl-2H-pyrane	Citrus	Fresh	Camphoraceous
1117-61-9	(+)-(R)-Citronellol	Floral	Rose	Geranium
4610-11-1	(+)-cis-Rose oxide	Green	Floral	Rose
888021-82-7	(+−)-Ethyl 3-mercapto-2-methyl butanoate	Fruity	Food Like	Pungent
17957-94-7	(+)-Menthofuran	Minty	Leafy	Herbal
2216-52-6	(+)-Neomenthol	Minty	Fresh	Aromatic
67663-01-8	(+/−) 3-Methyl-gamma-decalact one	Fruity	Peach	Milky
156472-94-5	(+/−) Ethyl 3-mercaptobutyrate	Sulfurous	Roasted	Sweet
258823-39-1	(+/−)2-Mercapto-2-methylpent an-1-ol	Sulfurous	Garlic	Onion
58475-04-0	(+/−)-4-Ethyloctanal	Floral	Milky	Fruity
15892-23-6	(+/−)-Butan-2-ol	Fruity	Sweet	Fermented
15932-80-6	(+/−)-Pulegone	Minty	Spearmint	Sweet

Continué

CAS number	Principal name	Primary descriptor	Descriptor 2	Descriptor 3
10138-32-6	(±)-Bicyclo[2.2.1]hept-5-ene-2-carboxylic acid, ethyl ester	Fruity	Tropical-Fruit	Floral
68877-29-2	(1,7,7-Trimethylbicyclo[2.2.1]hept-2-yl)cyclohexan-1-ol	Woody	Warm	Sandalwood
35145-02-9	(1a,2a,5a)-2,5-dimethylcyclohex-3-ene-1-carbaldehyde	Green	Grassy	Citrus

Soure: The International Fragrance Association 2020: 1

Outre le grand nombre de termes, il faut remarquer qu'il n'existe pas de norme pour leur usage. Les descriptions de fragrances étant plutôt abstraites, il peut y avoir différentes descriptions pour un même produit. Et les consommateurs de différentes régions et cultures peuvent avoir leurs propres expériences olfactives et leurs propres termes pour décrire les odeurs qui les entourent, ce qui accentue considérablement la difficulté pour unifier les termes descriptifs des produits parfumés.

Compte tenu de ces observations, pour cibler les termes français et chinois correspondants qui désignent les senteurs et les traits olfactifs, et faire des comparaisons entre ceux ayant une relation d'équivalence, nous avons repéré les termes dans un corpus parallèle. Nous avons mis en contraste tous les textes français et chinois quidécrivent les mêmes produits parfumés et dont les contenus des descriptions sont les mêmes, dans l'objectif d'identifier les termes français et chinois correspondants et d'en observer les divergences sémantiques et conceptuelles.

5.2.1.1 Termes désignant les senteurs de produits parfumés

Les termes désignant les senteurs de produits parfumés concernent des termes nominaux qui peuvent introduire un (ou des) trait(s) olfactif(s). En français, les termes du genre repérés dans le corpus parallèle sont *facette*, *note*, *accord*, *accent*, *fragrance*, *parfum*, *sillage*, *signature*, *caractère*, *souffle*, *touche*, *nuance*, *note de tête* / *tête*, *note de cœur* / *cœur* / *corps*, *note de fond* / *fond*, *pyramide olfactive* / *pyramide*, *note principale* / *note dominante*, *émotion olfactive* /

mémoire olfactive, *famille olfactive* / *famille*, *note de synthèse* / *note synthétique*, *note naturelle*, etc. Pour préciser un trait olfactif, les termes simples comme *facette*, *note*, *accord*, etc. sont souvent combinés à d'autres unités lexicales pour former des termes complexes ayant des structures morphosyntaxiques N + ADJ, N+de+N ou N+N[①]. Voici des exemples dans les énoncés suivants:

18. La **note de vanille** charnelle et l'amande amère se mêlent à un accord jasmin Sambac-Santal. **Notes de badiane** et **accords de musc** renforcent ce philtre magnétique.[②]

19. La vanille, aux **facettes chaudes, poudrées et sensuelles**, est associée au benjoin, au labdanum et au patchouli, créant une fragrance orientale mystérieuse et voluptueuse.[③]

Des termes complexes comme*note de tête*, *note de cœur*, *note de fond*, *pyramide olfactive*, *famille olfactive*, etc. et leurs synonymes sont souvent suivis d'autres termes compléments informatifs qui précisent des traits olfactifs. Voici quelques exemples:

20. **Famille olfactive**: oriental floral gourmand
Notes de tête: accord café noir
Notes de cœur: fleur d'oranger absolu
Notes de fond: cèdre, patchouli[④]
21.**Pyramide olfactive**:
Tête: baies roses, bergamote, citron

---

① La structure N+N est rare.

② Site officiel de Dior, https://www.dior.com/fr_fr/products/beauty-Y0063401-hypnotic-poison-eau-de-toilette, page consultée le 11 mai 2019.

③ Site officiel de L'Artisan parfumeur, https://www.artisanparfumeur.fr/nos-parfums/l-eau-d-ambre-extr-me-eau-de-1243270.html? fc=1&campaign=google&utm_source=utm_source_google&utm_medium=cpc&utm_content=0065115192&utm_campaign=Parfums+%3E+Les+Orientaux%3BParfums+%3E+Tous + Les + Parfums&gclid = EAIaIQobChMItOWmnJOi4gIVT0HTCh240A1NEAQYASABEgLYmfD_BwE&gclsrc=aw.ds, page consultée le 17 mai 2019.

④ Site officiel d'Yves Saint Laurent, https://www. yslbeauty. fr/parfum/parfum-femme/black-opium/black-opium-eau-de-parfum/WW-40701YSL.html, page consultée le 30 avril 2019.

Cœur: ananas, lavande, notes aromatiques
Fond: feuilles de tabac, musc, patchouli, vanille①

Tous les termes simples et complexes peuvent aussi être utilisés seuls, sans être combinés avec d'autresunités ni être suivis par des compléments informatifs. Voici quelques exemples dans les énoncés suivants:

22. Révélant toutes ses **facettes** en plein jour, le fruit est illuminé par le jasmin sambac et imprégné de la fraîcheur d'un accord de cassis②.

23. Le **sillage** déroule les accents épurés de patchouli et de vétiver, qui viennent souligner la silhouette élancée de la composition.③

24. L'ylang-ylang se marie bien avec les différentes notes florales et apporte élégance, volume et originalité *à* la composition. Il déploie son bouquet d'émotions en **note de tête** de J'adore.④

25. Il existe, dans une parfumerie, un tel choix de marques et de parfums, qu'il sera difficile voire impossible de connaître les **pyramides** et les **notes principales** de chacun des parfums présents en rayonnage.⑤

Voil*à* une brève introduction de l'usage des termes du groupe. Dans la suite, notre analyse abordera les divergences sémantique et conceptuelle entre les termes monolingues réciproquement synonymes, et entre les termes français et chinois réciproquement correspondants.

---

① Site officiel d'Adopt, https://www.adopt.fr/parfums/eau-de-parfum/baies-roses-patchouly-eau-de-parfum-100ml.html, page consultée le 21 février 2020.

② Site officiel de Louis Vuitton, https://fr. louisvuitton. com/fra-fr/produits/parfum-le-jour-se-leve-nvprod880010v, page consultée le 27 mai 2019.

③ Site officiel de Chanel, https://www. chanel. com/fr_FR/parfums-beaute/parfums/p/femmes/coco-mademoiselle/coco-mademoiselle-eau-de-parfum-twist-and-spray-p116400. html # skuid-0116400, page consultée le 30 avril 2019.

④ Site officiel de Dior, https://www. dior. com/fr_fr/products/beauty-Y0715201-jadore-eau-de-parfum, page consultée le 9 mai 2019.

⑤ Site officiel de Sylvaine Delacourte, https://www.sylvaine-delacourte.com/fr/guide/choisir-un-parfum-par-notes, page consultée le 12 mars 2021.

5.2.1.1.1 À propos de la note

Un exemple typique pour commencer: les termes chinois les plus fréquents qui peuvent désigner l'odeur caractéristique d'une substance entrant dans la composition d'un parfum ou de celui-ci comme produit fini, sont *香调*, *香气*, *气息*, *芬芳*, *芳香* et *香味*. Ils peuvent être suivis d'autres termes compléments informatifs qui précisent des traits olfactifs. Voici des exemples (voir Figure 5.22).

香 调 xiāng / diào parfum / note note de parfum	果 香 调 guǒ / xiāng-diào fruit / parfum-note note de parfum de fruit
香 气 xiāng / qì parfumé / odeur odeur parfumée	树 脂 香 气 shù-zhǐ / xiāng-qì arbre-résine / parfumé-odeur odeur parfumée de résine d'arbre
气息 qì.xī souffle souffle	烟 草 气息 yān.cǎo / qì.xī tabac / souffle souffle de tabac
芬 芳 fēn.fāng parfum+parfum parfum	香 根草 芬 芳 xiāng.gēn.cǎo / fēn.fāng vétiver / parfum + parfum parfum de vériver
芳 香 fāng.xiāng parfum+parfum parfum	橙 花 芳 香 chéng-huā / fāng.xiāng orange-fleur / parfum + parfum parfum de fleur d'oranger
香 味 xiāng / wèi parfumé / odeur odeur parfumée	紫罗 兰 香 味 zǐ.luó.lán / xiāng-wèi violette / parfumé-odeur odeur parfumée de violette

Figure 5.22 Les termes chinois *香调*, *香气*, *气息*, *芬芳*, *芳香*, *香味*

Leurs termes français correspondants sont *note*, *facette*, *sillage*, *accord*, *parfum*, *fragrance*, *signature*, *caractère* et *souffle*. Les gloses des termes chinois montrent qu'*à* l'exception de *气息*, les cinq autres termes chinois sont caractérisés par « parfum » ou « parfumé ». L'utilisation d'un de ces cinq termes pour une odeur sous-entend son évaluation positive, ce qui n'est pas le cas de *气息* qui est plutôt neutre et ne révèle pas de tendance évaluative. Quant aux termes français, à l'exception de *parfum* et *fragrance* qui impliquent eux aussi une évaluation positive par rapport à une odeur donnée, le reste est aussi neutre que 气息. De ce fait, on peut déjà constater que les termes monolingues ne sont pas des synonymes absolus, et que les termes français et chinois correspondants ne sont pas des équivalents totaux.

Les asymétries de signification ne s'arrêtent pas là. Parmi ces termes, certains possèdent des nuances spécifiques qui marquent leur différence. Le terme *sillage*, par exemple, est défini comme « ce qui reste dans l'atmosphère après le passage d'une personne parfumée » (GDT). En outre, nous constatons que *sillage* peut aussi être défini comme un ensemble d'odeurs qui possèdent une ténacité importante et qui s'échappent après les premiers effluves d'un parfum. Il s'agit de la partie qui donne de la profondeur au parfum. Ce constat est étayé par la pratique langagière. Voici quelques exemples :

> 26. D'emblée des étincelles d'orange, vives et fraîches, éveillent les sens. Le cœur clair et sensuel dévoile les accords transparents de jasmin et de rose. Le **sillage** déroule les accents épurés de patchouli et de vétiver, qui viennent souligner la silhouette élancée de la composition.[①]
>
> 27. En tête, l'essence de citron s'exprime en douceur, rehaussé d'une pointe de pamplemousse. En cœur, le précieux absolu rose de Bulgarie se mêle au néroli, pour un moment de sérénité et de délassement. Enfin, le **sillage** subtilement vanillé vient parfaire la création.[②]
>
> 28. L'Eau de Campagne bourdonne de basilic, d'herbes sauvages et de citron. Ces notes hespéridées viennent s'appuyer sur l'odeur unique et singulière des feuilles de tomates vertes et sur les notes fleuries de jasmin, prune, muguet et géranium. Dans son **sillage**

---

① Site officiel de Chanel, https://www.chanel.com/fr_FR/parfums-beaute/parfums/p/femmes/coco-mademoiselle/coco-mademoiselle-eau-de-parfum-twist-and-spray-p116400.html#skuid-0116400, page consultée le 30 avril 2019.

② Site officiel d'Adopt, https://www.adopt.fr/parfums/eau-de-parfum/rose-de-bulgarie-eau-de-parfum-100-naturelle-30ml.html, page consultée le 20 février 2020.

s'épanouit la douceur boisée de la mousse de chêne, du musc et du patchouli.[①]

Les deux définitions mentionnées ci-dessus saisissent l'essentiel de la signification du terme: le trait olfactif introduit par le terme n'est pas n'importe quelle odeur d'un produit parfumé, mais l'odeur persistant dans l'air après le passage d'une personne, ou l'odeur de base qu'un produit parfumé laisse échapper après les premiers effluves. En conséquence, *sillage* n'est pas synonyme absolu mais plutôt synonyme partiel des autres termes français. Les termes chinois mentionnés sont alors ses équivalents partiels. En fait, nous avons repéré dans le corpus parallèle cinq termes chinois plus adaptés aux définitions de *sillage*: *余韵*, *尾韵*, *余味*, *香迹*, *芳迹*(voir Figure 5.23).

余 韵 yú / yùn restant / charme charme restant
尾 韵 wěi / yùn fin / charme charme à la fin
余 味 yú / wèi restant / odeur odeur restante
香 迹 xiāng / jì parfum / trace trace de parfum
芳 迹 fāng / jì parfum / trace trace de parfum

Figure 5.23 Les termes chinois *余韵*, *尾韵*, *余味*, *香迹*, *芳迹*

① Site officiel de Sisley, https://www.sisley-paris.com/fr-FR/eau-de-campagne-100-ml-190402.html?gclid=EAIaIQobChMIh8ek7r2V6AIVguFRCh1ChAeCEAQYASABEgKau_D_BwE&gclsrc=aw.ds#activeIngredients, page consultée le 13 mars 2020.

Ces correspondants sont plus adaptés dans la mesure où ils soulignent le trait sémantique identifié *supra* qui les distingue des termes précédents: ce qui reste dans l'air, une trace. Malgré cela, ces termes plus adaptés sont peu présents dans les discours en comparaison avec les sept termes chinois précédents que nous avons mis en vedette en raison de leur fréquence.

Un exemple similaire concerne le terme français *accord*. *Accord* signifie « état qui résulte de la présence simultanée de choses qui ont des rapports, forment un ensemble » (Grand Robert électronique). La présence du mot implique une harmonie entre plusieurs parties quelconques. Ce point essentiel se reflète également dans sa définition en tant que terme spécifique en parfumerie: « Effet olfactif produit par la combinaison d'au moins trois odeurs différentes et qui en forme une quatrième » (Maurin, Blayn, et Leyris 1992: 8). La SFP offre elle aussi une définition pour le terme: « Effet obtenu par le mélange de deux ou plusieurs matières premières ou notes simples, en précisant que la qualité de son harmonie dépend de l'équilibre des proportions et de l'intensité olfactive de chacune d'elles » (SFP). Les deux définitions sont en désaccord sur le nombre d'odeurs mélangées (« au moins trois » versus « deux ou plusieurs »), mais il n'en reste pas moins que le terme désigne l'odeur d'un mélange harmonieux de plusieurs matières ou notes simples, ce qui le distingue des autres termes tels que *note*, *facette*, *accent*, *parfum*, *fragrance*, *caractère*, qui peuvent désigner non seulement l'odeur caractéristique d'une substance entrant dans la composition d'un parfum mais aussi celle de ce dernier en tant que produit fini.

Compte tenu de ce qui précède, les termes chinois *香调*, *香气*, *气息*, *芬芳*, *芳香* et *香味* ne sont pas des équivalents totaux du terme français *accord*. Nous avons repéré dans le corpus parallèle deux termes chinois sémantiquement plus adaptés aux définitions du terme: *谐香*, *调谐的香气* (voir Figure 5.24).

谐 香 xié / xiāng accorder / parfum parfum accordé
调 谐 的 香 气 tiáo.xié / de / xiāng-qì accorder / ADJ / parfumé-odeur odeur parfumée accordée

Figure 5.24 Les termes chinois *谐香*, *调谐的香气*

L'aspect d' « accorder plusieurs notes pour en former un ensemble » se manifeste bien dans la signification de ces deux termes. C'est la raison pour laquelle ils peuvent être considérés comme plus adaptés en tant qu'équivalents du terme français *accord*. Cependant, comme *余韵*, *尾韵*, *余味*, *香迹* et *芳迹*, ces deux termes sont utilisés dans des cas isolés, donc ils ne sont pas termes vedettes dans la documentation chinoise.

En résumé, la divergence entre les termes français et chinois concernant la tendance évaluative révèle deux mécanismes différents pour désigner les odeurs des produits parfumés: en chinois, la plupart du temps, la désignation annonce une odeur parfumée; en français, au contraire, l'odeur *à* venir n'est pas révélée par la désignation. D'ailleurs, les termes vedettes français révèlent une distinction nette entre eux: *parfum* et *fragrance* signalent une odeur agréable; *sillage*, une odeur persistant dans l'air après le passage d'une personne, ou une odeur de base s'échappant après les premiers effluves; *accord*, une odeur harmonisée de plusieurs notes olfactives; *note*, *facette*, *signature*, *caractère* et *souffle* peuvent introduire une odeur quelconque. Les termes vedettes chinois, quant *à* eux, ne présentent pas ce genre de distinction.

5.2.1.1.2 À propos de la dynamique olfactive

Les termes français complexes et leurs correspondants chinois présentent aussi des non-équivalences sémantiques. Trois termes ressortent du lot: *note de tête*, *note de cœur*, *note de fond*. Ils ont respectivement leur(s) terme(s) synonyme(s): *tête*, *cœur* / *corps*, *fond*. Nous analysons les trois termes ensemble, parce que leurs concepts sont étroitement liés et mutuellement dépendants. La relation entre les concepts de *note de tête*, *note de cœur* et *note de fond* peut être figurée par la *pyramide olfactive*[①], appelée également *pyramide* (voir Figure 5.25).

① La définition de *pyramide olfactive* / *pyramide* a été présentée dans le sous-chapitre 4.1.

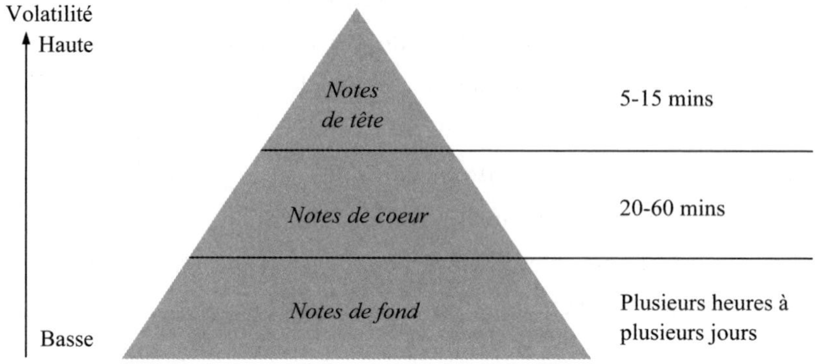

Figure 5.25 Pyramide olfactive en parfumerie

Source: Site officiel d'Eisenberg Paris, https://fr.eisenberg.com/pa1108/pyramide-olfactive, page consultée le 18 août 2022.

Les correspondants chinois du terme français *pyramide olfactive* sont *香调金字塔*, *香味金字塔*, *香气金字塔*, glosés dans la Figure 5.26.

香 调 金字塔 xiāng-diào / jīn.zì.tǎ note-parfum / pyramide pyramide des notes de parfum
香 味 金字塔 xiāng-wèi / jīn.zì.tǎ parfumé-odeur / pyramide pyramide des odeurs parfumées
香 气 金字塔 xiāng-qì / jīn.zì.tǎ parfumé-odeur / pyramide pyramide des odeurs parfumées

Figure 5.26 Les termes chinois *香调金字塔*, *香味金字塔*, *香气金字塔*

Les gloses révèlent que la signification des trois termes contient les sèmes *parfum* ou *odeur parfumée*, ce qui implique que les termes chinois essaient d'attirer notre attention sur les odeurs de parfum et de souligner qu'ils renvoient à une certaine structure d'odeurs. En revanche, en employant l'unité lexicale *olfactif*, le terme français met en valeur l'odorat, ou plus concrètement, la perception des odeurs par l'homme. Les non-équivalences sémantiques apparaissent nettement entre les termes correspondants, ce qui fait conclure que la relation entre ces derniers est une équivalence partielle.

Quant aux concepts correspondant aux trois termes, en fait, ils indiquent les différentes étapes constitutives du processus de diffusion des odeurs. La plus grande différence entre les trois étapes réside dans la durée de volatilisation: les notes de tête, les notes les plus volatiles, s'évaporent le plus rapidement; les notes de cœur, transition entre tête et fond, s'évaporent plus lentement que la tête mais moins lentement que le fond; les notes de fond, la base d'un parfum, qui confèrent de la profondeur *à* celui-ci, mettent le plus de temps *à* s'évaporer. Malgré cette différence, les trois étapes ont une importance équivalente: les notes de tête donnent la première impression d'un parfum; ensuite les notes de cœur sont les caractéristiques qui déterminent l'identité du parfum; enfin les notes de fond constituent la base qui soutient la continuité tout au long de l'évolution du parfum. Leur(s) terme(s) synonyme(s) *tête*, *cœur* / *corps* et *fond* ont les mêmes significations et peuvent donc être considérés comme des synonymes absolus.

En chinois, il existe plusieurs termes correspondant *ànote de tête*, de *note de cœur* et de *note de fond*, parmi lesquels les termes vedettes sont *前调*, *中调* et *后调*. Voici leurs gloses (voir Figure 5.27).

前　调	中　调	后　调
qián / diào	zhōng / diào	hòu / diào
début / note	milieu / note	fin / note
note au début	note au milieu	note à la fin

Figure 5.27 Les termes chinois *前调*, *中调*, *后调*

Différents des termes français, les termes vedettes chinois mettent en valeur la hiérarchisation dans le temps linéaire de la volatilisation des notes. Ils distinguent également trois étapes constitutives du processus de diffusion des odeurs: la première étape avec des notes qui s'évaporent au début; la deuxième avec des notes qui s'évaporent ensuite, et la troisième avec des notes qui s'évaporent *à* la fin. Cela montre les changements des notes au fil de la volatilisation d'un parfum. Aucun des trois termes ne souligne spécifiquement l'importance d'une partie du processus d'évaporation, comme les termes français le font avec leur référence aux parties du corps. Cependant, cela peut aussi être une façon d'en souligner l'importance: n'accentuer l'importance d'aucune étape montre l'importance égale de toutes les parties. Il reste un point *à* noter: l'évolution d'un parfum n'est pas linéaire, dans la mesure où toutes les notes sortent plus ou moins en même temps. Or, les significations des trois termes chinois semblent linéariser le processus, en mettant les notes dans l'ordre début — milieu — fin. Ces éléments montrent que les termes français et chinois sont seulement partiellement équivalents.

Les trois termes *前调*, *中调* et *后调* possèdent respectivement quelques synonymes: *头香 / 开瓶调*, *体香 / 主体调 / 主调*, *底香 / 基香 / 基调 / 尾调*, dont les gloses sont inscrites dans la Figure 5.28.

<table>
<tr><td>前 调
qián / diào
début / note
note au début</td><td>中 调
zhōng / diào
milieu / note
note au milieu</td><td>后 调
hòu / diào
fin / note
note à la fin</td></tr>
<tr><td>头 香
tóu / xiāng
tête / parfum
parfum en tête</td><td>体 香
tǐ / xiāng
corps / parfum
parfum au corps</td><td>底 香
dǐ / xiāng
fond / parfum
parfum au fond</td></tr>
<tr><td rowspan="3">开 瓶 调
kāi - píng / diào
ouvrir - flacon / note
note (s'évaporant quand on) ouvre le flacon</td><td>主 体 调
zhǔ - tǐ / diào
principal - partie / note
note comme partie principale</td><td>基 香
jī / xiāng
base / parfum
parfum de base</td></tr>
<tr><td rowspan="2">主 调
zhǔ / diào
principal / note
note principale</td><td>基 调
jī / diào
base / note
note de base</td></tr>
<tr><td>尾 调
wěi / diào
fin / note
note à la fin</td></tr>
</table>

Figure 5.28 Synonymes des termes chinois *前调*, *中调*, *后调*

Les gloses montrent que les significations des termes *头香*, *体香*, *底香 / 基香 / 基调* sont plus proches de celles des termes français, vue que les caractères *头*, *体*, *底* et *基* ont les mêmes connotations que les mots français *tête*, *corps*, *fond* / *base*. Être proches ne veut pas dire totalement équivalents, parce qu'*à* l'exception du terme *基调*, les quatre autres contiennent le caractère *香* qui signifie « parfum ». Cela implique qu'ils possèdent une évaluation positive des odeurs qu'ils vont introduire.

Quant au terme *开瓶调*, il signifie qu'il s'agit des odeurs qui se diffusent en premier au moment de l'ouverture du flacon de parfum. Donc, c'est la première impression que le parfum est censé donner *à* ses utilisateurs. Puis, la signification des deux termes restant *主体调* et *主调* s'écarte quelque peu du concept concerné. Même si les notes de cœur sont celles qui caractérisent un parfum, les notes de tête et de fond ne sont pas moins importantes. Mais l'emploi du caractère *主* qui signifie « principal » (qui signifie *à* son tour « qui est le plus important » selon le Grand Robert électronique) impose l'idée d'une plus grande importance accordée aux notes de cœur par rapport aux notes de tête et de fond. Cette idée contredit ainsi la définition de la *pyramide olfactive*. Nous en concluons que *开瓶调*, *主体调* / *主调* ne sont pas respectivement des équivalents totaux mais plutôt des équivalents partiels de *note de tête* et de *note de cœur*.

5.2.1.1.3 Figures rhétoriques

Les exemples des termes *pyramide*, *tête*, *cœur* / *corps* annoncent que l'emploi de figures rhétoriques est un mécanisme pour former les termes. En effet, ce mécanisme est très fréquent dans les désignations, et plus souvent dans les désignations françaises. Ici, *pyramide*, *tête* et *cœur* / *corps* constituent une métaphore.

Un autre exemple de métaphore concerne lestermes synonymes *hespéridé* et *note hespéridée*①, qui désignent la note ou la « famille olfactive où dominent les notes des huiles essentielles d'agrumes » (GDT). Les deux termes proviennent du mot *hespéride*, appellation des nymphes chargées de veiller sur les jardins des Dieux, dans lesquels il y avait les pommes d'or (nommées également *pommes hespérides*) (Grand Robert électronique). De ce fait, *hespéridé* et *note hespéridée* décrivant l'odeur d'agrumes sont une métaphore

① *Hespéridé* et *note hespéridée* sont les termes privilégiés pour le concept. Leur synonyme *note d'agrumes* s'utilise relativement moins.

qui compare les agrumes aux pommes hespérides. Ce genre de métaphore évoque la mythologie exclusivement propre *à* l'Occident, ce qui illustre une fois de plus la divergence sémantique entre les termes français et leurs correspondants chinois *柑橘香调*, *柑橘调* et *柑橘香型* (voir Figure 5.29 pour les gloses), qui signifient « note d'agrumes ».

柑 橘 香 调 gān.jú / xiāng-diào agrumes / parfum-note note de parfum d'agrumes
柑 橘 调 gān.jú / diào agrumes / note note d'agrumes
柑 橘 香 型 gān.jú / xiāng-xíng agrumes / parfum-type type de parfum d'agrumes

Figure 5.29 Les termes chinois *柑橘香调*, *柑橘调*, *柑橘香型*

En plus de la métaphore, la métonymie est également remarquée. On peut évoquer l'exemple du terme*nez*, utilisé en français pour désigner les parfumeurs qui créent des parfums, car les parfumeurs travaillent avec leur nez. Le terme correspondant chinois, *调香师* (voir la Figure 5. 30 pour la glose), cependant, n'utilise pas cette image figurative. C'est l*à* où se trouve la divergence sémantique entre les deux.

调 香 师 tiáo-xiāng / shī formuler-parfum / professionnel professionnel qui formule des parfums

Figure 5.30 Le terme chinois *调香师*

Dans les pages suivantes, nous présenterons d'autres exemples de métaphore et de métonymie. En plus de ces deux figures de style, nous aborderons aussi la personnification et la synesthésie, toutes deux amplement utilisées dans les descriptions des produits parfumés. Vu leur importance, deux sous-sections leur seront respectivement consacrées (voir la sous-section 5.2.1.2.3 et la sous-section 5.2.1.2.4).

En conclusion, la non-équivalence sémantique se manifeste *à* la fois entre les termes monolingues dits « synonymes » et entre les termes français et chinois dits « équivalents ». Cette non-équivalence va de pair avec une non-équivalence au niveau conceptuel dans les désignations. Cependant, malgré des divergences sémantiques, les termes restent partiellement équivalents. Dans la sous-section suivante, nous allons analyser et discuter les termes désignant les traits olfactifs des produits parfumés. Ces termes décrivent des concepts relativement abstraits, et leur usage n'est pas normalisé, ce qui engendre souvent des équivalences partielles et des pseudo-équivalences (celles-ci ne sont que fonctionnelles).

5.2.1.2 Termes désignant les traits olfactifs de produits parfumés

Floral, *fumé*, *jasminé*, *note rosée*, *citronné*, *cèdre*, *note de santal*, *encens*, *chaud*, *glacé*, *sensuel*, *élégant*, etc., sont des termes utilisés pour décrire les odeurs de produits parfumés. Ces termes ne sont pas homogènes du point de vue typologique. Au premier abord, on peut constater qu'il existe deux types principaux de termes: ceux qui renvoient *à* des entités autonomes et ceux qui renvoient *à* des propriétés non-autonomes. *Entité autonome* signifie que les objets extérieurs existent par eux-mêmes, mais non leurs propriétés qui sont ontologiquement non-autonomes (Kleiber et Vuillaume 2011b: 23).

L'olfaction est connue comme « un sens sans parole » (Dubois 2008: 46). Des termes comme *floral* ou *note de santal* renvoient *à* des entités autonomes comme fleurs ou santal, pour expliquer que les traits olfactifs *floral* et *note de santal* correspondent *à* l'odeur des fleurs ou du santal, mais de quelles odeurs s'agit-il exactement? Cette question n'a pas de réponse exacte. Ce sont des termes non-identifiants d'odeurs, c'est-*à*-dire, des termes qui n'indiquent pas de quelle odeur précise il s'agit, contrairement *à* *bleu*, par exemple, qui indique qu'il s'agit d'une couleur spécifique (Kleiber et Vuillaume 2011a: 4).

Malgré leur imprécision, les termes renvoyant *à* des entités autonomes créent une association entre un trait olfactif et certaines entités qui pourraient exhaler une odeur particulière. Ce mécanisme de désigner les odeurs par les noms d'entités autonomes est en fait une métonymie. Au contraire, les termes renvoyant *à* des propriétés non-autonomes ne créent aucune association entre un trait olfactif et certaines entités autonomes. Ce sont des termes de nature qualitative comme *chaud*, *glacé*, *sensuel* et *élégant*, termes qui dépendent totalement des entités autonomes pour exister. C'est le cas dans les exemples suivants: *L'eau est chaude / glacée. Cette fille est sensuelle / élégante.* Chaude ou glacée, c'est une propriété de l'eau en question; sensuelle ou élégante, c'est une propriété de la fille en question. Ces termes ne s'utilisent pas isolément sans décrire une entité autonome.

Les entités n'appartiennent pas tous *à* la même catégorie du point de vue taxonomique. Les êtres vivant sur Terre sont classés en sept grands niveaux de taxons. Ceux-ci sont, du plus générique au plus spécifique, le règne, l'embranchement, la classe, l'ordre, la famille, le genre et l'espèce. Par exemple, la fiche taxonomique de l'iris versicolore se présente comme suit (voir Figure 5.31).

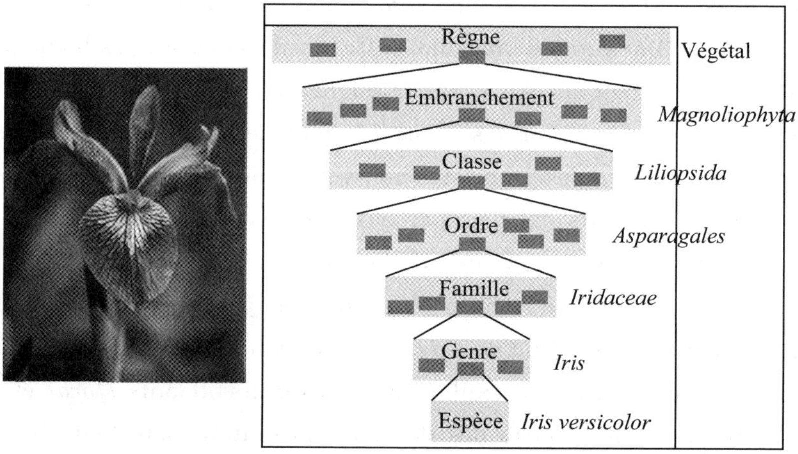

Figure 5.31 Fiche taxonomique de l'iris versicolor

Source: « La classification des vivants (taxonomie) », https://www.alloprof.qc.ca/fr/eleves/bv/sciences/la-taxonomie-s1221, consultée le 24 août 2022.

En fait, sous chaque niveau de taxon, il y a encore quelques subdivisions. Par analogie, nous pourrions diviser les termes renvoyant *à* des entités autonomes en deux catégories selon leur dimension conceptuelle.

• La première catégorie concerne les termes qui renvoient aux entités autonomes dont le taxon est plus ou moins générique. Par exemple, les termes floral, fruité, boisé, note d'agrumes, note de fruits rouges désignent les odeurs qui rappellent celles des fleurs, des fruits, du bois, des agrumes et des fruits rouges, mais sans préciser de quelle fleur, de quel fruit, de quel bois, de quel agrume et de quel fruit rouge il s'agit.

• La seconde catégorie concerne les termes qui renvoient aux entités autonomes dont le taxon est plus spécifique. Par exemple, les termes jasminé, note de géranium, note de bergamote, musqué, vanillé désignent des odeurs qui rappellent, précisément, celles de jasmin, de géranium, de mangue, de musc et de vanille. Prenons l'exemple des trois termes note fruitée, note d'agrumes, note de citron. Leur positionnement sur un axe qui présente le degré générique / spécifique de taxon des entités autonomes auxquelles ils renvoient s'effectuera comme suit (voir Figure 5.32).

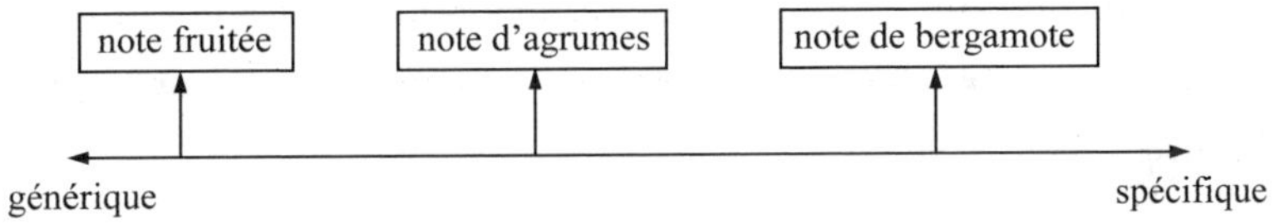

Figure 5.32 Positionnement des trois termes sur un axe générique-spécifique

La première catégorie comporte des termes comme *chypré*, *fougère*, *oriental*, qui sont aussi génériques, mais ne renvoient pas aussi directement *à* des entités autonomes que *floral* qui renvoie aux fleurs. Donc, il faut faire référence *à* leur concept pour savoir qu'ils indiquent telles entités autonomes. Prenons *chypré* par exemple: c'est en faisant référence au concept de ce terme — « chypré regroupe des parfums basés principalement sur des accords de: mousse de chêne, ciste-labdanum, patchouli, bergamote, etc. » (SFP) — que l'on peut savoir que ce terme désigne les odeurs qui rappellent celles de la mousse de chêne, du ciste-labdanum, du patchouli, de la bergamote, etc.

On divise aussi les termes qui renvoient *à* unepropriété non-autonome en deux catégories :

• La première catégorie réunit des termes personnifiés comme sensuel, élégant, féminin, masculin, vif, vivant, tendre, délicat, etc. Ce sont des termes polysémiques qui laissent place *à* beaucoup d'imagination.

• La seconde catégorie réunit des termes synesthésiques, *à* savoir, des termes qui touchent généralement un autre sens que l'olfaction, mais qui sont, malgré cela, utilisés pour décrire les odeurs. Chaud, glacé, frais, amer, acidulé, sucré, salé, vert, lumineux, etc., ce sont tous des termes sensoriels (chaud, glacé et frais pour le toucher; amer, acidulé, sucré et salé pour le goût; vert et lumineux pour la vue) très utilisés en parfumerie pour provoquer une résonance olfactive, mais qui relèvent d'un autre domaine perceptuel.

Dans ce cadre, notre analyse des non-équivalences entre les termes français et chinois « équivalents » désignant les traits olfactifs se déploie sur quatre catégories de termes : termes génériques renvoyant aux entités autonomes dont le taxon est plus ou moins générique, termes renvoyant aux entités autonomes dont le taxon est plus spécifique, termes personnifiés, termes synesthésiques (voir Figure 5.33).

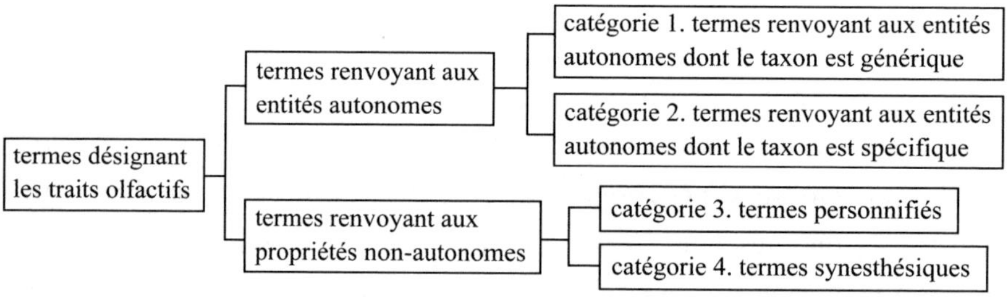

Figure 5.33 Quatre catégories de termes désignant les traits olfactifs

5.2.1.2.1 Termes relatifs aux entités autonomes *à* taxon générique

Parmi les termes renvoyantaux entités autonomes dont le taxon est plus ou moins générique, ceux qui désignent différentes familles olfactives sont incontournables. Les familles olfactives sont en fait de grandes catégories de parfums distinguées par leurs notes principales. La classification contribue *à* la communication et *à* la constitution des stratégies olfactives de la part des parfumeurs et des marques. Elle contribue également *à* la détermination des caractéristiques olfactives de produits parfumés et *à* la facilitation du processus d'achat de la part des clients.

Pour le moment, il n'existe pas de classification officielle, mais « celle de la SFP est parfois considérée comme la référence » (Le Collectif Nez 2018 : 193), puisque la plupart des classifications existantes (celles proposées par des marques comme Carrément Belle et Les Fleurs du Golfe, par des plates-formes d'achat comme Nocibé et Incenza, par des sites internet de nature encyclopédique en parfumerie comme Olfastory ou Auparfum, etc.) la respectent. En plus de cette référence, il existe d'autres propositions de classification en provenance de sources fiables. Nous les résumons toutes dans le Tableau 5.20.

Tableau 5.20 Familles olfactives en parfumerie proposées par différentes sources d'information

ID	familles olfactives	source	page consultée
1	hespéridée, florale, fougère, chypre, boisée, ambrée-orientale, cuir	SFP	https://www. parfumeurs-createurs. org/fr/filiere-parfum/les-familles-olfactives-102
2	hespéridée, florale, fougère, chyprée, boisée, ambrée, cuir	Dictionnaire du langage parfumé	P.73
3	hespéridée, fleurie, fougère, chyprée, boisée, orientale, aromatique	The Fragrance Foundation France	https://www. fragrancefoundation. fr/education/les-7-familles-de-parfum/
4	hespéridée, florale, chyprée, boisée, ambrée, cuir, aromatique	Fragrantica	https://www.fragrantica.fr/group/
5	hespéridée, florale, fougère, chyprée, boisée, orientale	la marque Sylvaine Delacourte	https://www. sylvaine-delacourte. com/fr/guide/les-familles-olfactives-masculines-et-feminines

Note: La classification publiée par The Fragrance Foundation France est offerte par son partenaire, la société Cinquième Sens, société experte en olfaction dirigée par des parfumeurs créée en 1976 par Monique Schlienger, professeur d'olfaction *à* l'ISIPCA (Institut Supérieur International du Parfum, de la Cosmétique et de l'Aromatique Alimentaire).

Outre ces classifications proposées en tant que connaissances générales en parfumerie, il en existe d'autres, proposées par des marques individuelles comme guide d'achats de leurs produits parfumés. L'objectif de ce genre de proposition est de faire connaître les produits de la marque concernée *à* la clientèle. Par conséquent, les classifications concernent uniquement les produits des marques en question et sont généralement plus minutieuses. Par exemple, le site officiel de la marque Jo Malone divise ses parfums en six « familles »: les citronnés, les fruités, les floraux légers, les floraux, les épicés, les boisés.[①] Le site officiel de la marque Serge Lutens divise ses parfums en cinq « familles olfactives »: boisés-chyprés, floraux, gourmands, mohairs, résineux-ambrés.[②] En fait, les citronnés, les floraux légers, les épicés appartiennent respectivement aux familles hespéridée, florale et orientale. Résineux et mohairs sont des traits olfactifs relativement moins populaires, notamment mohairs qui est plutôt une création spécifique *à* la marque Serge Lutens. Compte tenu de cela, les classifications proposées par des marques individuelles en tant que guide d'achats de leurs produits, en français comme en chinois, ne sont pas prises en considération dans la présente analyse.

Il existe trois termes correspondants aux termes synonymes français *famille olfactive / famille*: *香调家族*, *香氛家族*, *香型*, dont les gloses sont présentées dans la Figure 5.34.

香　调　家族 xiāng-diào / jiā.zú parfum-note / famille famille des notes de parfum
香　氛　家族 xiāng.fēn / jiā.zú parfum / famille famille de parfum
香　型 xiāng /xíng parfum /type type de parfum

Figure 5.34　Les termes chinois *香调家族*, *香氛家族*, *香型*

① « Nos parfums », https://www.jomalone.fr/scents-collection, page consultée le 20 août 2022.

② « PARFUMS », https://www.sergelutens.com/fr/parfums.html, page consultée le 20 août 2022.

Comme nous l'avons mentionné plus haut, les familles olfactives sont le résultat d'une classification des parfums et correspondent donc à des familles de parfums. Basée sur la distinction des notes marquées de chaque parfum individuel, la classification de parfums est en fin de compte une classification de notes olfactives. Le caractère *型* dans le terme chinois *香型* implique que le parfum possède certain(s) caractère(s) olfactif(s) qui lui permet(tent) de s'intégrer dans un ensemble de parfums défini. Donc les trois termes chinois sont tous appropriés pour désigner le concept de *famille olfactive*. Cependant, il est évident que leurs significations ne sont pas identiques.

La classification des parfums en différentes familles olfactives n'est pas fréquente dans la documentation chinoise. Il n'y a que deux sites internet encyclopédiques en parfumerie qui en proposent une chacun. Les voici dans les Figure 5.35 et 5.36 avec les gloses correspondantes.

芳 香 香 型 fāng.xiāng / xiāng-xíng parfumé+parfumé / parfum-type type de parfum parfumé	皮革 香 型 pí.gé / xiāng-xíng cuir / parfum-type type de parfum de cuir
木 质 香 型 mù.zhì / xiāng-xíng boisé / parfum-type type de parfum boisé	东 方 香 型 dōng.fāng /xiāng-xíng oriental / parfum-type type de parfum oriental
柑 橘 香 型 gān.jú / xiāng-xíng agrumes / parfum-type type de parfum d'agrumes	西普 香 型 xī.pǔ / xiāng-xíng TRANSL de chypre / parfum-type type de parfum de chypre
花 香 型 huā / xiāng-xíng fleur / parfum-type type de parfum de fleur	

Figure 5.35 Familles olfactives: classifications proposées par Fragrantica

Source: Site officiel d'Fragrantica, https://www. fragrantica. asia/groups/, page consultée le 20 août 2022.

柑 橘 调 gān.jú / diào agrumes / note note d'agrumes	东 方 调 dōng.fāng / diào oriental / note note orientale
绿叶 调 lǜ-yè / diào vert-feuille / note note de feuille verte	花 香 调 huā / xiāng-diào fleur / parfum-note note de parfum de fleur
水 生 调 shuǐ.shēng / diào aquatique / note note aquatique	果 香 调 guǒ / xiāng-diào fruit / parfum-note note de parfum de fruit
皮革 调 pí.gé / diào cuir / note note de cuir	木 质 调 mù.zhì / diào boisé / note note boisée
美 食 调 měi-shí / diào délicieux-aliment / note note d'aliment délicieux	西普 调 xī.pǔ / diào TRANSL de chypre / note note de chypre
馥奇 香 调 fù.qí / xiāng-diào TRANSL de fougère / parfum-note note de parfum de fougère	

Figure 5.36 Familles olfactives: classifications proposées par Nose Time

Source: Site officiel d'NoseTime, https://www. nosetime. com/xiangdiao/, page consultée le 20 août 2022.

La comparaison entre les Figure 5.35 et 5.36 sert de point de départ à notre analyse. Cette comparaison permet de remarquer d'abord une réalité: dans la documentation française, les classifications ne sont pas tout à fait identiques, et il en est de même dans la documentation chinoise. Cela montre que le concept du terme *famille olfactive* lui-même n'est pas clair: autant sa définition (grandes catégories de parfums distinguées par leurs notes principales) semble nette, autant la délimitation du concept dans la pratique semble floue (Combien de familles olfactives existe-il? Quelle est la modalité de distinction? Il n'y a pas de réponses exactes aux questions posées.).

Nous constatons que les notes olfactives sont *à* la fois innombrables et abstraites. Différents marchés et même différentes marques peuvent ne pas parvenir *à* une classification bien déterminée. En même temps, de nouvelles notes voient le jour constamment. Donc, même s'il existe une classification plus ou moins unifiée *à* ce stade, avec l'émergence de nouvelles notes, cette stabilité pourrait être affectée *à* l'avenir. Le concept du terme *famille olfactive* n'a pas de délimitation absolue, car il est toujours en développement dynamique. Dans cette situation, cela n'a peut-être pas de sens de se pencher sur la question de savoir quelle classification est la plus justifiée.

La deuxième étape de cette discussion concerne des termes spécifiques de ces familles. La non-équivalence sémantique et conceptuelle entre le terme français *hespéridé*, ses synonymes et ses correspondants chinois *柑橘香调*, *柑橘调*, et *柑橘香型*discutée *à* la sous-section 5.2.1.1 en constitue un exemple.

Un autre exemple concerne le terme *oriental*, qui désigne la famille olfactive qui regroupe des parfums ayant des

> [...] notes vanillées et poudrées soutenues par des épices. [...] Chaude sur la peau, elle s'inspire de l'ancien accord ambre des orientaux, alliant les notes douces et opiacées des baumes, des bois précieux, des muscs et de la vanille accompagnées par les fleurs et les essences exotiques (de Feydeau 2011: 1025).

C'est pour cela que cette famille possède une autre désignation, *ambré*. Celui-ci et ses quatre synonymes *note ambrée*, *ambre*, *accord ambré*, *accord ambre gris*[①] désignent une note qui a été nommée en 1905, quand François Coty a créé le parfum *à* base d'ambréine nommé Ambre Antique (précurseur d'une tendance que confirmerait quelque 20 ans plus tard Jacques Guerlain avec

① *Ambré*, *note ambrée* et *ambre* sont les termes privilégiés pour le concept. *Accord ambre* s'utilise moins, *accord ambre gris* encore plus rarement.

son mythique parfum Shalimar[1]). L'ambréine est une substance synthétique remplaçant l'ambre gris, substance animale produite dans les intestins des cachalots, qui est *à* la fois rare et onéreux. Son odeur est un accord de résines, de vanille, d'opoponax et de labdanum.

Il est évident qu'en français, les désignations ne proviennent pas de l'ambre jaune, résine fossilisée de couleur jaune, mais plutôt de la dénomination du parfum de Coty, pour renvoyer *à* la base du parfum dont l'ambréine est un composant marqué. On peut ainsi considérer que les désignations françaises sont créées par métonymie.

Les termes correspondants chinois sont *琥珀调*, *琥珀香调*, *琥珀*, *琥珀香*, *龙涎香*[2], dont les gloses sont les suivantes (voir Figure 5.37).

琥珀 调 hǔ.pò / diào ambre jaune / note note d'ambre jaune
琥珀 香 调 hǔ.pò / xiāng-diào ambre jaune / parfum-note note de parfum d'ambre jaune
琥珀 hǔ.pò ambre jaune ambre jaune
琥珀 香 hǔ.pò / xiāng ambre jaune / parfum parfum d'ambre jaune
龙 涎 香 lóng.xián.xiāng ambre gris ambre gris

Figure 5.37 Les termes chinois *琥珀调*, *琥珀香调*, *琥珀*, *琥珀香*, *龙涎香*

① Sites officiels de Nocibé et d'Olfastory, https://www.nocibe.fr/cms/familles-olfactives/ et https://www.olfastory.com/famille-olfactive/orientale, pages consultées le 21 août 2022.

② *琥珀调* et *琥珀香调* sont les termes privilégiés pour le concept. *琥珀*, *琥珀香* et *龙涎香* s'utilisent moins.

La Figure 5.38 montre que, *à* l'exception de 龙涎香qui renvoie *à* l'ambre gris, tous les autres renvoient *à* l'ambre jaune, alors que celui-ci ne s'utilise pas en parfumerie. Pourquoi 琥珀est-il utilisé pour désigner l'odeur d'ambre gris? Nous n'avons pas trouvé d'explication précise. Ce qui est sûr, c'est que les parfumeurs chinois l'emploient pour la désigner. Certaines recherches① affirment que la confusion de l'usage de 琥珀et de 龙涎香serait due *à* trois raisons②:

• Il est reconnu que l'ambre gris est une matière odorante très précieuse. L'ambre jaune, en fait, peut aussi dégager des odeurs boisées et résineuses lorsqu'il est brûlé. Dans l'Antiquité, que ce soit *à* Rome ou au Japon, dans les pays baltes ou au Tibet, l'encens était déj*à* fabriqué avec de l'ambre jaune.

• Au Moyen Âge, en raison des ravages de la peste noire, les pharmaciens et médecins européens ont inventé de nombreuses substances médicamenteuses, dont beaucoup utilisaient de l'ambre jaune et de l'ambre gris. Leurs effets étaient similaires.

• L'ambre gris et l'ambre jaune naturels sont tous des produits provenant de la mer: ils sont emportés vers le rivage par les vagues. Par conséquent, aux yeux des anciens, les deux relèvent du même genre de produit. Vu que l'ambre jaune est plus accessible, on l'utilise pour décrire l'ambre gris.

Compte tenu de ces raisons et du fait que 琥珀(ambre jaune) est réellement utilisé en chinois pour décrire 龙涎香(ambre gris), on peut constater qu'il s'agit également d'une métonymie (mais différente de celle

---

① https://www.bilibili.com/read/cv16927033? from=search, page consultée le 20 août 2022.

② Une autre source donne des raisons similaires: le nom de l'ambre jaune provient de l'arabe *anbar*, qui désignait primitivement l'ambre gris, concrétion intestinale du cachalot utilisée en parfumerie. La confusion entre la résine et la déjection marine est liée soit au fait que la résine fossile est rejetée par les vagues sur le littoral, sur les mêmes lieux où l'ambre gris est récolté; soit au fait que les deux substances, végétale et animale, servaient *à* la fabrication de parfums. https://fr.wikipedia.org/wiki/Ambre, page consultée le 20 août 2022.

utilisée pour créer les termes correspondants en français) : le nom d'un référent (*琥珀*) est employé pour désigner un autre référent (*龙涎香*) ayant des similarités fonctionnelles (pour parfumer, pour fabriquer des substances médicamenteuses) et une même origine (provenir de la mer).

D'ailleurs, la création du terme *龙涎香* trouve son origine dans un mythe chinois :

> Dans la mer, *à* l'ouest de Tashi, se trouvaient des dragons en grand nombre. Quand un dragon est allongé, endormi sur un rocher, sa salive flotte sur l'eau, s'assemble, se durcit et les pêcheurs la recueillent comme un produit très précieux (de Feydeau 2011 : 765).

Si l'on traduit le terme mot *à* mot, cela donne parfum de la salive de dragon (voir Figure 5.38).

龙 涎 香
lóng-xián / xiāng
dragon-salive / parfum
parfum de la salive de dragon

Figure 5.38 Traduction mot *à* mot du terme chinois *龙涎香*

Cela montre que la désignation du terme est liée au mythe chinois. Il s'agit d'une métaphore qui compare la substance odorante sécrétée par le système digestif des cachalots *à* la salive de dragon, ce qui constitue une divergence intéressante entre le terme et ses correspondants français.

Il est également intéressant de mentionner que l'image de dragon est étroitement liée *à* la culture chinoise, dans laquelle les dragons — créatures *à* la fois mythologique et folklorique, animaux totems des empereurs — incarnent souvent le pouvoir et la puissance qui évoquent la masculinité. C'est pourquoi un très grand nombre de Chinois considèrent que les eaux de Cologne sont exclusivement destinées aux hommes, car la traduction mot *à* mot du terme chinois correspondant *古龙水* est « eau d'ancien dragon » (voir Figure 5.39).

古 龙 水 gŭ-lóng / shuĭ ancien-dragon / eau eau d'ancien dragon

Figure 5.39 Traduction mot à mot du terme chinois *古龙水*

La combinaison de 古 et 龙 constitue une translittération de sagesse, qui s'utilise en parfumerie, du nom de la ville Cologne, lieu de naissance de la première eau de Cologne[①]. En dehors du domaine de la parfumerie, le nom de la ville est translittéré par deux autres sinogrammes: 科隆 (kē.lóng). La combinaison de ceux-ci est une simple étiquette qui n'a aucune connotation culturelle.

Notre analyse aborde maintenant les termes *chypre* / *chypré* et *fougère*, dont les termes chinois correspondants sont respectivement *西普香调* / *西普调* / *柑苔调* / *柑苔香*et *馥奇调* / *馥奇香调* / *馥奇香型*(voir Tableau 5.21 pour les gloses).

Tableau 5.21 Correspondants chinois des termes français *chypre* / *chypré* et *fougère*

termes français	chypre / chypré	fougère
termes chinois	西普 香 调 xī.pŭ / xiāng-diào TRANSL de chypre / parfum-note note de parfum de chypre	馥奇 香 调 fù.qí / xiāng-diào TRANSL de fougère / parfum-note note de parfum de fougère
	西普 调 xī.pŭ / diào TRANSL de chypre / note note de chypre	馥奇 调 fù.qí / diào TRANSL de fougère / note note de fougère
	柑 苔 调 gān / tái / diào agrumes / mousse / note note d'agrumes et de mousse	馥奇 香 型 fù.qí / xiāng-xíng TRANSL de fougère / parfum-type type de parfum de fougère
	柑 苔 香 gān / tái / xiāng agrumes / mousse / parfum parfum d'agrumes et de mousse	

① La première eau de Cologne a été inventée en 1695 par l'Italien Giovanni Paolo Feminis qui était venu s'établir *à* Cologne. Puis, la formule a été modifiée par Jean-Marie Farina, successeur de Feminis, qui a déposé le nom de marque Eau de Cologne en 1806.

Chypre / chypré et *fougère* désignent deux concepts différents, mais nous les traitons ensemble en raison de deux points communs dans le mécanisme de désignation :

> • Les désignations françaises proviennent respectivement de deux parfums qui ont connu un grand succès dans l'histoire de la parfumerie moderne : Chypre et Fougère royale. Celui-ci, créé en 1882 par Paul Parquet, a révolutionné le monde des senteurs. Puis, en 1917, la famille chyprée est née lors de la conception par François Coty du parfum Chypre. Depuis, les créateurs proposent des chypres et des fougères en reprenant leur base olfactive. Nous constatons donc qu'il s'agit, encore une fois, de métonymie.
>
> • Les désignations chinoises, hormis *柑苔调* et *柑苔香*, les autres, *à* savoir *西普香调*, *西普调*, *馥奇调*, *馥奇香调*, *馥奇香型*, forment une translittération du français.

Voyons d'abord les termes français. *Chypre* et *chypré* proviennent du nom du pays Chypre. Celui-ci était connu pour ses huiles de cyprès, de cèdre et sa résine labdanum.

> Île des senteurs et grenier *à* plantes aromatiques, ses parfumeurs se sont expatriés dans le monde antique. À la fin du Moyen-Âge, sous l'influence des croisés qui transitaient par l'île, l'Occident semble entendre par « Chypre » ou « Cypre » des poudres odoriférantes, des préparations pour fumigations, des pâtes aromatiques dont la composition repose sur le labdanum, le styrax, la poudre de lichen et l'eau de rose (Maurin et al. 1992 : 40).

C'est pourquoi les parfums basés principalement sur des accords de mousse de chêne, ciste-labdanum, patchouli, bergamote, rose, etc., sont classés dans la famille nommée *chypre* ou *chypré*. En ce sens, le premier parfum Chypre a été également dénommé par métonymie. Il en est de même pour le terme *fougère*.

Le terme *fougère* provient du nom du parfum *Fougère royale*. Il décrit une famille olfactive issue de la base connue du parfum *Fougère royale* et comprend un accord généralement réalisé avec des notes lavandées, boisées, mousse de chêne, coumarine, bergamote, géranium, etc.

La plupart des termes correspondants en chinois sont créés par translittération. En chinois, la translittération est un mécanisme souvent utilisé dans la création des termes en parfumerie. Les translittérations de Cologne que nous avons expliquées en est un exemple. Translittérer un terme étranger constitue en fait un emprunt en terminologie. Généralement, si l'on emprunte directement un terme à une autre langue en le translittérant, c'est parce que le référent ou son concept manquent dans le contexte de sa propre langue. Donc, la plupart du temps, les termes translittérés servent d'étiquette qui marque, d'une manière linéaire, un concept introduit. « L'emprunt neutralise partiellement les différences interlinguistiques et respecte ainsi la notion originelle, plus aisément repérée. On peut dire que l'emprunt dénomme la notion et connote son origine » (Rey 1992: 68).

Cependant, les termes chinois étudiés comportent des aspects particuliers. Voyons d'abord quelques exemples: *tofu*, terme français emprunté au chinois 豆腐(dòu.fu); *sushi*, terme français emprunté au japonais すし; *couscous*, terme français emprunté à l'arabe d'Afrique du Nord *kuskus*. Si *tofu*, *sushi* et *couscous* sont translittérés parce qu'il n'existe pas de concepts correspondants en français, 西普 et 馥奇 ne sont pas exactement dans le même cas. Le nom chinois du pays Chypre est 塞浦路斯(sài.pǔ.lù.sī). C'est une translittération totale de sa version anglaise *Cyprus*. Quant à *fougère*, le mot lui-même désigne une famille de plantes cryptogames vasculaires et herbacées. Cette famille de plantes n'est pas endémique à la France, on la trouve aussi en Chine où elle est nommée 蕨类植物(voir Figure 5.40 pour la glose).

蕨 类 植 物
jué.lèi / zhí.wù
filicinées / plante
plantes filicinées

Figure 5.40 Le terme chinois 蕨类植物

La question qui se pose dans ce cas est: vu qu'il y a déjà une traduction chinoise de Chypre et de fougère —塞浦路斯 et 蕨类植物, à quoi cela sert-il de les translittérer encore une fois par « 西普 » et « 馥奇 »?

Même si les termes français *Chypre* et *chypré* sont étymologiquement liés au pays, il s'agissait dès le début de leur usage, de décrire certaines « pâtes aromatiques ». La parfumerie moderne n'a fait qu'hériter de la dénomination pour décrire les bases olfactives similaires. La mention des termes n'évoque pas le pays. Quant au terme *fougère*, il provient du nom du parfum *Fougère royale*, ce dernier étant « une dénomination de fantaisie qui ne prétend pas se rapporter *à* l'odeur des fougères » (SFP). Compte tenu de ces éléments, « Chypre » le pays et « chypre » la famille olfactive correspondent *à* une forme de polysémie, et il en est de même pour « fougère » la plante et « fougère » la famille olfactive. Par conséquent, il n'est pas intéressant de provoquer une confusion en employant les traductions chinoises *塞浦路斯* et *蕨类植物* pour désigner les familles olfactives concernées.

De ce fait, malgré l'existence des traductions, les termes chinois contenant les sinogrammes *西普* et *馥奇* sont des emprunts au français qui n'ont rien *à* voir avec leur traduction existante (塞浦路斯 et 蕨类植物). Ils désignent les concepts des familles Chypre et fougère, et connotent l'origine de ces dernières (les parfums Chypre et Fougère Royale).

À la différence des termes contenant les sinogrammes *西普* et *馥奇*, les deux termes chinois *柑苔调* et *柑苔香* qui signifient « note / parfum d'agrumes et de mousse » sont de vrais néologismes crées pour désigner la famille chyprée dans la langue chinoise. Ils combinent deux notes caractéristiques de la famille chyprée classique — agrumes (bergamote)[①] et mousse (mousse de chêne) — pour former la désignation. Il s'agit d'un mécanisme de désignation différent de

---

① En chinois, les bergamotes sont appelées 佛手柑 (fó.shǒu.gān). 柑, terme générique qui indique généralement les agrumes, pourrait signifier précisément 佛手柑 ici, puisque 佛手柑 est une note caractéristique des parfums chyprés classiques. Pourtant, nous avons choisi « agrumes » comme la traduction de 柑 dans les deux gloses concernées, puisqu'en plus de la note de bergamote, les parfums chyprés possèdent toujours quelques autres notes d'agrumes. Par exemple, le parfum chypré Mitsouko de Guerlain possèdent des notes de mandarine, de bergamote et de citron (https://www.olfastory.com/parfum/mitsouko/composition/, page consultée le 21 août 2022); le parfum chypré Bel Ami d'Hermès possèdent aussi des notes de mandarine, de bergamote et de citron (https://www.fragrantica.fr/parfum/Hermes/Bel-Ami-25.html, page consultée le 21 août 2022). En outre, bien que la note de bergamote soit caractéristique, elle n'est pas forcément présente dans les compositions chyprées d'aujourd'hui. Dans beaucoup de compositions, elle est remplacée par d'autres agrumes ayant plus ou moins les mêmes facettes olfactives.

la translittération. On retrouve là la divergence entre *柑苔调*，*柑苔香*et leurs synonymes chinois，ainsi que la non-équivalence entre *柑苔调*，*柑苔香*et leurs correspondants français.

L'exemple de chypre montre que，pour désigner un référent ou un concept qui n'existe pas dans le contexte de sa propre langue，on a souvent l'habitude de translittérer le terme existant dans une autre langue（comme *西普香调*et *西普调*）ou de créer des néologismes（comme *柑苔调*et *柑苔香*）. Pour créer un néologisme，il existe aussi différents mécanismes：on peut attribuer un nouveau sens ou un nouveau statut grammatical à un mot déjà existant，ou créer une nouvelle forme lexicale par différentes méthodes（ajouter un préfixe ou un suffixe ou les deux，composer des mots pour en former un seul，etc.）. Pour les termes chinois *柑苔调*et *柑苔香*，on peut observer une méthode par composition：les sinogrammes 柑 et 苔 qui n'ont rien à voir l'un avec l'autre dans le langage quotidien，sont combinés ensemble pour former un néologisme.

Il existe une autre méthode de composition，que nous présentons ici avec l'exemple des termes *fève tonka* et *note de fève tonka*. Ceux-ci sont utilisés pour décrire un trait olfactif facetté：vanillée，avec des nuances douces et sucrées qui rappellent l'amande，le caramel ou encore la pistache et la praline，et des nuances boisées avec un côté tabac，foin séché et miel①. Les notes de fève tonka viennent principalement d'un composant de la graine nommée *fève tonka*：la coumarine. La fève tonka est contenue dans le fruit d'un arbre appelé *Dipterix odorata*，qui pousse en Amérique du Sud（Maurin et al. 1992：193）. Le mot *tonka* vient du *tupi*（langue des tupis de Guyane française et du Brésil），où il désigne l'arbre lui-même②. Donc le terme français est un emprunt.

Les correspondants chinois de*fève tonka* / *note de fève tonka* sont *冬加豆*，*零陵香豆*，*零陵香豆气息*，*熏草豆芬芳*，dont les gloses sont dans la Figure 5.41.

---

① https://www.carrementbelle.com/blog/fr/2021/02/24/la-feve-tonka-petite-graine-aux-grands-pouvoirs/，page consultée le 12 septembre 2022.

② https://fr-academic.com/dic.nsf/frwiki/670575，page consultée le 12 septembre 2022.

冬 加 豆 dōng.jiā / dòu TRANSL de tonka / fève fève de tonka
零 陵 香 豆 líng.líng.xiāng / dòu lysimaque / fève fève de lysimaque
零 陵 香 豆 气息 líng.líng.xiāng-dòu / qì.xī lysimaque-fève / souffle souffle de fève de lysimaque
熏 草 豆 芬 芳 xūn.cǎo-dòu / fēn.fāng lysimaque-fève / parfum parfum de fève de lysimaque

Figure 5.41 Les termes chinois *冬加豆*, *零陵香豆*, *零陵香豆气息*, et *熏草豆芬芳*

冬加 est une translittération de *tonka*, donc le terme *冬加豆* peut correspondre *à fève tonka*. Les deux autres noms accordés *à* la même fève sont *零陵香豆* et *熏草豆*. Différents du terme *冬加豆* qui est le résultat d'une translittération, *零陵香—豆* et *熏草—豆* sont deux termes obtenus par combinaison. Le sinogramme *豆* signifie « fève ». *零陵香* et *熏草* sont deux termes synonymes désignant une espèce de lysimaque, une plante herbacée qui pousse dans le sud de la Chine et que l'on extrait la plante pour obtenir une huile aromatique riche en coumarine (Lin 2006: 238). Ainsi, on peut comprendre le mécanisme des combinaisons *零陵香—豆* et *熏草—豆* pour obtenir deux termes correspondant *à fève tonka* : *零陵香* et *熏草* sont employés pour indiquer l'odeur de coumarine que la fève tonka contient et *豆* pour indiquer que la matière première d'où provient la coumarine est une sorte de fève. La traduction signifie qu'il s'agit d'une fève qui possède l'odeur de la lysimaque. La lysimaque n'a pas de fève, donc il n'existe pas de référent correspondant au terme *fève de lysimaque*. Cependant, on a créé les deux termes *零陵香豆* et *熏草豆* en faisant référence *à* une plante réellement existante dans le contexte de la langue chinoise, au contraire de la langue française, qui recourt ici *à* un emprunt culturel.

En comparant les Figures 5. 42, nous nous apercevons que le site NoseTime propose quatre familles olfactives que les classifications françaises n'ont pas proposées : *绿叶调*, *水生调*, *美食调*, et *果香调*. Cela s'explique par le fait que la classification chinoise est liée *à* la roue de fragrance créée en 1992 par le taxonomiste britannique de la parfumerie Michael Edwards (la Figure 5.42 ci-dessous affiche la classification chinoise et la roue de fragrance de Michel Edwards).

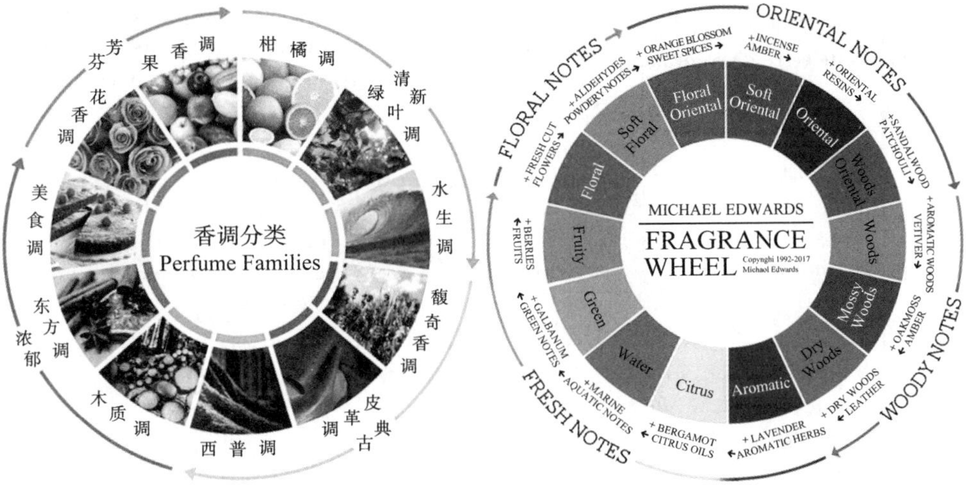

(a) (b)

Figure 5.42 11 familles proposées par NoseTime (a) et la roue de fragrance de Michel Edwards (b)

Source : 《香调分类详解》, https://www.nosetime.com/xiangdiao/, page consultée le 22 août 2022 ; « Which is the right fragrance for you », https://www.perfumebestbuy.com/which-is-the-right-fragrance-for-you/, page consultée le 22 août 2022.

Étant donné que la roue de fragrance de Michel Edwards est apparue dans les années 90, elle est relativement récente et comprend ainsi des familles olfactives relativement jeunes. Les parfums de la famille *水生调* par exemple, sentent la brise marine, l'air humide ou des plantes aquatiques et donnent une sensation de fraîcheur. Ils sont indissociables d'un composé nommé *calone*. Celui-ci a une odeur de brise marine fraîche et humide, et est utilisé en parfumerie depuis les années 1980. Dans les années 1990, il est devenu l'ingrédient principal pour la fabrication de parfums aquatiques. Les parfums de la famille *美食调* ont gagné en popularité dans les années 1990, après le grand succès du parfum Angel de Thierry Mugler, créé en 1992.

Des termes décrivant les notes existent tout de même en français. Tableau 5.22 liste tous les synonymes chinois et tous les correspondants français de *绿叶调*, *水生调*, *美食调*, *果香调* récupérés du corpus parallèle.

Tableau 5.22 Synonymes chinois et correspondant(s) français de *绿叶调*, *水生调*, *美食调*, *果香调*

<table>
<tr><th>terme français</th><th>vert / note verte / facette verte / verdoyant</th><th>aquatique</th><th>gourmand</th><th>fruité / note fruitée / accord fruité</th></tr>
<tr><td rowspan="5">termes chinois</td><td>绿色 调
lǜ-sè / diào
vert-couleur / note
note de couleur verte</td><td>水 韵 香 型
shuǐ-yùn / xiāng-xíng
eau-charme / parfum-type
type de parfum de charme d'eau</td><td>美 食 香 调
měi-shí / xiāng-diào
délicieux-aliment / parfum-note
note de parfum d'aliment délicieux</td><td>果 香
guǒ / xiāng
fruit / parfum
parfum de fruit</td></tr>
<tr><td>绿色 香 调
lǜ-sè / xiāng-diào
vert-couleur / parfum-note
note de parfum de couleur verte</td><td rowspan="4">水 香 型
shuǐ / xiāng-xíng
eau / parfum-type
type de parfum d'eau</td><td rowspan="4">美 食 香 型
měi-shí / xiāng-xíng
délicieux-aliment / parfum-type
type de parfum d'aliment délicieux</td><td rowspan="4">果 香 型
guǒ / xiāng-xíng
fruit / parfum-type
type de parfum de fruit</td></tr>
<tr><td>绿色 气息
lǜ-sè / qì.xī
vert-couleur / souffle
souffle de couleur verte</td></tr>
<tr><td>绿色 的
lǜ-sè / de
vert-couleur / ADJ
de couleur verte</td></tr>
<tr><td>绿 意
lǜ / yì
vert / sensation
sensation verte</td></tr>
</table>

Comme nous l'avons mentionné, *水生调* désigne les parfums qui sentent la brise marine, l'air humide ou des plantes aquatiques qui donnent une sensation de fraîcheur. Son concept est étroitement lié *à* l'odeur de l'eau. C'est bien ce que son correspondant français *aquatique* et ses synonymes chinois *水韵香型*, *水香型* impliquent. *果香调* désigne les parfums dont le thème principal est un fruit ou une combinaison de fruits. Ses correspondants français et ses synonymes chinois possèdent la même signification. Donc nous considérons que *水生调*, *水韵香型*, *水香型* et *aquatique* sont des termes équivalents, et qu'il en est de même pour *果香调*, *果香*, *果香型* et *fruité*, *note fruitée*, *accord fruité*. Or, ce n'est pas le cas pour *绿叶调*, *美食调* et leur(s) correspondant(s) français.

Composés des ingrédients tels que l'essence de galbanum, l'essence de petit grain, l'absolu de fleurs de violette ou le cis-3-hexenol①, les parfums de la famille *绿叶调* sont généralement dominés par les facettes de feuilles ou d'herbes, qui rappellent « la nature, de la feuille *à* la tige jusqu'*à* l'herbe ou le foin fraîchement coupés » (de Feydeau 2011: 1111). Mais parfois *绿叶调* se réfère aussi aux fruits pas mûrs, comme par exemple le parfum de pomme verte, ou le côté acidulé ou frais de certains légumes comme le concombre ou les algues vertes. En français, le mot *vert* désigne une couleur intermédiaire entre le bleu et le jaune, ou un parfum évoquant l'odeur des végétaux fraîchement coupés, ou un fruit qui n'est pas mûr (Grand Robert électronique). Donc les termes vedettes français *vert*, *note verte* et *facette verte* présentent une triple-signification: la couleur verte, l'odeur végétale fraîche, un fruit pas mûr, ce qui les rend appropriés pour désigner le concept de la famille olfactive concernée. Au contraire, la signification des termes vedettes chinois met en valeur soit les feuilles vertes (*绿叶调*), soit la couleur verte (*绿色调*, *绿色香调*, *绿色气息*, *绿色的*). Le terme français restant — *verdoyant* — ne figure pas parmi les termes vedettes français, et il renvoie plutôt *à* la couleur verte, qui évoque la végétation vivace. En résumé, du point de vue sémantique, les termes vedettes français sont plus adaptés que les

① « Parfum facette Verte », https://www.olfastory.com/famille-olfactive/verte, page consultée le 23 août 2022.

termes vedettes chinois pour désigner le concept concerné.

*美食调*désigne, comme le terme le suggère, une famille qui regroupe les parfums dont les notes principales rappellent l' (les) odeur(s) de quelque chose qui se mange. Fruit, sucre, gâteau, bonbon, chocolat, caramel, vanille... tout peut être reproduit avec diverses molécules naturelles ou synthétiques. Notons que les facettes dites « gourmandes » associent habituellement les notes plus ou moins sucrées, vanillées, pralinées, caramélées, chocolatées, miellé, etc. Le terme et ses synonymes *美食香调*et *美食香型*traduisent directement l'information centrale du concept concerné: il s'agit des notes de parfum de certains aliments délicieux. Cependant, ceux-ci ne présentent aucun aspect sucré.

Par rapport aux termes chinois, le terme français *gourmand* garde une certaine distance avec la nourriture. Sa relation avec les aliments est indirecte. C'est par l'intermédiaire de l'idée de gourmandise que l'on pourrait penser aux aliments concernés. Ces éléments font que les termes chinois et leur correspondant français ne sont pas totalement équivalents. En outre, dans la langue française, le mot gourmand peut impliquer ceux « qui aiment particulièrement les sucreries, les friandises » (CNRTL), ce qui pourrait expliquer pourquoi les assortiments de petits entremets vendus dans les pâtisseries sont nommés « plateau gourmand »①. Cette information complémentaire coïncide avec l'association aux notes sucrées du concept, ce qui manque dans les termes chinois.

Les exemples mentionnés *supra* attestent les non-équivalences sémantiques entre les termes français et chinois correspondants renvoyant aux entités autonomes dont le taxon est plus ou moins générique. Nous remarquons que l'emploi des figures rhétoriques, l'emprunt (notamment la translittération) et différentes méthodes de création de néologisme constituent des mécanismes pour créer les termes. Les non-équivalences sémantiques entre les termes correspondants résident souvent dans le choix du mécanisme utilisé. Notre analyse et discussion des non-équivalences sémantiques se poursuit avec termes renvoyant aux entités autonomes dont le taxon est plus spécifique.

---

① Un exemple de plateau gourmand: https://artisanpassionne.com/produit/plateau-gourmand/, page consultée le 23 août 2022.

5.2.1.2.2 Termes relatifs aux entités autonomes *à* taxon spécifique

Par « entité autonome », on entend un référent concret qui prend une certaine forme physique. Cela peut être un produit alimentaire: une épice (poivre, piment, vanille), une boisson (café, thé, lait), des sucreries (miel, praline, chocolat), etc. Cela peut aussi être une plante (vétiver, menthe, papyrus) ou différentes parties d'une plante: une fleur (rose, jasmin, lavande), un fruit (poire, pomme, cassis), un bois (santal, cèdre, oud), etc. Voici les matrices terminogéniques des termes français renvoyant aux entités autonomes dont le taxon est plus spécifique (voir Tableau 5.23).

Tableau 5.23 Matrices terminogéniques des termes français renvoyant *à* une entité autonome

structure morphosyntaxique	exemples
$\mathrm{ADJ}_{\text{entité autonome}}$	rosé, jasminé, orangé, poivré, lacté, miellé, musqué
$\mathrm{N}_{\text{senteur}}+\mathrm{de}+\mathrm{N}_{\text{entité autonome}}$	note de violette, accord de musc, accent de menthe
$\mathrm{N}_{\text{senteur}}+\mathrm{ADJ}_{\text{entité autonome}}$	note irisée, note citronnée, facette musquée
$\mathrm{N}_{\text{entité autonome}}$	ylang-ylang, bergamote, poivre rose, cardamome, fève tonka

Celles des termes chinois correspondants sont les suivantes(voir Tableau 5.24).

Tableau 5.24 Matrices terminogéniques des termes chinois renvoyant *à* une entité autonome

structure morphosyntaxique	exemples	
$\mathrm{N}_{\text{entité autonome}}+\mathrm{SN}_{\text{senteur}}$	鸢 尾 花 香 调 yuān.wěi.huā / xiāng-diào iris / parfum-note note de parfum d'iris	葡 萄 柚 香 气 pú.táo.yòu / xiāng-qì pamplemousse / parfumé-odeur odeur parfumée de pamplemousse
$\mathrm{N}_{\text{entité autonome}}+\mathrm{N}_{\text{senteur}}$	苹 果 香 píng.guǒ / xiāng pomme / parfum parfum de pomme	雪 松 气息 xuě.sōng / qì.xī cèdre / souffle souffle de cèdre
$\mathrm{N}_{\text{entité autonome}}+\mathrm{de}+\mathrm{N}_{\text{senteur}}$	鸡蛋 花 的 气息 jī.dàn.huā / de / qì.xī frangipanier / POSS / souffle souffle de frangipanier	梨子 的 味 道 lí.zi / de / wèi.dào poire / POSS / goût goût de poire

Continué

structure morphosyntaxique	exemples	
$N_{entité\ autonome}$	鸢　尾　花 yuān.wěi.huā iris iris	薰　衣　草 xūn.yī.cǎo lavande lavande

Les non-équivalences sémantiques sont observées *à* deux niveaux: au niveau global, l'ensemble des termes chinois montrent une tendance évaluative; au niveau des cas particuliers, il existe des termes pseudo-équivalents.

Comme nous l'avons établi plus haut, *à* l'exception de *parfum* et de *fragrance*, les termes français qui introduisent une odeur, que ce soient les plus fréquents tels que *note*, *facette*, *accord*, *accent*, ou les moins fréquents tels que *signature*, *souffle*, *touche*, sont neutres *à* l'égard de l'évaluation de l'odeur. Cependant, leurs correspondants chinois les plus utilisés comme *香调*, *香气*, *香* impliquent tous une évaluation favorable de l'odeur qu'ils présentent. De ce fait, le terme français *note d'iris* et son correspondant chinois *鸢尾花香调* par exemple, ne sont pas sémantiquement équivalents. *Note de pamplemousse* et son correspondant chinois *葡萄柚香气* non plus. Les exemples sont nombreux.

Les pseudo-équivalents concernent surtout les termes en chinois. Nous en avons trois exemples: *乌木*, *焚香*, *杏仁*.

En français, *oud* et *bois de oud* sont deux termes synonymes très courants qui décrivent une odeur boisée d'un produit parfumé. En retraçant l'étymologie de *oud*, on peut découvrir qu'il s'agit d'un terme venant de l'arabe *ūd*. Celui-ci est utilisé en arabe pour désigner l'instrument de musique en lui-même mais aussi sa matière, le bois (Rey 2012). Dans le domaine forestier, le bois est désigné comme *bois d'aloès*, *bois d'agar* et *bois d'aigle* (GDT). Ce type de bois provient d'un certain nombre d'espèces d'*Aquilaria* (Persoon 2012). Lorsque les arbres sont physiquement ou chimiquement endommagés ou sont infectés, ils produisent une résine puissamment aromatique. Le bois résineux est une matière première très précieuse en parfumerie (Chen et al. 2019: 1934). Les anciens ont découvert le bois précieux très tôt et l'ont brûlé dans des activités religieuses ou l'ont utilisé pour fabriquer de l'encens. Le bois prend différents noms selon les pays et cultures, les Arabes l'appellent *oud* ou *oodh*, les Français l'appellent *bois d'agar*, *bois d'aloès*, *bois d'aigle*, ou *oud* tout simplement, et les Chinois l'appellent *沉香*, *沉水香*ou *沉香木*[①] (voir la Figure 5.43 pour les gloses).

沉 香 chén.xiāng parfum de bois d'agar parfum de bois d'agar
沉 水 香 chén.shuǐ.xiāng parfum de bois d'agar parfum de bois d'agar
沉 香 木 chén.xiāng-mù bois d'agar bois d'agar

Figure 5.43 Les termes chinois *沉香*, *沉水香*, *沉香木*

Par conséquent, ces trois termes peuvent être considérés comme les équivalents chinois des termes français*oud* et *bois de oud*. Cependant, dans la pratique, de nombreuses marques bien connues, Serge Lutens, Jo Malone et Tom Ford par exemple, ont proposé *乌木*comme terme correspondant *à oud*. Voici la glose du terme (voir Figure 5.44).

乌 木 wū.mù ébène ou morta ébène ou morta

Figure 5.44 Le terme chinois *乌木*

Le terme *乌木*peut renvoyer *à* deux catégories de bois: ébène ou morta. L'ébène est un « bois fourni par le cœur de l'ébénier, connu pour sa dureté, son poli et sa couleur noire et employé surtout en marqueterie » (CNRTL). Le morta est un bois obtenu *à* partir de la fossilisation d'arbres enfouis sous la

① «Culture Chinoise — bois de oud info», https://www.artisandasie.com/blogs/culture-chinoise/bois-de-oud-info, page consultée le 27 août 2022.

terre pendant une très longue période (Liu et Wang 2020: 86). Les concepts d'ébène et de morta sont complètement différents de celui de oud. En ce sens, 乌木 est un pseudo-équivalent des termes français. Selon NoseTime, la prononciation de 乌木est plus proche de celle de *oud*, ce serait la raison pour laquelle les Chinois emploient ce terme pour désigner le bois.①

Nous concluons de cet exemple de oud —乌木 que, pour désigner l'odeur boisée, le français a créé une nouvelle forme lexicale *oud* selon son origine arabe *ūd*, tout en gardant une prononciation proche, alors que le chinois a attribué un nouveau sens *à* un mot déj*à* existant, 乌木. *Oud* peut évoquer la culture orientale.乌木, quant *à* lui, risque de provoquer des ambiguïtés dans le contexte chinois.

Un autre exemple concerne les termes français *encens* et *note d'encens*. L'*encens* est une appellation générale qui dénote une variété de produits odorants ayant divers usages:

> Le mot encens désigne tout aromate pouvant être brûlé afin de parfumer un lieu de culte ou un habitat domestique, ainsi que des vêtements ou des parties du corps humain. Ce mot recouvre des produits nombreux et variés: résines d'origine végétale (encens oliban, myrrhe, ciste, labdanum, etc.), bois odorants (agalloche, santal, etc.) et substances d'origine animale (ambre gris, musc, blattes de Byzance, etc.) (Le Maguer 2016: 138).

Ciste, labdanum, santal, ambre gris, musc, ces différents « encens » sont tous des ingrédients courants dans le domaine de la parfumerie d'aujourd'hui. Alors une question se pose: que désignent réellement les deux termes français *encens* et *note d'encens*?

En fait, l'« encens » dont on parle en parfumerie est une matière odorante qui provient de la résine des arbres de la famille de *Boswellia carterii* ou *Saera* (Maurin et al. 1992: 64), et qui est recueillie par incision de l'écorce. Il a une

---

① 《木质香材解析:科普 9 种木材与其代表香水》, https://www.nosetime.com/wenzhang/450.html, page consultée le 29 septembre 2022.

odeur camphrée, cireuse, épicée et même poivrée qui fait penser *à* l'écorce de bois.[①] Il possède une autre désignation qui le distingue clairement des autres matières réunies sous l'appellation générale *encens* : *encens oliban*, ou *oliban* tout simplement. Les trois images ci-dessous illustrent le processus d'acquisition de l'encens oliban. À gauche se trouve la matière finale (la résine d'encens que l'on a recueillie en incisant l'écorce du boswellia), au centre l'arbre et *à* droite les « larmes » de résine.

(a) (b) (c)

Figure 5.45 l'encens oliban (a), Leboswellia (b), la résine (c)

Source: Site officiel de Carrément Belle, https://www.carrementbelle.com/blog/fr/2019/11/13/origine-encens/, page consultée le 27 août 2022.

En conclusion, l'encens oliban est une variété d'encens qui sert de matière odorante répandue en parfumerie moderne. Les traits olfactifs dits*encens* ou *note d'encens* appartiennent en effet *à* l'odeur de cette résine. Il faut également distinguer l'*encens oliban* de l'*encens à brûler*. Ce dernier, résultant de différentes combinaisons de résines, bois odorants et plantes séchées, liés avec de la gomme ou du miel, est, depuis l'Antiquité, utilisé pour des rites sacrés ou profanes (Maurin et al. 1992: 64). Mais l'encens oliban était et constitue toujours un ingrédient précieux de l'encens *à* brûler. C'est pourquoi on dit que la note d'encens peut faire penser *à* l'intérieur d'une église.

Les deux termes français correspondent *à* trois termes chinois *乳香*, *乳香气息*, *焚香*, dont voici les gloses (voir la Figure 5.46).

① https://www.olfastory.com/matiere/encens, page consultée le 26 août 2022.

乳 香 rǔ.xiāng oliban oliban
乳 香 气息 rǔ.xiāng / qì.xī oliban / souffle souffle d'oliban
焚 香 fén.xiāng encens à brûler encens à brûler

Figure 5.46 Les termes chinois *乳香*, *乳香气息*, *焚香*

En chinois, l'aromate provenant de la résine de *Boswellia* est nommé *乳香*(Zhang et Wang 1989: 112). Il s'agit d'un aromate étranger qui a été importé en Chine pour la première fois sous la dynastie Qin (221-207 av. J.-C.) (Huang et al. 2020: 5297). Le caractère *乳* signifie « lait ». La dénomination chinoise de l'aromate fait référence *à* l'état physique de la résine, qui est habituellement blanche et qui coule de l'arbre, comme du lait qui exsude (Lu 2020: 110). Compte tenu de ces éléments, les termes *乳香* et *乳香气息* sont deux équivalents des termes français *encens* et *note d'encens*.

Cependant, le troisième terme chinois *焚香* n'est pas un vrai synonyme des deux premiers du point de vue conceptuel. Le caractère chinois *焚* qui signifie « brûler » révèle bien la signification du terme: encens *à* brûler. Pour les Chinois, ce terme évoquera l'encens fabriqué *à* partir de plusieurs aromates et utilisé pour les fumigations sacrées ou profanes. De ce fait, *焚香* et *乳香* correspondent *à* deux concepts différents, et *焚香* est un pseudo-équivalent de ses deux correspondants français.

Comme nous l'avons mentionné, l'encens oliban est une matière première habituellement utilisée pour fabriquer les encens *à* brûler, ce qui fait que l'odeur de ceux-ci est proche de (ou inclut) celle de l'encens oliban. C'est pourquoi, comme nous l'avons écrit plus haut, la note d'encens peut faire penser *à* l'intérieur d'une église. En ce sens, *焚香* est un terme provenant du nom du produit fini, mais aussi utilisé pour désigner une matière première importante entrant dans la composition de ce dernier.

Notre analyse se prolonge avec les termes synonymes français *amandé* et *note d'amande*. Il s'agit d'une note évoquant le noyau d'amande amère (drupe oblongue de l'amandier) « obtenue par distillation des amandes, des noyaux de l'abricotier, du cerisier ou du pêcher » (de Feydeau 2011: 764). En parfumerie, les formulateurs utilisent généralement un composé chimique *à* odeur d'amande-le benzaldéhyde — pour créer cette odeur. La plupart du temps, ils rajoutent au benzaldéhyde, qui ne persiste pas longtemps, de l'héliotropine ainsi que de la fève tonka ayant également une facette amandée (Vayne 2017). Les termes correspondants chinois repérés sont *杏仁*, *杏仁香调*, *杏仁香味*, *杏香*, *甜杏气息*, dont les trois premiers sont vedettes. Les gloses sont dans la Figure 5.47.

杏 仁 xìng-rén abricot-noyau noyau d'abricot
杏 仁 香 调 xìng-rén / xiāng-diào abricot-noyau / parfum-note note de parfum du noyau d'abricot
杏 仁 香 味 xìng-rén / xiāng-wèi abricot-noyau / parfumé-odeur odeur parfumée du noyau d'abricot
杏 香 xìng / xiāng abricot / parfum parfum d'abricot
甜 杏 气息 tián-xìng / qì.xī sucré-abricot/ souffle souffle d'abricot sucré

Figure 5.47 Les termes chinois *杏仁*, *杏仁香调*, *杏仁香味*, *杏香*, et *甜杏气息*

Les gloses permettent de remarquer que les trois premiers termes *杏仁*, *杏仁香调*, *杏仁香味* renvoient *à* l'odeur du noyau d'abricot, et les deux derniers *杏香*, *甜杏气息* *à* l'odeur d'abricot, soit, le fruit de l'abricotier. Par conséquent, ces deux derniers ne sont pas des synonymes mais des pseudo-synonymes des trois premiers termes, et ils ne sont pas équivalents mais pseudo-équivalents aux correspondants français.

Le correspondant chinois du terme *amande* est *扁桃*, communément appelé *巴旦杏*. Voici les gloses (voir Figure 5.48).

扁 桃 biǎn-táo aplati-pêche pêche aplatie
巴 旦 杏 bā.dàn-xìng Badam-abricot abricot de Badam

Figure 5.48 Les termes chinois *扁桃*, *巴旦杏*

En Chine, l'amandier ne se trouve que dans la région autonome ouïgoure du Xinjiang. Le terme chinois *巴旦* est une translittération du terme ouïghour بادام qui a emprunté le nom du persan *Badam* pour dénommer le noyau d'amande. La désignation *巴旦杏* montre qu'en chinois, l'amande est considérée comme une sorte d'abricot: abricot de Badam. C'est pourquoi en parfumerie, la note amandée est désignée *杏仁*, *杏仁香调*, *杏仁香味*, *杏香*, *甜杏气息*. Ces termes sont assez ambigus dans la mesure où ils renvoient, sauf indication contraire, au noyau d'abricot ou au fruit lui-même, mais pas *à* l'amande qui est réellement exotique.

Les exemples des termes *杏仁*, *焚香*, *零陵香豆* / *熏草豆* que nous avons analysés ci-dessus montrent qu'en chinois, il y a une tendance *à* désigner les substances odorantes exotiques (amande, encens oliban, fève tonka) avec un mécanisme d'assimilation. C'est-*à*-dire, désigner de manière *à* faire comprendre les concepts aux locuteurs dans le contexte culturel chinois, même si cela pourrait provoquer des ambiguïtés.

La non-équivalence sémantique et conceptuelle entre les termes correspondants — renvoyant aux entités autonomes dont le taxon est plus spécifique — illustre d'ailleurs la distance entre la réelle activité de création de parfums (qui se réalise avec des matières synthétiques loin des produits naturels) et la description de parfums (qui fait référence *à* des matières naturelles qui peuvent se trouver autour de nous). Dans les pages suivantes, nous aborderons les termes qui renvoient aux propriétés non autonomes des parfums et qui sont relativement abstraits.

5.2.1.2.3 Termes personnifiés

Par « termes personnifiés », nous entendonsles termes décrivant les traits, les sentiments ou les comportements humains, qui sont employés pour désigner les traits olfactifs des produits parfumés. La personnification est en fait une figure rhétorique très courante dans les écrits littéraires. Cette figure de style consiste *à* attribuer des traits, des sentiments ou des comportements humains *à* un animal, *à* un objet inanimé ou *à* une abstraction (idée, sentiment, phénomène, etc.). En leur attribuant des caractéristiques humaines, la personnification les rapproche des lecteurs.①

Nous avons repéré dans le corpus un grand nombre de termes adjectifs ou substantifs utilisés généralement pour décrire l'apparence ou les caractères humains, mais qui sont employés dans les descriptions de produits parfumés. *Sensuel*, *sensualité*, *charnel*, *séduisant*, *élégant*, *élégance*, *tendre*, *féminin*, *masculin*, *romantique*, *joyeux*, *espiègle*, *audacieux*, *noble*, *naïf*, etc. sont tous des exemples de termes personnifiés. Le choix de termes personnifiés plutôt mélioratifs incarne les traits olfactifs de produits parfumés en reliant ces derniers *à* des traits spécifiquement humains: stratégie publicitaire pour valoriser les produits parfumés ainsi que pour attirer la clientèle appréciant les mêmes caractères.

Commençons par le terme personnifié français le plus présent dans le corpus: *sensuel*. Nous avons importé tous les textes français dans l'outil d'analyse de corpus WordSmith pour obtenir une liste d'occurrences. Le résultat montre que *sensuel* est le terme personnifié le plus fréquemment utilisé avec une concordance de 126 entrées (y compris toutes les variations de *sensuel*: *sensuelle*, *sensuels et sensuelles*). La Figure 5.49 présente le résultat de concordance, et le Tableau 5.25 liste les termes personnifiés les plus utilisés en français②.

---

① « Banque de dépannage linguistique de l'Office québécoise de la langue française », http://bdl.oqlf.gouv.qc.ca/bdl/gabarit_bdl.asp? id=4082, page consultée le 28 août 2022.

② Nous listons les termes personnifiés dont la fréquence est de 9 ou plus. Cela signifie que ces termes sont présents au moins 9 fois dans le corpus.

```
Concordance list
based on 13 files
  80 813 Words
  3 131 sentences
  1 644 paragraphs
  2 833 headings
  0 sections
  CONCORDANCE LIST Settings
    search-word: sensue1*
      Sort:
      L1
      R1
      entries: 126 found
```

Figure 5.49 Résultat de concordance

Tableau 5.25 Liste des termes personnifiés les plus utilisés en français

Word	Frequence	Percentage (%)	Texts	Percentage (%)	Dispersion
SENSUEL	59	0.09	7	53.85	0.78
SENSUALITÉ	58	0.09	9	69.23	0.83
SENSUELLE	52	0.08	7	53.85	0.78
ÉLÉGANCE	50	0.08	5	38.46	0.79
DOUCE	33	0.05	5	38.46	0.80
FÉMINITÉ	30	0.05	10	76.92	0.76
FÉMININ	29	0.05	7	53.85	0.72
GÉNÉREUX	28	0.04	3	23.08	0.68
DOUX	26	0.04	8	61.54	0.72
AUDACE	25	0.04	6	46.15	0.64
MASCULIN	24	0.04	7	53.85	0.65
TENDRE	17	0.03	6	46.15	0.64
BELLE	16	0.03	2	15.38	0.52
FÉMININE	15	0.02	3	23.08	0.58
CHALEUREUX	14	0.02	6	46.15	0.65

Continué

Word	Frequence	Percentage (%)	Texts	Percentage (%)	Dispersion
AUDACIEUSE	13	0.02	5	38.46	0.63
FOU	13	0.02	4	30.77	0.52
VIVES	13	0.02	4	30.77	0.45
CHARNEL	11	0.02	4	30.77	0.59
ÉLÉGANTE	11	0.02	6	46.15	0.72
GÉNÉREUSE	11	0.02	3	23.08	0.64
VOLUPTUEUSE	11	0.02	3	23.08	0.52
ESPIÈGLE	10	0.02	4	30.77	0.60
GÉNÉROSITÉ	10	0.02	6	46.15	0.63
SÉDUCTION	10	0.02	5	38.46	0.69
SÉDUISANT	10	0.02	3	23.08	0.55
ADDICTIVE	9	0.01	4	30.77	0.59
BELLES	9	0.01	5	38.46	0.59
CHARNELLE	9	0.01	5	38.46	0.62
ENVOÛTANT	9	0.01	4	30.77	0.41
PASSIONNÉE	9	0.01	2	15.38	0.50
SENSUELLES	9	0.01	2	15.38	0.50
VOLUPTUEUX	9	0.01	4	30.77	0.62

En parfumerie, le terme *sensuel* désigne un parfum qui flatte nos sens. « Certains s'adressent plus particulièrement aux plaisirs qui relèvent du domaine sexuel. Cela tient parfois *à* la présence de notes animales dans leur structure » (de Feydeau 2011: 1087). Le terme français correspond *à* trois groupes de termes chinois mutuellement nuancés: *性感的，性感，性感迷人，性感诱人的；迷人的，诱人的；感性，感性的*, dont les gloses sont les suivantes (voir Figure 5.50).

性 感 的 xìng.gǎn / de sexy / ADJ sexym
性 感 xìng.gǎn sexy sexy
性 感 迷 人 xìng.gǎn / mí-rén sexy / séduire-gens sexy et séduire les gens
性 感 诱 人 的 xìng.gǎn / yòu-rén / de sexy / séduire-gens / ADJ sexy et attirer les gens
迷 人 的 mí-rén / de séduire-gens / ADJ séduire les gens
诱 人 的 yòu-rén / de séduire-gens / ADJ séduire les gens
感 性 gǎn.xìng sensible sensible
感 性 的 gǎn.xìng / de sensible / ADJ sensible

Figure 5.50 Termes chinois correspondants *à sensuel*

Les mots clés de chacun des trois groupes sont：性感，迷人，感性. On entend par 性感 quelqu'un qui est sexuellement attirant；par 迷人 quelqu'un de charmant，de séduisant；et par 感性，quelqu'un qui est sensible. Donc les acceptions des termes chinois se chevauchent partiellement avec celles des termes français：*性感的，性感，性感迷人* et *性感诱人的* correspondent *à sensuel*（plaisirs sexuels）avec son acception « sexy »，*感性，感性的* sont proches de *sensuel*（ce qui flatte les sens）avec son acception « sensible ». Mais

迷人的 et *诱人的* ne sont pas dans le même cas. Cet exemple montre que les correspondants chinois semblent posséder plus d'acceptions que le terme français *sensuel*.

D'autres cas similaires existent. Par exemple, *féminin* et *masculin* sont aussi deux termes français utilisés pour décrire les traits olfactifs. Leurs termes correspondants chinois sont listés dans le Tableau 5.26.

Tableau 5.26 Termes chinois correspondants à *féminin* et à *masculin*

termes français	féminin	masculin
termes chinois	柔 美 róu / měi tendre / joli tendre et joli	阳 刚 的 yáng-gāng / de masculin-fort / ADJ masculin et fort
	妩 媚 wǔ.mèi charmant et adorable charmant et adorable	刚 阳 的 gāng-yáng / de fort-masculin / ADJ fort et masculin
		阳 刚 yáng / gāng masculin / fort fort et masculin
		刚 毅 gāng / yì fort / ferme fort et ferme

Féminin et *masculin* sont antonymes. Le premier rappelle les femmes ou les caractéristiques générales des femmes, alors que le second rappelle les hommes ou les caractéristiques générales des hommes. On peut facilement citer des mots qui précisent les caractéristiques physiques ou mentales des femmes et des hommes: beau / belle, joli / jolie, tendre, doux / douce, charmant / charmante, adorable, aimable, audacieux / audacieuse, fort / forte, faible, ferme, gentil / gentille, sympathique, musclé / musclée, naïf / naïve, sportif / sportive, etc. Cependant, il est plutôt difficile de préciser *à* quelles caractéristiques renvoie une note olfactive féminine ou masculine. Par défaut, on se contente de ne pas préciser mais de garder la généralité, en expliquant que les traits olfactifs féminin ou masculin sous-entendent que le produit parfumé peut apporter de la féminité (ensemble des caractéristiques propres aux femmes) ou de la masculinité (ensemble des caractéristiques propres aux hommes) *à* ses utilisateurs.

Contrairement aux termes français, la signification des termes chinois correspondants dans le tableau est moins générale. *柔美* et *妩媚* précisent que l'odeur peuvent donner une impression tendre, jolie, charmante et adorable; tandis que *阳刚的*, *刚阳的*, *阳刚*, *刚毅* précisent que l'odeur peuvent conférer une image masculine forte et ferme *à* ses utilisateurs. Ces exemples montrent que les termes français et leurs correspondants chinois ne sont pas totalement équivalents au niveau sémantique.

Un autre exemple concerne le terme français *tendre*, qui correspond aux termes chinois *柔和的*, *醇柔*, *温柔的*, *柔情*, dont les gloses sont présentées dans la Figure 5.51.

柔 和 的 róu-hé / de tendre-doux / ADJ tendre et doux
醇 柔 chún / róu intense / tendre intense et tendre
温 柔 的 wēn-róu / de doux-tendre / ADJ doux et tendre
柔 情 róu / qíng tendre-sentiment sentiment tendre

Figure 5.51 Les termes chinois *柔和的*, *醇柔*, *温柔的*, *柔情*

Tendre est utilisé pour décrire une personne qui présente un caractère de douceur et de délicatesse (Grand Robert électronique). En parlant d'un phénomène olfactif, il décrit alors une odeur dont la douceur flatte l'odorat (CNRTL). Le sinogramme *柔* signifie « tendre ». Il possède les mêmes acceptions que le terme *tendre* et l'usage du caractère est suffisant pour exprimer ce que le terme français *tendre* est censé exprimer. Or, dans les quatre termes chinois, *柔* est respectivement combiné avec un autre sinogramme *和*, *醇*, *温* et *情*, chacun ajoutant un sens supplémentaire *à* « tendre », pour affirmer que le parfum est « tendre et doux », « intense et tendre » ou respire un « sentiment tendre ».

Ces exemples montrent que les termes français sont sémantiquement multi-facettes, donc l'usage seul laisse imaginer toutes les possibilités concernant l'odeur du parfum. Leurs termes correspondants chinois, au contraire, sont sémantiquement plus clairs, dans la mesure où ils précisent souvent la « facette » auxquelles ils font référence. Donc ils laissent relativement moins d'espace *à* l'imagination sur l'odeur concernée.

Or, pour analyser ces exemples, nous partons du français pour cibler ensuite les termes chinois correspondants. Pour savoir si dans l'ensemble, les termes chinois sont sémantiquement plus précis que leurs correspondants français, il faut aussi partir du chinois, en déterminant d'abord un terme chinois et ensuite ses correspondants français, afin d'observer si les termes français correspondants sont toujours plus multiples ou pas.

Le tableau suivant liste les 30 termes personnifiés les plus utilisés en chinois. Dans la colonne la plus *à* droite, nous listons la traduction française de chaque terme (voir Tableau 5.27).

Tableau 5.27 Termes personnifiés les plus utilisés en chinois

Word	Frequence	Percentage (%)	Texts	Percentage (%)	Dispersion	traduction
感性	124	0.28	8	61.54	0.83	sensible
优雅	123	0.27	13	100.00	0.89	élégant
迷人	120	0.27	10	76.92	0.82	séduisant
活力	73	0.16	9	69.23	0.78	dynamique
性感	60	0.13	7	53.85	0.78	sexy
柔美	44	0.10	8	61.54	0.74	tendre et joli
轻柔	42	0.09	8	61.54	0.72	léger et tendre
魅惑	41	0.09	7	53.85	0.50	ensorcelant

Continué

Word	Frequence	Percentage (%)	Texts	Percentage (%)	Dispersion	traduction
甜美	37	0.08	9	69.23	0.76	doux et joli
桀骜	31	0.07	1	7.69	0.00	indocile
愉悦	30	0.07	10	76.92	0.85	joyeux
大胆	28	0.06	6	46.15	0.67	audacieux
温柔	28	0.06	7	53.85	0.75	doux et tendre
诱惑	28	0.06	8	61.54	0.75	séduisant
曼妙	27	0.06	3	23.08	0.62	gracieux
浪漫	22	0.05	7	53.85	0.68	romantique
时尚	22	0.05	6	46.15	0.49	à la mode
阳刚	22	0.05	2	15.38	0.18	masculin et fort
随性	19	0.04	5	38.46	0.51	décontracté
热情	18	0.04	5	38.46	0.65	chaleureux
温和	18	0.04	5	38.46	0.69	tendre et doux
高贵	17	0.04	8	61.54	0.68	noble
摩登	15	0.03	5	38.46	0.60	à la mode
不羁	14	0.03	6	46.15	0.54	indomptable
快乐	14	0.03	2	15.38	0.50	joyeux
低调	13	0.03	4	30.77	0.51	modeste
充满活力	12	0.03	4	30.77	0.65	dynamique
美丽	12	0.03	6	46.15	0.65	joli
妩媚	12	0.03	7	53.85	0.69	charmant et adorable
活泼	10	0.02	5	38.46	0.66	vif
热烈	10	0.02	5	38.46	0.60	chaleureux
俏皮	9	0.02	5	38.46	0.59	joli et adorable
轻松	9	0.02	2	15.38	0.43	relaxé
柔情	9	0.02	2	15.38	0.27	sentiment tendre

Le terme *感性*（que nous avons analysé un peu plus tôt et dont la glose est présentée dans le Figure 5.50）est le terme personnifié dont la fréquence est la plus élevée. Au sens général，il fait référence aux connaissances intuitives telles que la sensation，la perception et les phénomènes superficiels，ce qui le rend contraire *à* la « raison » dont on parle en philosophie（Dictionnaire Xinhua 2013：310）. Pour décrire les humains，le terme fait référence *à* ceux qui sont émotionnellement riches et capables de sensation et de perception. Utiliser ce terme pour décrire une odeur semble comparer cette dernière *à* une personne qui est *à* la fois sensible et empathique.

Les termes correspondants français de *感性* sont *sensuel* et *voluptueux*. Nous avons expliqué plus haut que *sensuel* possède deux acceptions，dont une parle de ce qui flatte les sens. Cette acception correspond au sens général de *感性*. *Voluptueux* renvoie *à* ceux qui aiment，recherchent la volupté. Il évoque également ceux qui s'adonnent aux plaisirs amoureux，sexuels（CNRTL）. De ce fait，il est sémantiquement plus proche de « sensuel ».

Un autre terme chinois *性感（sexy）*est aussi très présent dans le corpus. Ce terme ne correspond pas seulement au terme français *sensuel* mentionné *supra*. Ce dernier est le correspondant français le plus utilisé，mais on peut relever également *sensoriel*，*charnu* et *charnel*. Voici trois énoncés français dans lesquels *sensoriel*，*charnu* et *charnel* sont présents：

29. Le jasmin de J'adore L'Or est puissant et subtil，nuancé de notes d'amande，de mangue et de banane. Sa floralité fruitée est aussi animale mais avec légèreté，son pouvoir **sensoriel** est saisissant.①

30. Emblématique et unique，la rose de Grasse est une merveille. Une beauté qui éclot en mai，généreuse et riche d'arômes inégalés. Elle est miellée，subtile，vive，**charnue**，même un peu poivrée.②

31. Jacques Guerlain ose utiliser une toute nouvelle molécule gourmande，l'éthylvanilline associé *à* l'accord de Jicky. Bouleversé

① Site officiel de Dior，https://www.dior.com/fr_fr/beauty/products/Y0415427-j-adore-l-or，page consultée le 29 août 2022.

② Site officiel de Dior，https://www.dior.com/fr_fr/beauty/products/Y0415427-j-adore-l-or，page consultée le 29 août 2022.

> par cettecréation délicieusement **charnelle** qu'il retravaille jour et nuit, il sait déjà qu'il marche vers une « petite révolution », celle du premier pur oriental.①

En français, le mot*sensoriel* concerne les sens, ce qui relève de la sensation sur le plan psycho-physiologique (Grand Robert électronique). *Charnu* implique une certaine abondance de la chair, des formes plus ou moins rebondies. Il peut s'utiliser pour décrire des parties corporelles humaines ou animales comme les lèvres, les joues, les cuisses ou le ventre (CNRTL). De plus, il peut qualifier par analogie un fruit dont la pulpe est épaisse (Rey 1998: 688). *Charnel* est aussi relatif à la chair. Il est également relatif aux instincts des sens, et spécialement à l'instinct sexuel (Grand Robert électronique).

En prenant en considération les significations des trois termes, nous arrivons facilement à imaginer que dans l'énoncé 29, le « pouvoir sensoriel » pourrait suggérer l'odeur du jasmin « puissant » qui est pénétrante et flatte l'odorat; que dans l'énoncé 30, si la rose est décrite comme « charnue », ce serait parce qu'on essaie d'incarner son odeur intense; et que dans l'énoncé 31, « délicieusement charnelle » signifierait que la création « gourmande » plaît au goût.

Mais l'imagination n'empêche pas d'interpréter les trois termes par « sexy », soit 性感 en chinois, puisqu'ils peuvent tous connoter l'attirance sexuelle. *Sensoriel* le peut aussi, dans la mesure où il relève de toute sensation psycho-physiologique, et que l'attirance sexuelle est en effet une sensation provoquée chez l'homme au niveau psycho-physiologique. Quant à *charnu*, il peut qualifier un fruit dont la pulpe est épaisse. En français comme en chinois, les femmes peuvent être perçues comme des aliments sucrés, y compris certains fruits qui partagent généralement la caractéristique charnue et la couleur rouge afin d'être comparés au corps et à la maturité sexuelle des femmes (Li 2020: 457). Enfin, comme nous l'avons mentionné, *charnel* est souvent relié à

---

① Site officiel de Guerlain, https://www. guerlain. com/fr/fr-fr/p/shalimar-eau-de-toilette-P012202.html, page consultée le 29 août 2022.

l'instinct sexuel. En conclusion, les termes chinois *性感 / 性感的* peuvent correspondre *à* une variété de termes français qui évoquent l'attirance sexuelle de différentes façons. Mais en même temps, chaque terme français peut avoir d'autres connotations selon le contexte textuel de l'énoncé.

Par ces deux exemples, nous confirmons que les termes français sont relativement plus facettés que leurs correspondants chinois dans la dimension sémantique. En outre, chaque terme dans chaque langue a plusieurs termes correspondants dans l'autre langue. Les aspects sémantiques de chaque terme et ceux de ses termes correspondants ne sont pas complètement cohérents et les divergences sont manifestes.

D'ailleurs, en comparant les deux listes de mots dans les Tableaux 5.24 et 5.27, nous découvrons que les termes personnifiés chinois les plus utilisés manifestent une plus grande diversité que les termes personnifiés français les plus utilisés. Si l'on enlève les termes chinois dont la signification est répétitive et les termes français fléchis, il reste 27 termes chinois et 19 termes français (voir Tableau 5.28). Cela confirme aussi que les termes chinois sont plus précis mais moins facettés que les termes français, donc pour désigner les mêmes traits olfactifs, en chinois, il existe plus de termes qu'en français.

Tableau 5.28 Comparaison des termes personnifiés en français et en chinois

ID	termes personnifiés chinois	traduction des termes chinois	termes personnifiés fançais
1	感性	sensible	sensuel
2	优雅	élégant	sensualité
3	迷人	séduisant	sensuelle
4	活力	dynamique	élégance
5	性感	sexy	douce
6	柔美	tendre et joli	féminité
7	轻柔	léger et tendre	féminin
8	魅惑	ensorcelant	généreux
9	甜美	doux et joli	doux
10	桀骜	indocile	audace

Continué

ID	termes personnifiés chinois	traduction des termes chinois	termes personnifiés fançais
11	愉悦	joyeux	masculin
12	大胆	audacieux	tendre
13	温柔	doux et tendre	belle
14	诱惑	séduisant	féminine
15	曼妙	gracieux	chaleureux
16	浪漫	romantique	audacieuse
17	时尚	*à* la mode	fou
18	阳刚	masculin et fort	vives
19	随性	décontracté	charnel
20	热情	chaleureux	élégante
21	温和	tendre et doux	généreuse
22	高贵	noble	volupteuse
23	摩登	*à* la mode	espiègle
24	不羁	indomptable	générosité
25	快乐	joyeux	séduction
26	低调	modeste	séduisant
27	充满活力	dynamique	addictive
28	美丽	joli	belles
29	妩媚	charmant et adorable	charnelle
30	活泼	vif	envoûtant
31	热烈	chaleureux	passionnée
32	俏皮	joli et adorable	sensuelles
33	轻松	relaxé	voluptueux
34	柔情	sentiment tendre	

Nous essayons d'expliquer cette confirmation d'un point de vue lexico-sémantique. Les termes français sont combinés *à* partir d'unités lexicales, qui sont composées soit d'une seule entité graphique (les termes simples), soit de plusieurs entités graphiques (les termes complexes). Le principe de la formation des termes chinois consiste également *à* faire des combinaisons: on combine les morphèmes pour obtenir des termes. En chinois ancien, les mots se composent habituellement d'un seul morphème, habitude qui a disparu dans le chinois contemporain (mandarin standard) dont les mots (nominaux et adjectivaux notamment) se composent généralement de plus d'un morphème. Ce changement dans la formation des mots est *à* la fois formel et conceptuel. « Formel » signifie que la forme même des mots est différente; « conceptuel » signifie que la façon dont on conçoit les mots est différente.

En chinois contemporain, « nous appelons *mots simples* les mots formés *à* partir d'un seul sinogramme[①], et *mots composés*, les mots formés *à* partir de plusieurs sinogrammes » (Roche 2007: 2). Compte tenu de cela, la quasi-totalité des termes chinois de la base de données terminologiques sont des mots composés ou des combinaisons de mots composés.

En tant que tels, les termes chinois possèdent des structures morphosyntaxiques plus ou moins régulières. Chaque structure offre un cadre dans lequel des morphèmes sont combinés pour former des termes. Tant que les morphèmes sélectionnés *à* combiner sont sémantiquement accessibles et appropriés pour refléter le concept, il n'est pas nécessaire d'en privilégier l'usage de certains plus que d'autres. Les combinaisons de morphèmes peuvent être variables et bien productives.

Les termes *香气*, *芬芳*, *芳香*, *香味*(voir Figure 5.52 pour leur glose), par exemple, possèdent des structures morphosyntaxiques similaires (syntagmes nominaux) et sont sémantiquement proches pour désigner le même concept. Or, les deux morphèmes composant chaque terme ne sont pas identiques aux deux morphèmes composant les trois autres termes.

① Tous les sinogrammes ne sont pas des mots simples, puisqu'il existe des sinogrammes qui, « n'ayant aucun sens eux-mêmes, demandent l'aide d'un second sinogramme pour faire apparaître un sens » (Roche 2007: 2).

香 气 mxiāng / qì parfum / odeur odeur parfumée
芬 芳 fēn.fāng parfum+parfum parfum
芳 香 fāng.xiāng parfum+parfum parfum
香 味 xiāng / wèi parfum / odeur odeur parfumée

Figure 5.52 Les termes chinois *香气*, *芬芳*, *芳香*, *香味*

Pour désigner un même concept, nous trouvons beaucoup d'autres termes éligibles dans le corpus parallèle: *芳息*(fāng-xī, souffle parfumé), *芳馥*(fāng.fù, parfum), *香韵*(xiāng-yùn, charme parfumé), *香息*(xiāng-xī, souffle parfumé), *香迹*(xiāng-jì, trace parfumée). Même s'ils sont moins et même peu fréquents, leur présence atteste que la combinaison des morphèmes chinois est relativement libre.

Il en est demême pour beaucoup d'autres exemples. Nous pensons notamment aux correspondants chinois des termes français *frais*, *note fraîche*. Le Tableau 5.29 présente tous les correspondants chinois de ces deux derniers. Ce grand nombre de correspondants permet de mesurer le degré de liberté admis dans la combinaison de différents morphèmes qui désigneraient un même concept.

Tableau 5.29 Correspondants chinois de *frais* et *note fraîche*[①]

termes français	termes chinois correspondants	traduction des termes chinois
frais note fraîche	清新，清新的，清爽，清新气息，清香，清新芳香，清爽气息，清新怡人的，自然清新，清鲜的，纯净，清新的气息，清新的香调，动感清新的，清爽活力，新鲜的，清冷分芳，清新感	frais，frais，frais et rafraîchissant，souffle frais，parfum frais，parfum frais，souffle frais et rafraîchissant，frais et agréable，naturel et frais，frais et succulent，pur，souffle frais，note fraîche，dynamique et frais，vivacité fraîche et rafraîchissante，frais，parfum frais et froid，sensation fraîche

La complexité montrée par les combinaisons de morphèmes ne s'arrête pas là：nous avons repéré dans le corpus destermes qui ne sont quasiment jamais présents dans le langage quotidien ou ailleurs. Citons par exemple：*醇柔*，*纯原*，*激辛清朗的*，*煦暖*，*袅绕迷人*，glosés dans le Tableau 5.30.

Tableau 5.30 Termes chinois atypiques et leur correspondant français

terme chinois	terme homologue français
醇　柔 chún / róu intense / tendre intense et tendre	tendre
纯　原 chún / yuán pur / original pur et original	pur
激辛　清　朗　的 jī-xīn / qīng-lǎng / de très-épicé / frais-clair / ADJ très épicé，frais et clair	zesté
煦　暖 xù.nuǎn chaud＋chaud chaud	chaleur

① Parmi tous ces correspondants，*清新*，*清新的*，*清爽*，*清新气息*，*清香*，*清新芳香* et *清爽气息* sont des termes vedettes.

Continué

terme chinois	terme homologue français
袅 绕 迷人 niǎo-rào / mí-rén flotter en l'air-entourer / séduire-gens flotter en l'air et entourer pour séduire les gens	enveloppant

Ces termes n'existent pas dans le *Corpus du chinois moderne*①. Il existe beaucoup d'autres termes qui sont également « atypiques » comme ces derniers. De tels exemples ne sont pas repérés en français.

Les exemples ci-dessus montrent que les façons pour former les termes sont divergentes entre le français et le chinois. La combinaison des morphèmes est plus libre, ce qui fait que pour les termes français, il y a souvent beaucoup de correspondants chinois sémantiquement proches mais pas absolument synonymes.

En résumé, la personnification permet de créer des descriptions relativement abstraites, et les termes personnifiés qui les évoquent sont très fluctuants. En français comme en chinois, ces termes possèdent plus d'une acception, à cela s'ajoute le fait que la combinaison des termes chinois pour former des termes est relativement libre, ce qui engendre souvent une absence de cohérence sémantique entre les termes correspondants.

5.2.1.2.4 Termes synesthésiques

> II est des parfums frais comme des chairs d'enfants,
> Doux comme les hautbois, verts comme les prairies.
>
> (Baudelaire 1861: 16)

Les deux vers cités du poème *Correspondances* de Charles Baudelaire, intégré dans son recueil *Les fleurs du mal*, est un bon exemple de synesthésie. La synesthésie est une figure rhétorique littéraire provenant de la neurophysiologie, qui signifie « une expérience subjective dans laquelle des perceptions relevant d'une modalité sensorielle sont régulièrement

① Le Corpus du chinois moderne (现代汉语语料库) est une grande base de données construite par la Commission d'État de la langue (国家语言文字工作委员会). Il totalise 50 millions de sinogrammes, dont les matériaux langagiers des sciences humaines et sociales représentent 60%, soit 30 millions de sinogrammes. http://corpus.zhonghuayuwen.org/CnCindex.aspx

accompagnées de sensations relevant d'une autre modalité, en l'absence de stimulation de cette dernière » (Su 2019). Autrement dit, c'est « une sorte de transfert nominal par l'association de plusieurs sens » (Hadermann 2011): « parfums frais » (odorat-toucher), « doux comme les hautbois » (odorat-ouïe), « verts comme les prairies » (odorat-vue). Nous avons repéré dans notre corpus un grand nombre de termes propres *à* une autre sensation que l'odorat, mais qui sont employés pour décrire les odeurs de produits parfumés. Voici les termes français et chinois du genre couramment présents dans le corpus (voir Tableau 5.31).

Tableau 5.31 Exemples de termes synesthésiques en parfumerie

termes français	termes chinois	traduction des termes chinois
frais, fraîcheur, rafraîchir, chaud, chaleur, sec, acidulé, amer, amertume, enveloppant, envelopper, sucré, sucre, suave, suavité, glacé, vert, poudré, doux, douceur, succulent, juteux, croquant, pétillant, intense, profond, profondeur, aérien, vibrant, solaire, ensoleillé, lumineux, éclatant, mouillé, propre, rond, etc.	清新，清爽，温暖，热辣，温润，酸，微酸，酸涩，苦，苦涩，绵柔，包裹，萦绕，甜，甜蜜，甜美，深厚，浓郁，馥郁，清冽，清凉，冰凉，绿色，粉质，柔软，多汁，可口，清脆，脆嫩，闪亮，闪耀，夺目，轻盈，明媚，纯净，干爽，圆润，细腻，湿润，等	frais, rafraîchissant, doux, brûlant et pimenté, doux et humide, acidulé, un peu acidulé, acidulé etâpre, amer, amer et âpre, mou et tendre, enveloppant, entourer, sucré, sucré et miellé, sucré et bon, profond et épais, intense, intense, frais et glacé, frais et froid, glacé et froid, vert, poudré, tendre et souple, juteux, délicieux, frais et croquant, croquant et tendre, brillant et clair, brillant et lumineux, illuminer les yeux, léger, clair et adorable, propre, sec et frais, rond et lisse, fin et lisse, mouillé et humide, etc.

Comment la synesthésie fonctionne-t-elle? La neurophysiologie offre une explication de son mécanisme. Le cerveau humain est composé de trois parties: le cerveau antérieur, le cerveau moyen et le cerveau postérieur. Le cerveau antérieur possède une masse de tissu nerveux appelé cortex cérébral. Celui-ci est divisé en différentes aires (zones fonctionnelles) qui s'occupent de la réception et du traitement de messages sensoriels provoqués par une variété de stimuli physicochimiques (Math 2008: 71).

La sensation humaine résulte de l'activité d'une structure hiérarchique:

- les récepteurs (les organes des sens et la peau) qui reçoivent des stimuli et capturent des messages sensoriels;
- les nerfs afférents qui convertissent et transportent les messages capturés;
- les aires correspondantes du cortex cérébral qui reçoivent et traitent les messages①.

Par exemple, lorsque des ondes lumineuses agissent sur la rétine (récepteur), celle-ci a immédiatement une réaction photochimique qui est convertie par la suite en un influx nerveux. Cet influx nerveux est transporté par le nerf optique (nerf afférent) jusqu'*à* l'aire visuelle située dans le lobe occipital du cortex cérébral, où se produit la vue. De même façon, lorsque les molécules odorantes entrent dans la cavité nasale (récepteurs), elles sont détectées par la muqueuse et les cellules olfactives, qui génèrent des impulsions nerveuses, lesquelles sont transportées *à* l'aire olfactive située dans le lobe temporal médial du cortex cérébral par le nerf olfactif (nerf afférent), ce qui explique l'odorat. Le mécanisme de production du goût et de l'ouïe est similaire, sauf que les récepteurs, les nerfs afférents et les aires du cortex cérébral concernés ne sont pas les mêmes.

Différents de la vue, de l'odorat, du goût et de l'ouïe qui sont respectivement liés *à* un organe spécial, le toucher trouve ses récepteurs — des corpuscules ou des fibres nerveuses libres — répartis dans les différentes couches du revêtement cutané. Lorsque des stimuli agissent sur les récepteurs,

① Les aires sensorielles et motrices primaires ont pour rôle de traiter les informations sensitives et motrices brutes, elles n'ont aucune fonction d'intégration. Les aires sensitives sont des aires réceptrices, elles présentent donc essentiellement des liaisons afférentes (l'information arrive au cerveau). Les aires motrices sont des aires effectrices, elles présentent donc essentiellement des liaisons efférentes (l'information part du cerveau). Les aires associatives, appelées aussi aires secondaires, jouent un rôle dans l'intégration des informations. Elles interprètent les informations des aires primaires avec lesquelles elles communiquent forcément. Presque chaque aire motrice ou sensitive a une aire primaire et associative. http://www. profsvt71. fr/pages/terminale-specialite-svt/comportements-mouvement-et-systeme-nerveux/communication-entre-les-aires-cerebrales.html, page consultée le 2 septembre 2022.

l'influx nerveux remonte par le cordon postérieur de la moelle épinière (nerf afférent), en passant par le thalamus pour arriver jusqu'au gyrus précentral du cortex cérébral. C'est ainsi que fonctionne le toucher (Math 2008: 207-210).

L'odorat, la vue, l'ouïe, le goût, le toucher, chaque sens humain semble avoir une fonction spécifique. Mais, en fait, toute activité humaine nécessite la coordination simultanée de ces cinq sens. Afin de connaître un parfum solide par exemple, l'utilisateur observe sa couleur, l'applique sur la peau, sent sa texture et découvre son odeur en même temps. Cette activité globale de perception ne prend que quelques secondes, pendant lesquelles la vue, le toucher et l'odorat sont tous entrés en action. Le cortex des différentes aires mémorise et intègre en même temps tous les messages sensoriels détectés. Vu qu'il existe des voies neuronales qui relient différentes aires, ces dernières ont une connexion neuronale temporaire et peuvent communiquer entre elles. En conséquence, les messages sensoriels de certaines aires sont parfois transmis *à* d'autres aires, entraînant ainsi une transposition sensorielle ou une intersensorialité (Liu 1994: 93).

En outre, les stimulations provoquées par des stimuli physico-chimiques activent deux types de mémoire dans le cortex cérébral humain: la mémoire perceptive et la mémoire émotionnelle(Gu 2012: 15). Lors de la dégustation d'un aliment, la mémoire perceptive se déclenche pour mémoriser son goût, sa texture et son odeur, tandis que la mémoire émotionnelle agit pour mémoriser l'état psychologique entraîné par l'aliment. Différentes stimulations introduites par différents sens peuvent produire un état psychologique similaire et par la même occasion activer tous les souvenirs émotionnels stockés dans des aires du cortex données (Gu 2012: 15). Il est possible donc que l'odeur d'un parfum active la mémoire émotionnelle d'un aliment chez l'homme.

Ce mécanisme neurophysiologique et psychologique de la synesthésie offre la base sur laquelle repose la synesthésie utilisée dans le domaine littéraire. Wang (2007) l'a résumée en trois fonctions, *à* savoir, la fonction rhétorique, la fonction sémantique et la fonction cognitive: l'utilisation de la synesthésie est le résultat du développement naturel de la cognition et du langage humains. Il s'agit non seulement d'une figure rhétorique, mais aussi d'un moyen d'élargir le sens lexical. De plus, faire appel *à* la synesthésie aide l'homme *à* mieux observer et connaître des objets abstraits (Wang 2007: 40).

Il n'est par conséquent pas étonnant que le langage des odeurs, connu comme un langage « beaucoup plus pauvre, plus limité et plus instable, moins systématique que le langage d'autres domaines sensoriels » (Kleiber et Vuillaume 2011a: 4), emprunte des termes des autres domaines sensoriels pour décrire les odeurs. Le Tableau 5.31 révèle des termes du genre tels que *frais*, *chaud*, *sec*, *enveloppant*, *glacé*, etc., qui sont généralement liés au toucher; *acidulé*, *amer*, *sucré*, *sucre*, *douceur*, etc., au goût; *vert*, *ensoleillé*, *lumineux*, *propre*, etc., *à* la vue; *pétillant*, *vibrant*, etc., *à* l'ouïe. Parmi les termes listés, plusieurs peuvent être liés *à* plus d'un domaine sensoriel, par exemple *ensoleillé* peut renvoyer *à* la vue (on voit le soleil) et au toucher (le soleil nous réchauffe), *pétillant* *à* l'ouïe (ce qui pétille dégage de petits bruits secs et répétés) et *à* la vue (ce qui pétille dégage souvent de petites bulles ou brille).

La présente recherche s'intéresse aux termes synesthésiques dans la dimension sémantique. La question posée est toujours la même: les termes correspondants sont-ils équivalents du point de vue sémantique? Suivant notre méthode, nous recensons ici 46 termes français et 42 termes chinoisdont la fréquence dans le corpus est de 9 ou plus. Le Tableau 5.32 liste les termes français et les termes chinois, et la traduction de ces derniers. Si l'on enlève les termes français fléchis et les termes chinois dont la signification est répétitive, il reste 25 termes français et 29 termes chinois. Comme les termes personnifiés, les termes synesthésiques en chinois sont plus nombreux que les termes synesthésiques en français. En les observant, nous découvrons qu'il existe toujours des divergences sémantiques. Dans les pages suivantes, nous citerons des exemples concernant respectivement le toucher, le goût, la vue, l'ouïe.

Tableau 5.32 Comparaison des termes synesthésiques en français et en chinois

Word	Frequency	Percentage (%)	Texts	Percentage (%)	Dispersion	Word	Frequency	Percentage (%)	Texts	Percentage (%)	Dispersion	Traduction
FRAICHEUR	153	0.24	11	84,62	0.86	清新	299	0.66	13	100.00	0.87	frais
INTENSITE	112	0.18	9	69.23	0.78	馥郁	111	0.25	9	69.23	0.87	intense
INTENSE	104	0.16	8	61.54	0.81	温暖	85	0.19	13	100.00	0.79	chaud
FRAICHE	79	0.12	8	61.54	0.79	细腻	78	0.17	10	76.92	0.84	fin et lisse
FRAIS	71	0.11	10	76.92	0.78	萦绕	67	0.15	8	61.54	0.78	entourer
VERTE	44	0.07	10	76.92	0.72	浓郁	58	0.13	9	69.23	0.82	intense
FRAICHES	37	0.06	7	53.85	0.73	轻盈	42	0.09	10	76.92	0.77	léger
CHALEUR	33	0.05	9	69.23	0.76	闪耀	39	0.09	9	69.23	0.76	brillant et lumineux
DOUCE	33	0.05	5	38.46	0.80	阳光	38	0.08	10	76.92	0.79	soleil
VERT	32	0.05	8	61.54	0.76	清爽	37	0.08	6	46.15	0.69	rafraichissant
DOUX	26	0.04	8	61.54	0.72	甜美	37	0.08	9	69.23	0.76	sucré et bon
CHAUD	24	0.04	6	46.15	0.69	辛辣	37	0.08	9	69.23	0.74	pimenté
INTENSEMENT	24	0.04	4	30.77	0.63	辛香	37	0.08	6	46.15	0.69	parfum pimenté
SOLAIRE	24	0.04	6	46.15	0.73	明亮	36	0.08	8	61.54	0.72	clair et lumineux
LÉGÈRE	23	0.04	5	38,46	0.65	甜蜜	36	0.08	7	53.85	0.59	sucré comme le miel
AERIENNE	22	0.03	5	38,46	0.66	明媚	31	0.07	7	53.85	0,75	clair et adorable
ENVELOPPANT	22	0.03	5	38,46	0.73	璀璨	30	0.07	4	30.77	0,38	brillant
ENVELOPPANTE	22	0.03	8	61.54	0.83	绿色	29	0.06	6	46.15	0,71	couleur verte
LUMINEUX	22	0.03	9	69.23	0.80	鲜明	27	0.06	8	61.54	0.80	clair
ÉCLAT	21	0.03	5	38.46	0.64	深邃	24	0.05	4	30.77	0.69	profondeur
LUMINEUSE	19	0.03	3	23.08	0.74	纯净	24	0.05	6	46.15	0.65	pur et propre
ENVELOPPE	18	0.03	5	38,46	0.75	多汁	23	0.05	3	23.08	0,42	juteux
PÉTILLANTE	17	0.03	5	38,46	0.67	缭绕	22	0.05	4	30,77	0.49	entourer

Continué

Word	Frequency	Percentage (%)	Texts	Percentage (%)	Dispersion	Word	Frequency	Percentage (%)	Texts	Percentage (%)	Dispersion	Traduction
VERTES	17	0.03	4	30.77	0.73	包裹	20	0.04	6	46.15	0,65	envelopper
JUTEUSE	16	0.03	3	23.08	0.61	柔软	18	0.04	6	46.15	0,73	tendre et souple
POUDRÉES	16	0.03	6	46.15	0.53	强烈	16	0.04	6	46.15	0.61	intense
PUR	15	0.02	7	53.85	0.67	清冽	16	0.04	4	30.77	0.69	frais et glacé
PROFONDEUR	14	0.02	7	53.85	0.67	圆润	15	0.03	5	38.46	0,65	rond et lisse
SUAVE	14	0.02	5	38,46	0.67	醇厚	15	0.03	5	38,46	0,73	intense et épais
SOYEUSE	13	0.02	2	15.38	0.50	绿意	14	0.03	6	46.15	0.67	sensation verte
DENSE	12	0.02	4	30.77	0.67	闪亮	14	0.03	4	30.77	0.55	brillant et clair
FUME	12	0.02	6	46.15	0.63	浓烈	13	0.03	6	46.15	0,72	fortement intense
FUMEE	12	0.02	6	46,15	0.57	绵密	13	0.03	2	15,38	0,51	mou et dense
INTENSES	12	0.02	5	38,46	0.63	淡淡的	12	0.03	6	46.15	0,67	léger
PROFOND	12	0.02	5	38,46	0.59	光芒四射	11	0.02	2	15,38	0,36	lumière qui brille partout
PROPRE	12	0,02	4	30,77	0.61	柔滑	11	0.02	3	23,08	0,55	tendre et lisse
RONDEUR	12	0.02	2	15.38	0.47	淡淡	11	0.02	4	30.77	0.53	léger
VIBRANT	12	0.02	5	38.46	0.65	清甜	11	0.02	5	38.46	0.66	doux
ACIDULEE	11	0.02	4	30.77	0.59	温润	11	0.02	5	38.46	0,64	doux et humide
CHAUDE	11	0.02	6	46.15	0.64	丝柔	10	0.02	1	7.69	0.45	soyeux
CLAIR	11	0.02	6	46,15	0.66	明快	10	0.02	6	46.15	0.58	clair
ENVELOPPANTES	10	0.02	4	30.77	0.47	暖	10	0.02	4	30.77	0.63	chaud
PÉTILLANT	10	0,02	5	38,46	0,66							
PURE	10	0.02	5	38.46	0.47							
RAYONNANTE	10	0.02	2	15.38	0.47							
RONDE	10	0.02	2	15.38	0.53							

Le premier exemple concerne les termes français et chinois dont la fréquence est la plus importante. Ce sont *frais*, *fraîcheur*, *note fraîche* en français et *清新*, *清新的*, *清爽*, *清新气息*, *清香*, *清新芳香*, *清爽气息* en chinois. Les gloses des termes chinois sont présentées dans la Figure 5.53.

清 新 qīng.xīn frais + frais frais
清 新 的 qīng.xīn / de frais + frais / ADJ frais
清 爽 qīng-shuǎng frais-rafraîchissant frais et rafraîchissant
清 新 气息 qīng.xīn / qì.xī frais + frais / souffle souffle frais
清 香 qīng / xiāng frais / parfum parfum frais
清 新 芳 香 qīng.xīn / fāng.xiāng frais + frais / parfum+parfum parfum frais
清 爽 气息 qīng-shuǎng / qì.xī frais-rafraîchissant / souffle souffle frais et rafraichissant

Figure 5.53 Les termes chinois *清新*, *清新的*, *清爽*, *清新气息*, *清香*, *清新芳香*, *清爽气息*

Ces termes sont liés *à* la sensibilité thermique que l'on considère généralement proche du toucher. Les trois termes français, qui signifient un froid léger et agréable, décrivent une facette olfactive revigorante permettant de rappeler un sens de légèreté et de fraîcheur. Cela concerne très souvent les facettes florales ou fruitées (surtout les facettes d'agrumes) et les produits parfumés pour l'été. Cependant，les parfums qui possèdent une facette fraîche ne sont pas obligatoirement de faible concentration.

Quant aux termes chinois，*清新*，*清新的* et *清新气息* sont trois équivalents des termes français. *清香* et *清新芳香* soulignent que ce qui est « frais » est un « parfum » et présentent une évaluation positive de la facette olfactive，ce qui n'existe pas dans les termes français. *清爽* et *清爽气息* impliquent que l'odeur peut non seulement rendre frais，mais faire « pénétrer d'une sensation de fraîcheur »（Grand Robert électronique）. Donc ces quatre derniers termes ne sont que partiellement équivalents aux termes français.

Le deuxième exemple concerne le terme français *doux* et ses correspondants chinois *甜*，*甜美的*，*甜美*，*甘甜*，*甜蜜* et *香甜*，dont les gloses sont dans la Figure 5.54.

甜 tián sucré sucré
甜 美 的 tián-měi / de sucré-bon / ADJ sucré et bon
甜 美 tián-měi sucré-bon sucré et bon
甘 甜 gān.tián sucré + sucré sucré
甜 蜜 tián-mì sucré-miel sucré comme le miel
香 甜 xiāng-tián parfumé-sucré parfumé et sucré

Figure 5.54 Les termes chinois *甜*，*甜美的*，*甜美*，*甘甜*，*甜蜜*，*香甜*

Ce sont des termes liés au goût. *Doux* parle d'*un goût faible ou sucré* (*opposé à amer, acide, fort, piquant, relevé, salé, etc.*) (Grand Robert électronique). Le « sucré » ici ne sous-entend pas « être imprégné de sucre » ou « très sucré », mais plutôt agréablement sucré ou « sucré au point juste » (CNRTL). Cela indique que le caractère de ce qui est « doux » suppose une sensation gustative agréable. Les termes chinois possèdent tous une acception de « sucré ». *甜* et *甘甜*, termes synonymes, signifient « sucré ». *甜美的* et *甜美*, termes synonymes, signifient non seulement « sucré », mais aussi « bon » (avoir un bon goût) . Même si ce qui est « sucré » est habituellement « bon », « être sucré » ne signifie pas forcément « être bon ». On ne dit quasiment jamais qu'un sirop sucré pour la toux est bon. C'est là où se trouve la différence entre *甜美* et 甜. Quant *à* *甜蜜*, qui signifie « sucré comme le miel », il indique dans la désignation de quel type de « sucré » il s'agit. Il ne s'agit pas du caractère sucré des fruits ou des desserts, mais d'une substance précise — le miel. Enfin, le terme *香甜* implique que ce qui est concerné est *à* la fois parfumé et sucré. L'analyse permet d'affirmer que les termes français et chinois ne sont pas totalement équivalents. Bien qu'ils manifestent tous l'aspect sucré, les degrés et les types de « sucré » sont nuancés en chinois, ce qui montre que les acceptions des termes chinois sont plus précises que celles du terme français.

Le troisième exemple concerne le terme français *solaire* et ses correspondants chinois *耀目*, *阳光*, *明媚的*, *光芒四射*. Voici les gloses de ces derniers (voir Figure 5.55).

耀 目 yào / mù éblouir / yeux éblouir les yeux
阳 光 yáng.guāng soleil soleil
明 媚 的 míng - mèi / de clair - adorable / ADJ clair et adorable
光 芒 四 射 guāng.máng / sì / shè lumière / partout / rayonner la lumière rayonne partout

Figure 5.55 Les termes chinois *耀目*, *阳光*, *明媚的*, *光芒四射*

Ce sont des termes portant sur la vue. Le terme français se rapporte au soleil. Il parle d'un objet qui possède un caractère rayonnant, comme le soleil. D'ailleurs, en français, le terme s'utilise également pour indiquer ce qui protège du soleil. Dans ce cas-*là*, il est synonyme d' « antisolaire » (Grand Robert électronique). En parfumerie française, les accords solaires jouent sur des souvenirs, dont celui très précis d'un produit qui fut pendant des années utilisé sur les plages: l'Ambre Solaire①. De ce best-seller des produits solaires, les Français ont gardé un souvenir olfactif précis qui aujourd'hui se révèle grâce *à* la molécule de salicylate de benzyle.② Celui-ci est le composé odorant principal ou parmi les plus importants de l'œillet, de l'ylang-ylang, du frangipanier, des autres fleurs blanches, etc., donc il est très utilisé par les parfumeurs dans les parfums floraux. Aujourd'hui, le concept de « solaire » en parfumerie s'est étendu. Les notes des matières naturelles ou synthétiques qui permettent de rendre le même effet (évoquer l'été ensoleillé, la plage, le sable ou la mer), comme celles de certains agrumes issus des pays méditerranéens, ou les notes marines obtenues grâce *à* la calone ou l'hélional, peuvent toutes être décrites par le terme *solaire*.

En résumé, dans les descriptions françaises, *solaire* peut simplement signifier que le parfum concerné est un produit rayonnant. Mais la plupart du temps, *à* travers son lien avec l'Ambre Solaire, il est rattaché *à* toute odeur proche du salicylate de benzyle et *à* toute odeur concernant l'été ensoleillé. Il est intéressant de regarder quelques exemples:

> 32. L'ylang-ylang se montre ici « grandeur nature », telle qu'elle vit et fleurit sur l'île de Moheli dans l'archipel des Comores: **solaire**, avec ses pétales jaunes, nichée au cœur d'une végétation luxuriante.③
>
> 33. L'eau de Cologne, symbole incontournable de l'élégance et

① Nom des produits solaires lancés depuis 1935 par L'Oréal Groupe.

② https://www.olfastory.com/matiere/notes-solaires, page consultée le 3 septembre 2022.

③ Site officiel de Diptyque, https://www.diptyqueparis.com/fr_fr/p/eau-de-toilette-eau-moheli-100.html? ____ store=fr_fr&gclid=Cj0KCQjwmdGYBhDRARIsABmSEeNM4GKmG3O2msMiMKCltEkrPCI2v7rdMt-DYWxQ9v6B7pjvcIu7egQaAt50EALw_wcB, page consultée le 3 septembre 2022.

de la simplicité *à* travers le temps. CHANEL la propose finement travaillée, pigmentée par les agrumes et le souffle du néroli. Aérienne et **solaire**①.

34. [...] la magnifique note de gardénia blanc se marie au parfum **solaire** de l'absolu de jasminum grandiflorum②.

Dans l'énoncé 32, « solaire » est lié *à* l'ylang-ylang, alors que dans l'énoncé 33, il est lié aux agrumes et au néroli, et dans l'énoncé 34, *à* la fleur blanche, au jasmin. Ces trois exemples, avec une dizaine d'autres exemples tirés du corpus, attestent que l'usage du terme n'est pas arbitraire, mais a un lien avec les ingrédients de la composition.

Les termes chinois évoquent plutôt le caractère rayonnant de quelque chose：*耀目* implique que ce qui est rayonnant frappe la vue; *阳光* peut signifier non seulement la lumière du soleil, mais aussi une personnalité chaleureuse (Dictionnaire Xinhua 2013: 1171); *明媚的* est souvent utilisé pour décrire un paysage plaisant, qui n'est pas sombre (Dictionnaire Xinhua 2013: 703). *光芒四射* décrit le rayonnement de quelque chose qui brille ou le charme de quelqu'un attirant les regards. Ils ne renvoient ni *à* l'antisolaire ni *à* l'été. Sans aucun contexte socio-culturel comme celui qui concerne l'Ambre Solaire, les termes chinois ne semblent impliquer rien d'autre que le rayonnement. Voici les versions chinoises des trois énoncés précédents pour la comparaison (voir Tableau 5.33).

---

① Site officiel de Chanel, https://www. chanel. com/fr/parfums/p/101565/eau-de-cologne-les-exclusifs-de-chanel/, page consultée le 3 septembre 2022.

② Site officiel de Gucci, https://www. gucci. com/fr/fr/pr/beauty/fragrances/fragrances-for-women/gucci-flora/gucci-flora-gorgeous-gardenia-50ml-eau-de-parfum-p-667586999990099? _ gl = 1 * 7gbhhk * _ up * MQ.. &gclid = EAIaIQobChMI6aSxlpTl8gIVQ7TVCh1khAUzEAAYASAAEgKxpfD_BwE&gclsrc=aw.ds, page consultée le 3 septembre 2022.

Tableau 5.33 Version chinoise des énoncés

version chinoise		traduction de la version chinoise
de l'énoncé 32	黄色的依兰花瓣仿佛勾勒出繁星点点，绿色叶片与周遭繁茂的草木融合，散发出精妙气息	Les pétales jaunes d'ylang ylang semblent dessiner les étoiles, et les feuilles vertes se fondent dans la végétation luxuriante environnante pour exhaler un parfum subtil
de l'énoncé 33	香奈儿清新古龙水，优雅与简约的标志性象征。香奈儿以柑橘与少许橙花，赋予其精致优雅的创新诠释，清新明媚，光芒四射	L'eau de Cologne fraîche de Chanel, symbole iconique d'élégance et de simplicité. Avec des agrumes et une touche de fleur d'oranger, Chanel lui donne une interprétation innovante d'une élégance raffinée, fraîche et rayonnante.
de l'énoncé 34	香调由华丽的白色栀子花和明媚的茉莉精萃糅合而成	Le parfum est un mélange de magnifique gardénia blanc et de jasmin lumineux

Dans l'énoncé 32 en chinois, nous ne trouvons pas de signe « solaire ». Les fleurs d'ylang-ylang, qui sont « solaires » selon l'énoncé 32 en français, sont comparés aux étoiles (繁星点点). Dans l'énoncé 33 en chinois, les agrumes et le néroli, sources du caractère « solaire » du parfum selon l'énoncé 33 en français, confèrent un caractère rayonnant (光芒四射, comme une lumière qui rayonne partout) au parfum. Dans l'énoncé 34 en chinois, le jasmin, dont le parfum est « solaire » selon l'énoncé 34 en français, est lumineux (明媚的, clair et adorable).

Le quatrième exemple est *vibrant*, qui porte sur la vue et l'ouïe. Nous constatons que ce mot affecte les deux sensations, parce qu'il est utilisé pour « qualifier ce qui vibre » (Rey 1998 : 4055), et il « s'applique couramment *à* ce qui porte loin, est perçu avec force du fait de ses vibrations, notamment dans *voix vibrante* » (Rey 1998 : 4055). Vu que la vibration est généralement accompagnée d'un petit bruit continu, ce qui vibre, une corde vibrante par exemple, généralement, est vu et en même temps entendu. En outre, le mot « s'applique *à* ce qui exprime une forte émotion ». (Rey 1998 : 4055). Le terme *vibrant* est souvent utilisé dans les descriptions de produits parfumés. À défaut de définition, nous déduisons — d'après les énoncés auxquels il s'intègre —

qu'il parle d'une note fraîche venant souvent de fruits ou de fleurs blanches, ou d'une note boisée qui confère de la profondeur *à* un parfum. Voici quelques exemples:

35. L'emblématique café noir rencontre un ingrédient surprenant et audacieux: le fruit du dragon. Une addiction fusante et **vibrante** qui illumine la nuit.①

36. Intense et **vibrant**, il dévoile en son cœur le puissant absolu Jasmin Sambac s'épanouissant de douceur féminine et de volupté.②

37. Cette senteur charismatique, composée d'une association de notes **vibrantes** et chaudes de cèdre, de cypriol, de patchouli et de bois de santal, mettra en valeur l'élégance et le sillage de chaque association.③

Dans ces énoncés, le terme implique l'intégration d'une (ou des) note(s) importante(s) (la note de fruit du dragon dans l'exemple 35, la note de jasmin Sambac dans l'exemple 36, les notes de cèdre, de cypriol et de bois de santal dans l'exemple 37) au parfum, ce qui apporte au parfum un caractère visiblement perçu ou une puissance continue.

Les correspondants chinois de*vibrant* sont *充满活力的*, *鲜明*, *浓烈*, *俏皮*, *生机涌动的*, *撼人心魄的*. Les gloses sont ci-dessous (voir Figure 5.56).

---

① Site officiel d'Yves Saint Laurent, https://www.yslbeauty.fr/parfum/parfum-femme/black-opium/black-opium-eau-de-parfum-neon/WW50570YSL.html? dwvar_WW50570YSL_size=75%20ml, page consultée le 6 septembre 2022.

② Site officiel de Dior, https://www.dior.com/fr_fr/beauty/products/Y0072844-dior-addict-eau-de-parfum, page consultée le 6 septembre 2022.

③ Site officiel de Gucci, https://www.gucci.com/fr/fr/pr/beauty/fragrances/fragrances-for-women/ode-on-melancholy-woods-20ml-perfumed-oil-p-548763999990099? _gl=1*f0zjeu*_up*MQ..&gclid=EAIaIQobChMI6aSxlpTl8gIVQ7TVCh1khAUzEAAYASAAEgKxpfD_BwE&gclsrc=aw.ds, page consultée le 6 septembre 2022.

充 满 活力 的 chōng.măn / huó.lì / de plein / énergie / ADJ être plein d'énergie
鲜 明 xiān-míng vif-clair vif et clair
浓 烈 nóng.liè fort + fort fort
俏 皮 qiào-pí joli-adorable joli et adorable
生 机 涌 动 的 shēng.jī / yŏng.dòng / de vitalité / fourmillante vitalité fourmillante
撼 人 心魄 的 hàn-rén /xīn.pò / de remuer-gens / cœur / ADJ remuer le cœur des gens

Figure 5.56 Les termes chinois *充满活力的*, *鲜明*, *浓烈*, *俏皮*, *生机涌动的*, *撼人心魄的*

D'après notre définition des *termes synesthésiques*, ces termes chinois n'en sont pas. Leurs significations respectives sont clairement différentes les unes des autres. *充满活力的*, *鲜明* et *生机涌动的* tendent *à* évoquer un caractère vital. *浓烈* renvoie *à* ce qui est puissant et intense. *俏皮* décrit souvent les caractéristiques « jolie » et « adorable » d'une personne ou de son apparence. *撼人心魄的* décrit tout ce qui est *à* la fois prestigieux et étonnant. L'usage de ces termes fait penser *à* la caractéristique marquée d'une note de parfum, comme le fait *vibrant* en français, mais d'une façon différente: les termes chinois sont plus directs et affirment qu'il s'agit d'une note vitale, puissante, adorable ou étonnante, tandis que le terme français compare, au sens figuré, la note *à* ce qui vibre. Si le terme français est synesthésique, les termes chinois ne le sont pas. C'est l*à* que réside la différence sémantique entre les termes français et chinois. Nous concluons d'ailleurs de cet exemple qu'un terme français synesthésique ne correspond pas forcément *à* des termes chinois également synesthésiques, et vice versa.

En conclusion, les termes synesthésiques, tout comme les termes personnifiés et les termes renvoyant aux entités autonomes, sont très utilisés pour décrire les traits olfactifs de parfums. Ils font partie intégrante d'une terminologie indispensable dans toute description de produits parfumés. Nos analyses témoignent de l'existence de divergences sémantiques entre les termes français et chinois, ce qui montre que l'absence d'équivalence totale dans la dimension sémantique est courante.

5.2.2 Mécanismes de conceptualisation manifestés dans les désignationsdes senteurs et des traits olfactifs

Les divergences sémantiques observées entre les termes correspondants exposés dans la section 5.2.1 relèvent de différents mécanismes en français et en chinois pour désigner un concept. Ces mécanismes témoignent de processus de conceptualisation différents en français et en chinois. Nous synthétisons ces mécanismes ici.

Les désignations des senteurs et des traits olfactifs des produits parfumés révèlent une divergence conceptuelle marquée entre le français et le chinois.

- Les désignations chinoises soulignent habituellement le caractère le plus marquant des produits parfumés concernés: parfumé. Il s'agit également de mettre en évidence la fonction principale des produits: parfumer. De ce fait, les désignations chinoises impliquent une évaluation positive par rapport aux produits concernés.
- Les désignations françaises, dans l'ensemble, n'ont pas tendance *à* mettre en avant le caractère parfumé ou la fonction de parfumer des produits concernés.

Des figures rhétoriques sont employées pour désigner les concepts en parfumerie. Parmi ces figures rhétoriques, il y en a trois qui sont largement utilisées: la métonymie, la personnification et la synesthésie, ce qui se voit respectivement dans les termes provenant des noms des entités autonomes, les termes personnifiés et les termes synesthésiques. Il reste deux points *à* noter:

- Outre que dans les désignations provenant des noms des entités autonomes, qui sont globalement présentes dans toutes les descriptions des produits parfumés, la métonymie est également observée dans d'autres désignations, principalement dans des désignations françaises (nez, ambre, chypre, fougère);
- Les termes personnifiés et synesthésiques en chinois sont relativement plus nombreux que ceux en français, tandis que ces derniers englobent plus d'aspects sémantiques que leurs correspondants chinois. Cette réalité est, dans une certaine mesure, liée *à* l'habitude de combinaison relativement libre des morphèmes en chinois.

En plus des trois premières, une autre figure rhétorique observée dans les désignations est la métaphore. Celle-ci s'utilise en français comme en chinois (par exemple: 金字塔-pyramide, 头-tête, 体-corps, 尾-fond). Il est *à* mentionner que:

- La métaphore est souvent étroitement liée *à* la culture de la langue contextuelle (par exemple: hespéridé, 龙涎香-ambre gris).

L'emprunt constitue un mécanisme important dans les désignations. Il s'agit de l'adoption par un idiome (langue, dialecte) d'éléments de langue d'un autre idiome. Il existe plusieurs types d'emprunts, entre autres, emprunt lexical, emprunt d'affixe de dérivation, emprunt phonétique, calque, etc. La translittération observée fréquemment dans la présente recherche est une sorte d'emprunt phonétique. Il s'agit de translittérer des termes renvoyant *à* des référents qui, *à* l'origine, n'existent pas dans le contexte culturel de référence (celui du locuteur).

- La translittération est plus fréquente en chinois (古龙-Cologne, 慕

斯-mousse①，香波-shampooing，西普-chypre，馥奇-fougère，冬加-tonka，巴旦-Badam）qu'en français（tonka，oud），ce qui est，dans une certaine mesure，relatif au développement de la parfumerie moderne en Chine et en Europe（古龙，慕斯，香波，西普，馥奇 sont toutes des désignations translittérées provenant des termes européens，surtout français）.

En fait，la translitération est aussi un mécanisme pour créer des néologismes. La raison pour laquelle on crée des néologismes est toujours la même：l'absence de termes pour désigner des référents qui，*à* l'origine，n'existent pas dans le contexte culturel de référence. À l'exception de la translittération，pour créer des néologismes，il y a encore d'autres mécanismes qui sont plus fréquemment observés en chinois qu'en français：

• Utiliser ses traits olfactifs principaux pour désigner une famille olfactive：柑苔调（notes d'agrumes et de mousse pour correspondre *à* chypre）；

• Utiliser le nom d'un référent ayant la même odeur qui existe dans le contexte culturel pour désigner celui qui y est absent：零陵香豆 / 熏草豆（fève de lysimaque pour correspondre *à* fève tonka）；

• Attribuer un nouveau sens *à* un mot déj*à* existant：琥珀（ambre jaune pour correspondre *à* ambre gris），乌木（ébène / morta pour correspondre *à* oud）；

• Employer le nom du produit fini qui est courant dans le contexte culturel pour désigner une de ses matières premières exotique：焚香（encens *à* brûler pour correspondre *à* encens oliban）；

• Emprunter le sens figuré d'un référent introduit d'une autre culture pour désigner un concept provenant de cette dernière：沙龙香水（parfum de salon pour correspondre *à* parfum de niche）.

---

① La « mousse » ici renvoie *à* un amas de bulles serrées. Il s'agit d'un emploi métaphorique de mousse，« végétal cryptogame qui pousse sous les arbres，sur la pierre et forme un tapis moelleux »（Rey 1998：2307-2308）.

En résumé, parmi les mécanismes de désignation, il y a ceux qui sont partagés par le français et le chinois, il y a aussi ceux qui se voient plus en français mais moins en chinois, et vice versa. Et souvent, même si le français et le chinois adoptent un même mécanisme, il est possible que celui-ci s'emploie d'une manière différente (*古龙* et *Cologne*, par exemple, sont toutes des translittérations originaires de *Köln*, mais il s'agit de deux types de translittération différentes). Les mécanismes et les manières différentes non seulement conduisent *à* des divergences sémantiques, mais aussi et surtout reflètent une divergence au niveau conceptuelle.

Conclusion

L'analyse des non-équivalences aux niveaux sémantico-référentiel et sémantico-conceptuel dans le présent chapitre permet de conclure que, premièrement, un terme peut être polysémique et renvoyer *à* d'autres catégories de référents, et ce même s'il désigne déj*à* une catégorie de référents. Cette polysémie montre un mécanisme de conceptualisation qui est censé s'appliquer *à* différentes procédures de catégorisation. De ce fait, en terminologie bilingue, il est possible de dévoiler, *à* travers les différentes catégories de référents auxquelles renvoient les termes correspondants, le mécanisme de conceptualisation en arrière-plan. L'analyse des désignations des produits parfumés dans le premier sous-chapitre témoigne de ce constat, en montrant que les éléments que le français et le chinois prennent en considération pour désigner les produits parfumés ne sont pas correspondants, ce qui fait que les termes correspondants sont sémantiquement et fonctionnellement non-équivalents. Par ailleurs, certaines désignations des produits parfumés seraient influencées par des facteurs particuliers tels que les pratiques sociales de consommation, les stratégies de marketing et de traduction, etc. Les non-équivalences observées met en évidence l'importance du travail terminologique de nature normative, qui devrait être favorable *à* la pratique langagière du domaine de la parfumerie.

Deuxièmement, l'analyse montre que les termes correspondants désignant un même concept sont toujours susceptibles d'être non-équivalents du point de vue sémantique, ce qui est toujours causé par différents mécanismes de désignation. Cette non-équivalence reflète, en fin de compte et toujours, des divergences de conceptualisation. L'analyse des désignations des senteurs et des traits olfactifs des produits parfumés dans le deuxième sous-chapitre témoigne de ce constat, en montrant que les mécanismes de désignation sont multiples, qu'il existe des points communs mais aussi des différences entre le français et le chinois. Les différences sont souvent relatives *à* divers éléments attachés *à* la culture contextuelle de chaque langue.

Conclusion générale

À une époque où la parfumerie est en plein essor sur le marché chinois, alors qu'elle est solidement implantée en France depuis des siècles, la globalisation des marchés soulève la question d'équivalence entre les désignations des produits parfumés dans les langues française et chinoise.

Notre travail est une critique de l'approche traditionnelle en terminologie qui consiste *à* définir les termes comme des entités monosémiques, en attestant que cette démarche ignore en effet le fonctionnement habituel du langage.

En terminologie monolingue, la désignation consiste en fait *à* conceptualiser les référents, lors de chaque actualisation en discours, et ce en dépit d'une éventuelle normalisation explicite. La conceptualisation prend place dans un environnement textuel, culturel et socio-historique, qui laisse son empreinte *à* la désignation et qui, en conséquence, doit être pris en considération dans le travail terminologique.

Ce constat nous permet de faire l'hypothèse que, en terminologie bilingue, les désignations correspondantes peuvent révéler une non-équivalence au niveau conceptuel. Cette non-équivalence conceptuelle est accompagnée des non-équivalences:

- catégorielle, puisque le processus de conceptualisation de référents va de pair avec le processus de catégorisation de ces derniers, surtout quand les référents sont des entités autonomes;
- fonctionnelle, puisqu'il est possible que les désignations correspondantes renvoient *à* d'autres catégories de référents;
- sémantique, puisque la matérialisation linguistique de

référents est en réalité un reflet de la conceptualisation au niveau linguistique.

Pour vérifier notre hypothèse, nous avons choisi un domaine de référence avec un niveau de normalisation faible dont la « charge » culturelle est par ailleurs relativement importante, *à* savoir, la parfumerie. Nous nous attendions donc *à* constater des relations particulièrement complexes entre les termes au sein d'une langue donnée, ainsi que dans la correspondance entre le français et le chinois. L'observation de ces réseaux a été réalisée sur la base d'un corpus textuel *à* destination du grand public, et outillée par la structuration d'une base de données terminologique française et chinoise.

L'analyse de la base de données terminologiques a rendu explicite:

• dans un premier temps, les limites de l'idéal de biunivocité, par la mise en exergue de différents types de synonymie (synonymie absolue, synonymie partielle, pseudo-synonymie);

• dans un deuxième temps, la complexité de la situation de correspondance entre les termes français et chinois correspondants, par la mise en exergue de leurs différentes relations d'équivalence (équivalence totale, équivalence partielle, équivalence fonctionnelle);

• le fait que les équivalences partielle et fonctionnelle sont très fréquentes, ce qui témoigne de l'existence des non-équivalences.

L'analyse des non-équivalences révèle les divers mécanismes de désignation (soit, divers mécanismes de conceptualisation) des produits parfumés et de leurs odeurs. Ces mécanismes de désignation peuvent être explicités selon l'analyse de différents types de termes.

Pour les termes désignant les produits parfumés eux-mêmes:

• les désignations chinoises prennent en considération plus d'éléments de composition (fonctions principales du produit, sa forme physique saillante, la partie du corps où il s'applique) que les désignations françaises;

• les désignations chinoises mettent toujours en relief la fonction et le caractère principaux des produits — parfumer, être parfumé — ce qui ne constitue pas le cas des désignations françaises;

• les désignations chinoises sont, dans l'ensemble, sémantiquement et fonctionnellement plus englobantes et plus interchangeables que les désignations françaises.

Pour les termes désignant les senteurs et les traits olfactifs des produits parfumés:

• les désignations chinoises impliquent, dans l'ensemble, une caractéristique évaluative. En soulignant dans les désignations l'élément « être parfumé / servir *à* parfumer », les désignations chinoises impliquent une évaluation positive des odeurs désignées, ce qui se voit moins dans les désignations françaises;

• des figures rhétoriques, *à* savoir, la métonymie, la personnification, la synesthésie et la métaphore, sont couramment employées dans les désignations en français et en chinois, dont les trois premières figures sont globalement fréquentes. Les termes personnifiés et synesthésiques en chinois sont relativement plus nombreux, mais sémantiquement, ils couvrent moins d'aspects que les termes personnifiés et synesthésiques en français, ce qui est lié *à* l'habitude de combinaison relativement libre des morphèmes en chinois.

• différentes méthodes sont utilisées pour créer des néologismes (dont la translittération est celle qui est la plus fréquente), ce qui constitue un mécanisme de désignation important. Ce mécanisme est plus fréquent en chinois qu'en français. De nombreux éléments culturels sont observés dans l'utilisation des figures rhétoriques et dans la création de néologismes.

La mise au clair des mécanismes de désignation reflète d'une part, différentes modalités de conceptualisation en français et en chinois; et d'autre part, différents autres facteurs susceptibles d'influencer l'établissement d'équivalence entre les désignations françaises et chinoises correspondantes. Nous pensons notamment aux:

- facteurs linguistiques: la divergence typologique des deux langues, l'écart dans le travail terminologique;
- facteurs socio-historiques: le statut de la parfumerie dans la culture et les pratiques liées, les pratiques sociales de consommation, les stratégies de marketing et de traduction.

L'approche par corpus a permis de prendre la mesure de la complexité sémantique de la constitution conceptuelle en contexte. L'observation de l'utilisation des seuls termes dans leur environnement textuel telle que nous l'avons menée, en appui sur l'approche mixte en terminologie, peut être prolongée par une approche sociolinguistique (contrastive, par exemple) du discours publicitaire qui permettrait de préciser la contribution de ces facteurs et révéler d'autres vecteurs du tournant culturel.

La base de données terminologiques qui a permis de parvenir *à* ces constats est significative de plusieurs points de vue. Elle a été menée sur la base d'un ensemble de textes issus du discours social et illustre, *à* ce titre, la complexité sémantique réelle de l'émergence conceptuelle. L'ensemble textuel a été constitué, qui plus est, par une réflexion méthodologique inspirée de la linguistique de corpus, et se veut représentative du domaine. En conséquence, la base de données recense et cartographie les termes français et chinois majeurs du domaine. Par *là* même, elle constitue une contribution *à* la terminologie normative et *à* la traduction. Cependant, n'ayant pas été conçue *à* des fins applicatives, la base de données devra être soumise *à* des aménagements complémentaires pour ce faire.

Le discours publicitaire en parfumerie étant un secteur dynamique, la sélection opérée ici doit être remise en perspective, complétée par les termes mineurs et par les termes apparus plus récemment sur les sites. La structuration des entrées pourra faire l'objet d'une réflexion relative *à* son ergonomie pour le processus de traduction.

Bibliographie

Anonyme. 1782. *Encyclopédie méthodique, ou par ordre de matières*. Paris: Panckoucke.

Administration générale du contrôle de la qualité, de l'inspection et de la quarantaine de la RPC et l'Administration de normalisation de la RPC. 2011. « GB/T 27578—2011 Terminology of cosmetics ».

Institute of Linguistics of the Chinese Academy of Social Sciences. 2013. *Dictionnaire Xinhua*. 4ème éd. Beijing: The Commercial Press.

Antia, Bassey, Gerhard Budin, Heribert Picht, Margaret Rogers, Klaus-Dirk Schmitz, et Sue Wright. 2005. « Shaping Translation: A View from Terminology Research ». *Meta: Journal des traducteurs* 50 (4): 17.

Auroux, Sylvain, E. F. K. Koerner, Hans-Josef Niederehe, et Kees Versteegh. 2008. *Histoire des sciences du langage*. Berlin: Walter de Gruyter.

Bădulescu, Sanda-Marina. 2005. « Le Renouveau des langues de spécialité en contexte européen ». Presse Universitatea din Piteşti.

Ballard, Michel. 2019. « Traducteurs et "traductologues" latins: de Cicéron à Boèce ». P. 59-76 in *Antiquité et traduction: De l'Égypte ancienne à Jérôme, Traductologie*, édité par M. Mariaule, C. Wecksteen-Quinio, et L. D'hulst. Villeneuve d'Ascq: Presses universitaires du Septentrion.

Bassnett, Susan. 1998. « The translation turn in cultural studies ». P. 123-140 in *Constructing cultures: essays on literary translation*, édité par S. Bassnett et A. Lefevere. Clevedon et Philadelphia: Multilingual Matters.

Bassnett, Susan, et André Lefevere, éd. 1992. *Translation, history and culture*. Londres: Routledge.

Baudelaire, Charles. 1861. *Les fleurs du mal*. 2ème éd. Paris: Poulet-Malassis et de Broise.

Birner, Betty. s.d. « Does the language I speak influence the way I think? ». https://www.linguisticsociety.org/content/does-language-i-speak-influence-way-i-think.

Bizzozero, Vittorio. 2015. *Ce que révèlent nos odeurs. Les codes du langage olfactif*. Chêne-Bourg: Éditions Médecine et Hygiène.

Berthelot, Marcellin. 1885. *La grande encyclopédie: inventaire raisonné des sciences, des lettres et des arts*. Paris: Société anonyme de la grande encyclopédie.

Boisson, Claude. 1997. « La dénomination des odeurs: variations et régularités linguistiques ». *Intellectica* (1): 29-49.

Bourdin, Dominique. 2005. « Logique, sémiotique, pragmatisme et métaphysique ». *Revue française de psychanalyse* 69 (3): 733-747.

Brisset, Annie. 2008. « Courants sociologiques de la traduction ». P. 9-30 in *Aspects sociologiques et anthropologiques de la traduction*. Paris et Varsovie: Centre de Civilisation Polonaise (Sorbonne Université) et Faculté des Lettres Polonaise (Université de Varsovie).

Cabré, Maria Teresa. 1998. *La terminologie: théorie, méthode et applications*. Paris: Armand Colin.

Cabré, Maria Teresa. 2010. « Constituer un corpus de textes de spécialité ». *Cahiers du CIEL* 2007-2008: 37-56.

Cadiot, Pierre, et François Nemo. 1997. « Propriétés extrinsèques en sémantique lexicale ». *Journal of French Language Studies* 7 (2): 127-146.

Calkin, Robert R., et J. Stephan Jellinek. 1994. *Perfumery: practice and principles*. Hoboken: John Wiley & Sons.

Candau, Joël. 2000. *Mémoires et expériences olfactives. Anthropologie d'un savoir-faire sensoriel*. Paris: Presses Universitaires de France.

Candau, Joël. 2015. « L'anthropologie des odeurs un état des lieux ». *Bulletin d'études Orientales* 64: 43-61.

Centre d'analyse stratégique. 2008. « Dossier N° 9-Mondialisation, connaissance et réseaux scientifiques ». *Les archives du Centre d'analyse stratégique*. http://archives.strategie.gouv.fr/cas/content/dossier-n%C2%B0-9-mondialisation-connaissance-et-reseaux-scientifiques.html.

Charnock, Ross. 1999. « Les langues de spécialité et le langage technique: considérations didactiques ». *ASp. la revue du GERAS* (23-26): 281-302.

Chen, Xuyu, Yun Yang, Xiaomin Liu, Yang Liu, Jian Feng, Mengjun Xiao, et Jianhe Wei. 2019. « Analysis of Fungi Diversity in Agarwood Wood from Hainan Province and Guangdong Province ». *Chinese Pharmaceutical Journal* 54 (23): 1933-1938.

Chollet, Sylvie, et Dominique Valentin. 2000. « Le degré d'expertise a-t-il une influence sur la perception olfactive? Quelques éléments de réponse dans le domaine du vin ». *L'Année Psychologique* 100 (1): 11-36.

Cobbi, Jane, et Robert Dulau. 2004. *Sentir: Pour une anthropologie des odeurs*. Paris: Éditions L'Harmattan.

Comité de la terminologie de l'esthétique médicale et de la médecine esthétique. 2015. *Chinese terms in medical aesthetics and aesthetic medicine*. Beijing: Science Press.

Confucius. 1987. *Les entretiens de Confucius*. Paris: Gallimard.

Cordonnier, Jean-Louis. 2002. « Aspects culturels de la traduction: quelques notions clés ». *Meta: Journal des traducteurs* 47 (1): 38-50.

Cortelazzo, Michele A. 1994.*Lingue speciali: la dimensione verticale*. Paris: Unipress.

Cottier-Fabian, E. 2007. « La description des parfums en français et en anglais contemporains », P. 35-60 in *Les cinq sens et les sensations*, édité par A.-M. Laurian. Berne: Peter Lang.

Cristinoi, Antonia. 2019. « L'exploration du lexique comme interface disciplinaire ». Dossier présenté en vue d'une habilitation *à* diriger des recherches. Université d'Orléans.

Cuq, Jean-Pierre. 2003. *Dictionnaire de didactique du français langue étrangère et seconde*. Paris: CLE international.

David, Sophie. 2002. « Linguistic Expressions for Odors in French », P. 82-99 in *Olfaction, Taste, and Cognition*, édité par C. Rouby et al. Cambridge: Cambridge University Press.

De Feydeau, Élisabeth. 2011.*Les parfums: histoire, anthologie, dictionnaire*. Paris: Robert Laffont.

Délégation générale *à* la langue française et aux langues de France. 2011. *Néologie et terminologie*. https://www. culture. gouv. fr/Espace-documentation/

Documentation-administrative/Reperes-2011-neologie-et-terminologie.

De Surmont, et Jean-Nicolas. 1999. « L'hyperterminotique, un modèle paradigmatique d'organisation du savoir ». *Linx. Revue des linguistes de l'université Paris X Nanterre* 41: 139-161.

De Vecchi, Dardo Mario. 1999. « La terminologie en entreprise: formes d'une singularité lexicale ». Thèse de doctorat, Université Paris XIII.

Deutscher, Guy. 2010. « Does your language shape how you think? ». *The New York Times*, août 26.

Diki-Kidiri, Marcel. 2008. *Le vocabulaire scientifique dans les langues africaines: pour une approche culturelle de la terminologie*. Paris: Karthala.

Djamouri, Redouane. 1993. « Théorie de la rectification des dénominations et réflexion linguistique chez Xunzi ». *Extrême-Orient, Extrême-Occident* 15 (15): 54-74.

Dryden, John. 2017. « John Dryden, Préface aux *Épîtres d'Ovide* (1680) ». *Textes théoriques sur la traduction*. https://ttt.hypotheses.org/164.

Dubois, Danièle (éd.) 1997. *Catégorisation et cognition: de la perception au discours*. Paris: Kimé.

Dubois, Danièle. 2006. « Des catégories d'odorants *à* la sémantique des odeurs. Une approche cognitive de l'olfaction », *Terrain* 47: 89-106.

Dubois, Danièle. 2007. « From psychophysics to semiophysics: Categories as acts of meaning. A case study from olfaction and audition, back to colors », P. 67-184 in *Speaking of Colors and Odors, Aspects*, édité par M. Plümacher & P. Holz. Amsterdam: John Benjamins Publishing Company.

Dubois, Danièle. 2008. « Sens communs et sens commun: Expériences sensibles, connaissance(s) ou doxa? ». *Langages* 170 (2): 41-53.

Dubois, Jean, Mathée Giacomo, Louis Guespin, Christiane Marcellesi, et Jean-Pierre Mével. 2002. *Dictionnaire de linguistique*. Paris: Les Éditions Larousse.

Dubuc, Robert. 1978. *Manuel pratique de terminologie*. Montréal: Linguatech.

Dubuc, Robert. 2002. *Manuel pratique de terminologie*. 4ème édition. Brossard: Linguatech.

Ducrot, Oswald. 1972. « Saussurianisme ». P. 29-35 in *Dictionnaire encyclopédique des sciences du language*, édité par O. Ducrot et T. Todorov Paris: Éditions du seuil.

Dufour, Françoise, et Melissa Barkat-Defradas. 2009. « Opérations linguistiques de catégorisation: application au domaine olfactif ». *Colloque ARCo' 09*, *Interprétation et problématiques du sens*, Dec 2009, Rouen, France. P. 83-91.

Dufour, Françoise, et Fanny Rinck. 2020. « Les odeurs comme déclencheurs d'activit-és métalinguistiques ». *Corela*, *HS-31*. https://doi.org/10.4000/corela.11033.

Eid, Mahmoud, et Salah Basalamah. 2012. « Éditorial: Communication et traduction des connaissances ». *Global Media Journal-Canadian Edition* 5 (1): 1-6.

Feertchak, Hélène, et Dimitri Gamby-Mas. 2009. « Valeurs et idéologie. Le cas des valeurs démocratiques ». P. 33-57 in *La pensée sociale*, *Hors collection*. Toulouse: Érès.

Felber, Helmut. 2011. *Terminologie, épistémologie et ingénierie des connaissances* (《术语学、知识论和知识技术》). Beijing: The Commercial Press.

Feng, Zhiwei. 2011. *Introduction à la terminologie moderne* (《现代术语学引论》). Beijing: The Commercial Press.

Franco Aixelá, Javier. 2004. « The study of technical and scientific translation: an examination of its historical development ». *The Journal of Specialised Translation*. https://www.jostrans.org/issue01/art_aixela.php.

Garret, Edouard. 2013. « Localisation et traduction: quelles différences? » *Cultures Connection*. https://culturesconnection.com/fr/localisation-traduction-differences/.

Gaudin, François. 1996. « Terminologie: l'ombre du concept ». *Meta: Journal des traducteurs* 41 (4): 604-621.

Gaudin, François. 2005. « La socioterminologie ». *Langages* 157 (1): 81-93.

Gile, Daniel. 2005. *La traduction. La comprendre, l'apprendre*. Paris: Presses Universitaires de France.

Glinov, Sergey Viktorovich. 2011. *La terminologie* (术语学). Beijing: The Commercial Press.

Gong, Yi. 2009. *Principes et méthodes du travail terminologique en sciences sociales* (社科术语工作的原则与方法). Beijing: The Commercial Press.

Gouadec, Daniel. 1990. *Terminologie: constitution des données*. Paris: Afnor Éditions.

Gouadec, Daniel. 2005. « Terminologie, traduction et rédaction spécialisées ». *Langages* 157 (1): 14-24.

Gu, Qun. 2012. « L'évolution historique et des bases psychologiques de la synesthésie ». *Education for Chinese After-school* (32): 15.

Guidère, Mathieu. 2016. *Introduction à la traductologie: Penser la traduction: hier, aujourd'hui, demain*. 3ème éd. Bruxelles: De Boeck Superieur.

Hadermann, Paul. 2011. « La synesthésie: essai de définition ». P. 83-129 in *Synesthésie et rencontre des arts: hommage au professeur Jean Heiderscheidt*, édité par J. Cupers. Bruxelles: Presses de l'Université Saint-Louis.

Haspelmath, Martin, et Christian Lehmann. 2015. « The Leipzig glossing rules: conventions for interlinear morpheme-by-morpheme glosses ». https://www.eva.mpg.de/lingua/resources/glossing-rules.php.

Heiseldal, Stine Karin. 2017. « Traduction et terminologie-analyse justificative de la traduction d'un texte technique, selon la théorie interprétative de la traduction ». Thèse de master, Université d'Oslo.

Hoffmann, Lothar, Hartwig Kalverkämper, et Herbert Ernst Wiegand. 2008. *Handbooks of linguistics and communication science*. Berlin: Walter de Gruyter.

Hollander, Robert, Jean Hollander. 2000. *Dante Alighieri Inferno*. New York: Doubleday.

Howes, David. 1986. « Le sens sans parole: vers une anthropologie de l'odorat », *Anthropologie et Sociétés* 10: 29-46.

Hua, Shao. 2003. La langue: méridien et parallèle (语言经纬). Beijing: The Commecial Press.

Huang, Zihan, Menghua Wu, Simin Luo, Yu Zhou, Ying Zhang, Zhiguo Ma, et Hui Cao. 2020. « Herbalogical study on olibanum (Ruxiang) ». *China Journal of Chinese Materia Medica* 45 (21): 5296-5303.

ISO. 1990. « ISO 1087: 1990 Terminologie-Vocabulaire ». https://www.iso.org/fr/standard/5591.html.

ISO. 2000. « ISO 1087-1: 2000 Norme Internationale Travaux terminologiques-

Vo-cabulaire Partie 1: Théorie et application ». https://www.iso.org/fr/standard/20057.html.

ISO. 2019. « ISO 1087:2019(fr), Travail terminologique et science de la terminologie — Vocabulaire ». https://www.iso.org/obp/ui/#iso:std:iso:1087:ed-2:v1:fr.

Kleiber, Georges, et Marcel Vuillaume. 2011a. « Pour une linguistique des odeurs: présentation ». *Langages* 181 (1): 3-15.

Kleiber, Georges, et Marcel Vuillaume. 2011b. « Sémantique des odeurs ». *Langages* 181 (1): 17-36.

La Carrément Belle. 2021. « La fève tonka: petite graine aux grands pouvoirs ».*Carrément Belle*. https://www.carrementbelle.com/blog/fr/2021/02/24/la-feve-tonka-petite-graine-aux-grands-pouvoirs/.

La Châtre, Maurice. 1858. *Le Dictionnaire français illustré, panthéon littéraire, scientifique, biographique, dictionnaire d'histoire, de botanique, de géographie, encyclopédie des arts et métiers*. https://data.bnf.fr/fr/temp-work/ae1ae636c57cb1d42692780e1fbfb82b/.

Lacroix, Kim. 2010. « Les traducteurs et la recherche terminologique ponctuelle au 21ème siècle ». *Bureau de la traduction du Canada*. https://www.btb.termiumplus.gc.ca/tpv2guides/guides/chroniq/index-fra.html? lang=fra&lettr=indx_autr8Oz22dTiL13Y&page=9EFNI1rlH4zg.html.

Lambert, José. 2018. « Translation and Mass Communication in the Age of Globalisation ». in *Translation and Global Spaces of Power*, édité par S. Baumgarten et J. Cornellà-Detrell. Bristol: Multilingual Matters.

Larbaud, Valery. 1946. *Sous l'invocation de Saint Jérôme*. Paris: Gallimard.

Lavoisier, Antoine-Laurent, Jean-Henri Hassenfratz, Antoine-François Fourcroy, Claude-Louis Berthollet, Louis-Bernard Guyton de Morveau, et Pierre Auguste Adet. 1787. *Méthode de nomenclature chimique*. Paris: Cuchet. https://gallica.bnf.fr/ark:/12148/bpt6k1050402r.

Le Collectif Nez. 2018. *Le grand livre du parfum-pour une culture olfactive*. Paris: Le Contrepoint.

Le Guérer, Annick. s. d. « Histoire du parfum ». https://www.parfumeurs-createurs.org/fr/filiere-parfum/histoire-du-parfum-99.

Le Maguer, Sterenn. 2016. « Une archéologie des odeurs: identifier les encens et leurs usages au Proche et Moyen-Orient (viiie-xiie siècles) ». *Bulletin d'études orientales* (64): 135-158.

Legendre, Renald. 2006. *Dictionnaire actuel de l'éducation*. 3ème éd. Montréal: Guérin.

Lehmann, Alise, et Françoise Martin-Berthet. 2018. *Lexicologie: sémantique, morphologie et lexicographie*. 5ème éd. Paris: Armand Colin.

L'Homme, Marie-Claude. 2004. *La terminologie: principes et techniques*. Montréal: Presses de l'Université de Montréal.

Li, Dianchun. 1997. « Couches pour adultes et parfums pour enfants (成人尿布与儿童香水) ». *Enterprise Research* (05): 23.

Li, Peici. 2020. « Une étude comparative des métaphores de genre en français et en mandarin ». Thèse de doctorat, Université de Paris.

Lin, Xiangyun, éd. 2006. *Dictionary of flavor & fragrance*. Beijing: Chemical Industry Press.

Lin, Xiangyun. 2020. « l'Histoire du parfum: de la première bouteille d'eau de Hongrie à l'émergence des parfums unisexes (史说香水:从第一瓶匈牙利水到中性香水的出现) ». *China Cosmetics Review* (10): 70-76.

Liu, Guotao, et Zhuqing Wang. 2020. « On the legal attribute of Ebony and it's defining significance ». *International Journal of Mining Science and Technology* 22 (3): 83-98.

Liu, Xiang. 2006. « Shuo Yuan ». *Chinese Text Project*. https://ctext.org/library.pl? if=en&file=77688&page=59.

Liu, Yunxuan. 1994. « Une introduction à la synesthésie ». *Inner Mongolia Social Sciences* (4): 90-96.

Lorrain, Éric. 2019. *Grand Manuel de phytothérapie*. Malakoff: Dunod.

Lu, Yun. 2020. « The exchange of incense and medicine between ancient China and arab countries ». *Journal of Social History of Medicine* 5 (1): 105-118.

Maresca, Bruno. 2017. « Mode de vie: de quoi parle-t-on? Peut-on le transformer? ». *La Pensée écologique* 1. https://doi.org/10.3917/lpe.001.0233.

Mareschal, Geneviève. 1988. « Le rôle de la terminologie et de la documentation dans l'enseignement de la traduction spécialisée ». *Meta: Journal des traducteurs*

33 (2): 258-266.

Marinetti, Cristina. 2011. « Cultural approaches ». P. 26-30 in *Handbook of translation studies*. Vol. 2, édité par Y. Gambier et L. van Doorslaer. Amsterdam and Philadelphia: John Benjamins Publishing Company.

Math, François. 2008. *Neurosciences cliniques: de la perception aux troubles du comportement*. Bruxelles: De Boeck Supérieur.

Maurin, Maurice, Jean-François Blayn, et Martine Leyris. 1992. *Dictionnaire du langage parfumé*. Paris: Éditions Quarante Huit Publicité.

Medin, Douglas L., et Cynthia Aguilar. 1999. « Categorization » P. 104-106 in *The MIT Encyclopedia of the Cognitive Sciences*, édité par R. A. Wilson et F. Keil. Cambridge: The MIT Press.

Moiseev, Aleksandr Ivanovich. 1970. « La nature linguistique du terme ». *Problèmes linguistiques de terminologie scientifique et technique*: 127-138.

Montero Martínez, Silvia, et Pamela Faber. 2011. « Terminological Competence in Translation ». P. 89-105 in *Teaching and learning terminology: new strategies and methods*. Amsterdam and Philadelphia: John Benjamins Publishing Company.

Nakano, Motoi, Nobutomo Miwa, Akiyoshi Hirano, Koh-ichiro Yoshiura, et Norio Niikawa. 2009. « A strong association of axillary osmidrosis with the wet earwax type determined by genotyping of the ABCC11 Gene ». *BMC Genetics* 10 (1): 42-46.

Nakos-Aupetit, Dorothy. 1981. « Traduction et terminologie: démarches comparées ». *Meta: Journal des traducteurs* 26 (2): 159-168.

Navarro, Aura E. 2016. « La terminologie: un outil nécessaire pour le traducteur spécialisé ». *Studia Romanica Posnaniensia* 43: 63-75.

Ni, Zaoju. 2006. « Les femmes et les enfants doivent rester *à* l'écart du parfum secondaire » (《孕妇、儿童远离二手香》). *Famillel* (《家庭》) (11): 46.

Nida, Eugene, et Charles Taber. 1982. *The Theory and Practice of Translation*. Leiden: Brill Academic Publishers.

Oustinoff, Michaël. 2015. *La traduction*. Paris: Presses universitaires de France.

Pavel, Silvia, et Diane Nolet. 2001. *Précis de terminologie*. Quebec: Terminology and Standardization, Translation Bureau.

Persoon, Gerard A. 2012. « Le bois d'aloès, le Bois des Dieux ». *Revue d'ethnoécolo-gie* [*En ligne*] (1): 12.

Petit, Gérard, et Fanny Rinck. 2014. « 'Sentir des adjectifs' et 'penser avec le nez'. Le sentiment linguistique dans les métiers du sensoriel ». *Le Discours et la Langue* 6 (1): 91-107.

Pitar, Mariana. 2011. « La fiche terminologique — expansion et applications ». *Transactions on Modern Languages* 10 (1-2): 70-83.

Raková, Zuzana. 2014. *Les théories de la traduction*. Brno: Université Masaryk.

Raus, Rachele. 2013. « Panorama des approches en terminologie ». P. 11-27 in *La terminologie multilingue*, *Traducto*. Bruxelles: De Boeck Superieur.

Rey, Alain. 1992. *La terminologie: noms et notions*. 2ème éd. Paris: Presses universitaires de France.

Rey, Alain. 1998. *Dictionnaire historique de la langue française*. Paris: Le Robert.

Rey, Alain. 2012. *Dictionnaire historique de la langue française* [*en ligne*]. Paris: Le Robert.

Ricœur, Paul. 1999. « Le paradigme de la traduction ». *Esprit* 253 (6): 8-19.

Ries, Frédérique, Andreas Schwab, Amalia Sartori, Edit Herczog, Julie Girling, Catherine Soullie, et Cristian Silviu Buşoi. 2011. « Question parlementaire-Protection juri-dique des formules de fragrance ». https://www.europarl.europa.eu/doceo/document/E-7-2011-001557_FR.html.

Rinck, Fanny. 2018. « La part langagière de l'expertise olfactive » P. 169-190 in *Pour une linguistique sensorielle*, édité par R Digonnet. Paris: Honoré Champion.

Rira, Drita. 2011. « Terminologie et traduction: les défis du traducteur albanais face au parler européen ». *Synergie Roumanie* (6): 75-89.

Roche, Christophe. 2012. « Should terminology principles be re-examined? » P. 17-32 in *New frontiers in the constructive symbiosis of terminology and knowledge engineering*. Madrid: Terminology and Knowledge Engineering Conference.

Roche, Philippe. 2007. *Grammaire active du chinois*. Paris: Les Éditions

Larousse.

Rodriguez, Santiago, Colin D. Steer, Alexandra Farrow, Jean Golding, et Ian N. M. Day. 2013. « Dependence of deodorant usage on ABCC11 genotype: scope for personalized genetics in personal hygiene ». *The Journal of Investigative Dermatology* 133 (7): 1760-1767.

Rondeau, Guy. 1984. *Introduction à la terminologie*. Québec: Gaëtan Morin.

Roux, Alain, et Xiaohong Xiao-Planes. 2018. « Une décennie de réforme et d'ouverture (1978-1988) ». P. 201-225 in *Histoire de la République Populaire de Chine*, *Collection U*. Paris: Armand Colin.

Scarpa, Federica. 2010. *La traduction spécialisée: une approche professionnelle à l'enseignement de la traduction*. Ottawa: Presses de l'Université d'Ottawa.

Schleiermacher, Friedrich. 2012. « On the different methods of translating (1813) ». P. 43-63 in *The translation studies reader*, édité par L. Venuti Londres: Routledge.

SDL. 2016. *Enquête 2016: Informations sur les technologies de traduction*. https://www.trados.com/fr/resources/translation-technology-insights-2016/.

Seleskovitch, Danica. 1975. *Langage, langues et mémoire: étude de la prise de notes en interprétation consécutive*. Paris: Lettres modernes.

Snell-Hornby, Mary. 1990. « Linguistic transcoding or cultural transfer? a Critique of translation theory in germany ». P. 79-86 in *Translation, history and culture*, édité par S. Bassnett et A. Lefevere. Londres: Pinter Publishers.

Steiner, George. 1998. *Après Babel: une poétique du dire et de la traduction*. Paris: Michel.

Stejskal, Jiri. 2011. « La traduction: un pont entre les cultures ». *Journée mondiale de la traduction in San Francisco*. https://wa1.fit-ift.org/wp-content/uploads/2011/08/itd_2011_fr_a4_fran__231_ais.pdf.

Su, Wenrui. 2019. « Synesthésie: la magie du voyant chez Rimbaud et Li He ». https://halshs.archives-ouvertes.fr/halshs-02063736.

Sun, Huijun, et Qingzhu Zheng. 2000. « Le tournant culturel en traductologie » (《译论研究中的文化转向》). *Chinese Translators Journal* (5): 11-14.

Tan, Zaixi. 2004. *A short history of translation in the west* (西方翻译简史). 2ème éd. Beijing: The Commercial Press.

Theissen, Anne. 2011. « Sentir: les constructions prédicatives de l'olfaction ». *Langages* (181): 109-125.

The International Fragrance Association. 2020. *Fragrance Ingredient Glossary*. https://ifrafragrance.org/priorities/ingredients/glossary.

Thelen, Marcel. 2015. « The interaction between terminology and translation or where terminology and translation meet ». *Trans-Kom* 8 (2): 382-414.

Thibaut, Jean-Pierre. 1997. « Similarité et catégorisation ». *L'année Psychologique* 97 (4): 701-736.

Thomas, Izabella. 2016. « Écrire en langues spécialisées: méthodes et outils du traitement automatique des langues au service de l'autonomie des rédacteurs ». Thèse de doctorat, Université de Franche-Comté.

Tong, Wenbin. 2017. « Introduction au développement terminologique dans les pays germanophones et leur législation terminologique » (《德语国家术语发展概况及其立法现状》). P. 129 in *Term related activities and term legislation in foreign countries*, édité par H. Liu et M. Xu. Beijing: The Commercial Press.

Vassiliadou, Hélène. 2016. « Sémantique des odeurs dans le discours culinaire français-grec ». *Cahiers balkaniques*, (Hors-série).

Vayne, Agnès. 2017. « Les parfums à l'Amande: bref historique et sélection ». *Beauté test*. https://www. beaute-test. com/mag/article-les-parfums-l-amande-bref-historique-et-selection.php.

Venuti, Lawrence. 1995. *The translator's invisibility: a history of translation*. Londres: Routledge.

Venuti, Lawrence. 1998. *The scandals of translation: towards an ethics of difference*. Londres: Routledge.

Venuti, Lawrence, et Mona Baker, éds. 2000. *The translation studies reader*. Londres: Routledge.

Vézina, Robert, Xavier Darras, Jean Bédard, et Micheline Lapointe-Giguère. 2009. *La rédaction de définitions terminologiques*. Québec: Office québécois de la langue française.

Wang, Caili. 2007. « Synesthésie — analyse du processus de la rhétorique à la cognition ». *Journal of Guangdong University of foreign studies* 18 (6): 38-41.

Wardhaugh, Ronald. 2006. *An Introduction to Sociolinguistics*. Cambridge: Cambridge University Press.

Wilss, Wolfram. 1999. *Translation and Interpreting in the 20th Century: Focus on German*. Amsterdamet Philadelphia: John Benjamins Publishing.

Wu, Jun, et Jun Wen. 2017. « Introduction à la terminologie japonaise et sa législation » (《日本术语概况及术语立法现状》). P. 26-42 in *Term related activities and term legislation in foreign countries*, édité par H. Liu et M. Xu. Beijing: The Commercial Press.

Xie, Tianzhen. 2003. « Three breakthroughs and two turns in contemporary western translation studies » (《当代西方翻译研究的三大突破和两大转向》). *Journal of Sichuan International Studies University* 19 (5): 110-116.

Xie, Tianzhen, Xin Ding, Dexian Huang, Qiang Geng, Shaobin He, Ying Zhang, Zhihong Lu, Fan Jiang, et Qiang Lv. 2009. *A brief history of translation in China and the West*. édité par Q. He, W. Zhong, et J. Xu. Beijing: Foreign Language Teaching and Research Press.

Xu, Ke. 2008. « Things used in Liao Sacrifice in ancient China and its Significance ». *Journal of Sichuan University* (*Social Science Edition*) (3): 138-143.

Xu, Ming. 2017. « Le développement de la terminologie canadienne et sa législation » (《加拿大术语学发展概况及其立法现状》). P. 9-18 in *Term related activities and term legislation in foreign countries*, édité par H. Liu et M. Xu. Beijing: The Commercial Press.

Yan, Jia, et Jun Yang. 2008. « Children's cosmetics and washing products market ». *Detergent & Cosmetics* (2): 36-39.

Yoshiura, Koh-ichiro et al. 2006. « A SNP in the ABCC11 gene is the determinant of human earwax type ». *Nature Genetics* 38 (3): 324-330.

Zhang, Chengceng, et Qingru Wang. 1989. *La parfumerie* (《日用调香术》). Beijing: China Light Industry Press.

Zhang, Xiujuan. 2017. « Réflexions sur le tournant culturel en traductologie » (《对翻译研究文化转向的思考》). *Comparative Study of Cultural Innovation* 1 (11): 48-49.

Zhao, Yanchun. 2004. « The orientation and nature of the culture theorists ».

Journal of Sichuan International Studies University 20 (6): 100-104.

Zheng, Shupu. 2010. « Sur la définition de la terminologie ». P. 144-167 in *Introduction à la terminologie chinoise*, édité par Q. Liu. Beijing: The Commercial Press.

Zheng, Yueming, Shi Liu, Huiyuan Liu, et Lei Yueping. 2022. « Analysis and outlook of key points of safety regulation for children's cosmetics ». *China Food & Drug Administration Magazine* (5): 4-13.

Zhu, Xiaohui. 2000. « Sur la globalisation et la localisation des stratégies marketing des entreprises multinationales » (《论跨国公司市场营销策略的全球化与本地化》). Thèse de doctorat, Université de Commerce International et d'Économie.

Sitographie

Centre national de ressources textuelles et lexicales (CNRTL)：https://www.cnrtl.fr/definition/.

Dictionnaire en ligne Handian：https://www.zdic.net/.

Grand dictionnaire terminologique (GDT)：http://gdt.oqlf.gouv.qc.ca/index.aspx.

NoseTime：https://www.nosetime.com/.

Olfastory：https://www.olfastory.com/.

Société française des parfumeurs (SFP)：https://www.parfumeurs-createurs.org/fr/.

Sylvaine Delacourte：https://www.sylvaine-delacourte.com/fr.

TERMIUM Plus ©：https://www.btb.termiumplus.gc.ca/tpv2alpha/alpha-fra.html? lang=fra.

The fragrance foundation France：https://www.fragrancefoundation.fr/.

Annexe Ⅰ

La fiche du terme *eau de Cologne*

<table>
<tr><th></th><th colspan="3">Contenu</th></tr>
<tr><td>Terme privilégié</td><td colspan="2">eau de Cologne</td><td>古龙水</td></tr>
<tr><td>Catégorie grammaticale</td><td>n.</td><td>Glose du terme privilégié CH</td><td>古 龙 水
gǔ.lóng / shuǐ
TRANSL de Cologne / eau
eau de Cologne</td></tr>
<tr><td>Terme synonyme</td><td colspan="2">Cologne</td><td>古龙淡香水、香水、EDC</td></tr>
<tr><td>Glose du terme symonyme CH</td><td colspan="3">古 龙 淡 香 水
gǔ.lóng / dàn-xiāng.shuǐ
TRANSL de Cologne / léger-parfum (liquide)
parfum (liquide) léger de Cologne
香 水
xiāng.shuǐ
parfum (liquide)
parfum (liquide)

E D C
E.D.C
ABRE d'eau de Cologne
eau de Cologne</td></tr>
<tr><td>Domaine</td><td colspan="2">parfumerie</td><td></td></tr>
<tr><td>Statut</td><td colspan="2">non normalisé，usage professionnel</td><td>normalsé</td></tr>
<tr><td>Définition</td><td colspan="2">Catigorie de parfums composis principalement d'essencesenviron 5%，caractérisés par la fraicheur</td><td>将天然成合成香料溶于乙醇而配制的芳香类化妆品，浓度特别低，甚至低于同系列淡香水，气味十分清爽</td></tr>
<tr><td>Référence définition</td><td colspan="2">Le grand livre du parpum，2018</td><td>《医学美学与美容医学名词》(第1版)，术语在线术语库，http://www.termonline.cn/list.htm7k=%E9%6A6999%E6980646.4，网页访问时间:2019年4月23日</td></tr>
</table>

Continué

	Contenu	
Contexte	1. La traditionnelle eau de cologne traverse les générations pour nous apporter des fragrances fraîches, subtiles et enivrantes 2. Eau d'orange verte Eau de cologne La première Cologne d'Hermès, la fraîcheur vive et verte de l'orange alliée *à* des notes boisées. Une Cologne en flacon livrée avec une pompe amovible	1. "雪白龙胆古龙水"香氛由让-克洛德·埃莱纳(Jean-Claude Ellena)创作,他颠覆古龙水经典风格,新颖诠释清爽主题的精髓。古龙水系列尽显爱马仕风格的生活艺术。每款爱马仕古龙水均是一帧嗅觉快照,以丰富内涵展现简单轻松的自在畅意 2. EAU DE COLOGNE IMPERIALE 帝王之水难能可贵的清新著名的"帝王之水",花香香调优雅和谐,柠檬和佛手柑的清新,与苦橙叶的香气互为呼应,而橙花的迷人香气,则将这柑橘鲜香轻轻柔化,变得更为芳香醇和
Source contexte	1. Site officiel de Sephora. fr, https://www. sephora. fr/shop/parfum/parfum-homme/eau-de-cologne-c297819/, Page consultée de 23 avril 2019 2. Site officiel de Hermes. fr, https://www. hermes. com/fr/fr/product/eau-d-orange-verte-eau-de-cologne-V38295/, Page consultée de 23 avril 2019	1.爱马仕中国官网,https://www. hermes. cn/cn/zh/product/%E9%9B%AA%E7%99%BD%E9%BE%99%E8%83%86%E8%8A%B1%E9%A6%99%E5%9E%8B%E5%8F%A4%E9%BE%99%E6%B0%B4-V25622/,网页访问时间:2019 年 4 月 23 日 2. 娇兰中国官网,http://www. guerlain. com. cn/di-wang-zhi-shui.html,网页访问时间:2019 年 4 月 23 日

Continué

	Contenu	
Note	1. La composition de l'eau de Cologne est *à* dominante d'essences d'agrumes (citron, bergamote, cédrat, néroli, fleur d'oranger) auxquelles s'ajoutent d'autres senteurs naturelles (lavande, romarin, thym, clou de girofle), notamment 2. La première eau de Cologne, commercialisée par l'Italien Jean Marie Farina *à* Cologne au début du XVIIIe siècle, et *à* laquelle la médecine accordait des actions thérapeutiques, est *à* l'origine de son succs...et de son nom 3. En anglais, « eau de Cologne » et « Cologne » sont deux termes synonymes. Plusieurs marques françaises utilisent le terme anglais « Cologne » pour remplacer « eau de Cologne » en français, tandis qu'il faut noter qu'en français « Cologne » n'est pas le terme synonyme du terme « eau de Cologne »	很多人误以为古龙水是男士香水,实则不然。古龙水可作为男士、女士或中性香水。另外 Eau de Cologne 一名取自这种香水的发源地德国科隆(Cologne),汉语中也有"科隆香水"这一译法,但多数产品官方会用"古龙"二字音译
Référence note		
Commentaire	Le nom de la ville Cologne est translittéré par deux autres sinogrammes: 科隆 (kē.lóng)	
Finalisé	oui	

Annexe Ⅱ

Numéro	Nom	Département d'édition	Date d'édition	Date d'application	Dispositions particulières relatives aux cosmétiques pour enfants
1	*Règlements sur la surveillance et l'administration des cosmétiques*	Conseil d'État	2020-6-16	2021-1-1	Cohérence avec les exigences applicables aux autres produits cosmétiques
2	*Mesures administratives pour l'enregistrement et le dépôt des cosmétiques*	Administration nationale de la surveillance du marché	2021-1-7	2021-5-1	Cohérence avec les exigences applicables aux autres cosmétiques
3	*Mesures de contrôle et de gestion de la production et de l'exploitation des cosmétiques*	Administration nationale de surveillance du marché	2021-8-2	2022-1-1	Spécifier les exigences spéciales en matière d'étiquetage pour les conditions de production des cosmétiques pour enfants; énumérer les exigences en matière de conformité des cosmétiques pour enfants aux règlements législatifs, aux exigences en matière d'apparence et d'étiquetage; et stipuler l'identification de violation de la loi des cosmétiques pour enfants

Continué

Numéro	Nom	Département d'édition	Date d'édition	Date d'application	Dispositions particulières relatives aux cosmétiques pour enfants
4	*Dispositions relatives à l'administration de l'enregistrement descosmétiques et au dépôt d'informations*	Administration nationale des médicaments	2021-2-26	2021-5-1	L'article 33spécifie que les produits destinés aux nourrissons et aux enfants ne font pas l'objet d'une dérogation pour les tests toxicologiques
5	*Dispositions sur la gestion des informations relatives à l'enregistrement des nouvelles matières premières pour les cosmétiques*	Administration nationale des médicaments	2021-2-26	2021-5-1	Cohérence avec les exigences applicables aux autres produits cosmétiques
6	*Code de pratique pour l'enregistrement et l'inspection des cosmétiques*	Administration nationale des médicaments	2019-9-3	2019-9-3	Cohérence avec les exigences des autres produits cosmétiques
7	*Lignes directrices pour la déclaration et l'examen des cosmétiques pour enfants*	L'ancienne administration nationale de l'alimentation et des médicaments	2012-10-12	2013-2-1	Stipuler la définition des cosmétiques pour enfants, les principes de conception de la formulation, les avertissements sur l'emballage, les exigences relatives à la déclaration et à l'examen technique des cosmétiques pour enfants, etc

Continué

Numéro	Nom	Département d'édition	Date d'édition	Date d'application	Dispositions particulières relatives aux cosmétiques pour enfants
8	*Code technique pour la sécurité des cosmétiques* (*édition* 2015)	Ancienne administration nationale de l'alimentation et desmédicaments	2015-12-23	2016-12-1	Les exigences relatives au nombre total de colonies dans les cosmétiques pour enfants sont plus élevées que pourles autres cosmétiques; exigences spécifiques pour certaines substances réglementées, additifs utilisables et exigences en matière d'étiquetage; les cosmétiques pour enfants doivent spécifier les objets applicables sur les étiquettes
9	*Règles et catalogue de classification des cosmétiques*	Administration nationale des médicaments	2021-4-8	2021-5-1	L'article 7 stipule que les cosmétiques dont les destinataires incluent les « nourrissons et les jeunes enfants » et les « enfants », le code doit contenir le numéro de série correspondant, et conformément *à* la gestion des allégations de sécurité et d'efficacité des « nourrissons et des jeunes enfants » et des « enfants ». En outre, les annexes 1 et 3 limitent les parties du corps sur lesquelles les produits pour nourrissons et enfants peuvent être appliqués ainsi que les allégations de leur efficacité

Continué

Numéro	Nom	Département d'édition	Date d'édition	Date d'application	Dispositions particulières relatives aux cosmétiques pour enfants
10	*Normes pour l'évaluation des allégations d'efficacité cosmétique*	Administration nationale des médicaments	2021-4-8	2021-5-1	Cohérence avec les exigences applicables aux autres produits cosmétiques
11	*Guide de l'évaluation des techniques sur la sécurité cosmétique* (*édition* 2021)	Administration nationale desmédicaments	2021-4-8	2021-5-1	L'identification des dangers et le calcul de l'exposition doivent prendre en compte les caractéristiques particulières des enfants; l'évaluation microbiologique du produit doit accorder une attention particulière à la contamination microbienne. Dans le même temps, les exigences en matière d'évaluation des produits cosmétiques pour enfants sont présentées
12	*Mesures pour l'administration de l'étiquetage des produits cosmétiques*	Administration nationale des médicaments	2021-5-31	2022-5-1	Les cas conformes à l'article 16, aux règlements administratifs, aux règlements départementaux, aux normes nationales obligatoires, et aux spécifications techniques pour les enfants et d'autres groupes spéciaux doivent utiliser les termes « attention » ou « avertissement » comme guide d'usage

Continué

Numéro	Nom	Département d'édition	Date d'édition	Date d'application	Dispositions particulières relatives aux cosmétiques pour enfants
13	*Dispositions relatives à la supervision et à l'administration des cosmétiques pour les enfants*	Administration nationale des médicaments	2021-9-30	2022-1-1	Dossier normatif spécifique *à* la réglementation des cosmétiques pour enfants, spécifie la définition des cosmétiques pour enfants, les allégations d'efficacité, l'emballage et l'étiquetage, la conception des formules, la production et le fonctionnement, l'échantillonnage et contrôle, l'enquête et le traitement des cas, etc
14	*Normes de gestion de laqualité de la production de cosmétiques*	Administration nationale desmédicaments	2022-1-6	2022-7-1	Exigences environnementales pour les ateliers deproduction de cosmétiques pour enfants

Note: 14 réglementations chinoises contenant des dispositions sur le contrôle de la sécurité des cosmétiquespour enfant (Zheng et al. 2022: 7).